现当代首饰设计的全球视角

GLOBAL PERSPECTIVES ON CONTEMPORARY JEWELLERY

【荷兰】孙捷 庄冬冬 / 编著

天津出版传媒集团
天津人民美術出版社

图书在版编目（CIP）数据

现当代首饰设计的全球视角 / 孙捷，庄冬冬编著
. -- 天津 : 天津人民美术出版社，2023.6
ISBN 978-7-5729-1123-1

Ⅰ. ①现… Ⅱ. ①孙… ②庄… Ⅲ. ①首饰—设计
Ⅳ. ①TS934.3

中国国家版本馆CIP数据核字(2023)第093988号

现当代首饰设计的全球视角
Xiandangdai Shoushi Sheji De Quanqiu Shijiao

出 版 人：杨惠东
责任编辑：任红伏
执行编辑：边 帅
技术编辑：何国起
出版发行：天津人民美術出版社
社 址：天津市和平区马场道 150 号
邮 编：300050
电 话：(022)58352900
网 址：http://www.tjrm.cn
经 销：全国新华书店
印 刷：天津美苑印刷制版有限公司
开 本：787 毫米 ×1092 毫米 1/16
版 次：2023 年 6 月第 1 版
印 次：2023 年 6 月第 1 次印刷
印 张：17.25
印 数：1-1500
定 价：98.00 元

目录

第三章 对话与思考

第四章 趋势与变化

前 言

随着当下设计学与艺术学的多元化发展，和其他学科之间的交叉，自然地也推动了珠宝与首饰创作的现当代理论与方法，另一方面，大众和市场需求对物质价值的执念也发生了改变，人们对首饰的认知趋向成熟，更加接近现代社会人的思维方式：从所谓的身体装饰物转变为个人和社交需求的外在体现，从对其物质性的（即作为金银珠宝玉石材料的物质价值）美化应用转变为具备人文思考的艺术性表达，以及创新性的设计形式；也在于从传统手工技艺转变为现代学科体系下的一个专业和研究方向；更在于创作的主体从单一实践者转变为不同背景介入的实践研究者，他们以不同学科背景和知识作为触角去探索现当代首饰的专业发展与可能。

在这个发展的过程中，首饰的研究者也从过去多为本土的历史文化研究型学者，转变为拥有设计学、艺术学、社会学、时尚研究、手工艺研究、媒体视觉研究、策划管理研究、材料工艺与技术研究等多元背景的研究者，这些人多半拥有国际化的高等教育或学术经历，他们了解世界，认知现代科学的运作模式，同时热爱首饰。回顾所有学科的发展，在开始阶段都很难在现有的学科疆域中找到容身之处，就好像“设计”作为学科的出现也不过几十年（设计学在中国作为一级学科始于 2010 年），之前一直被认作是一种应用手段，寄生在文科、工科、商科门类下，直到它的发展开始构建出自身的框架和规则，出现了其独立存在的价值和探索的课题。正如我们看到的，每一个时代都有自身的宿命，当代的设计不再仅仅局限于过去对“设计”抑或“视觉艺术”的认知，它为现代艺术和各学科交叉发展，开辟了崭新的价值观和世界观。此刻，不仅仅是一个趋势，而是已经进入了新的阶段。这个时代的佼佼者们，无一不具备开放的心态，跨学科和跨领域的认识，以及多角度的认知能力。首饰专业的发展，需要科学的发展思路与规则，更需要借助其多元化的特点，构建起自身的研究理论与方法。

《现当代首饰设计的全球视角》中的大部分文献是基于与“TRIPLE PARADE 当代首饰双年展国际组委会”的合作，将其在海外发行的文献中的部分精品，重新筛选编辑，并首次（中文版）在中国大陆出版发行；另一部分来自特邀的中国学者。本书的学术框架也并非局限在独立的地域文化历史、金属材料工艺、时装配饰，而是将现当代的史论探究、艺术设计实践研究、人类学研究融合在首饰的专业研究中。第一章“现象与历史”，收录了美国纽约艺术与设计博物馆 (MAD) 前馆长 Glenn Adamson 先生、荷兰著名首饰研究学者 / 艺术史学家 Liesbeth den Besten 女士和我本人的三篇文章。Glenn Adamson 是国际著名的当代手工艺与设计研究学者，他的 *"Thinking Through Craft" "The Invention of Craft"* 等著作都在国际上产生了重要的影响。本书收录的《从我到你——当代手工艺术策展之我见》，2014 年首次发表于挪威国家艺术与设计协会的 *Norwegian Crafts*，他通过对自己参与过的当代手工艺的策展经验，列举了伦敦维多利亚与阿尔伯特博物馆（V&A Museum London）的设计展览和过去十年中具备代表性展览为例，论述了当代设计和手工艺的艺术人文价值和研究性。Liesbeth den Besten 是欧洲知名的现当代首饰历史学家，她最有名的著作 *"On Jewellery"*（2011 年）成为很多高校学生认知当代首饰的必读书目。荷兰作为全球当代艺术与设计发展的高地，创新不断，顶尖人才辈出，本书收录了她 2013 年撰写的关于荷兰当代首饰历史发展的研究随笔。最后一篇文章是基于“TRIPLE PARADE 当代首饰双年展”作为一个国际一流文化和学术展览的成功案例，我对它的一次历史性梳理。我作为“TRIPLE PARADE 当代首饰双年展”的创始人之一，并兼任了连续四届组委会主席和三届双年展策展人，从 2013 年首届“TRIPLE PARADE 当代首饰展”在荷兰阿姆斯特丹的展出，再到 2018 年第四届“TRIPLE PARADE 国际当代首饰双年展”在上海的重磅呈现，这个双年展是如何成为具有世界影响力的先锋展览活动的？它又对亚洲和国际当代首饰的积极发展做出了哪些贡献和价值？ 这三篇文章从人物、实践、事件等案例作为研究的切入点，阐述了“过去”对现在的影响。

第二章“观点与研究”，收录了 12 篇不同视角研究首饰的文章，每篇文章的写作手法也比较开放，比利时安特卫普圣卢卡斯艺术学院研究员 Liesbet Bussche 女士和德国出版社项目主管 Matthias Becher 先生的文章是从展览观者的角度去撰写，他们认为观者作为展览构成的一个部分，也是当代首饰研究的切入点之一。还有一些文章是从设计艺术实践者的角度去论述其创作的思路与方法的，例如中央美术学院张凡副教授、中国地质大学（武汉）珠宝学院任开老师、同济大学设计创意学院郁新安副教授和赵世笺老师，但是四篇文章又完全不同，从基于传统手工艺的创新与思考，数字化首饰的设计，再到材料的创新应用。意大利坎帕尼亚大学副教授 Chiara Scarpitti、南非首饰艺术家 Gussie van der Merwe 女士、北京服装学院胡俊副教授、中央美术学院刘骁老师，这四位学者和实践者则是基于设计学的研究思路，论述了不同设计和作品的创作方法和观点。另外两篇文章是基于社会学的介入探讨首饰的设计研究，不同的是天津美术学院庄冬冬副教授的文章落脚点放在了对“礼物观”的论述，然而我的文章则是更广泛地探讨了首饰作为社会关系构建手段，在人们社会需求层面上的价值。

相对于前面两章节中的学术研究型文体的严肃，第三章“对话与思考”，更是以较为轻松的文体，收录了五组国际大师的采访对谈，捷克设计杂志对话荷兰国宝级设计大师 Gijs Bakker 先生，中央美术学院蒋岳红副教授对话滕菲教授，挪威国家艺术基金主席 Jorunn Veiteberg 女士对话丹麦著名设计师 Kim Buck 先生，英国当代首饰协会编辑 Poppy Porter 女士对话新加坡当代艺术首饰收藏家 Tuan Lee 李端女士，泰国知名首饰设计师 Noon Passama 对谈荷兰设计博物馆策展人 Fredric Baas、荷兰知名首饰收藏家 Marjan Unger、荷兰 RA 画廊经理 Paul Derrez。这些对话中，蕴藏了国际设计大师、协会主席、收藏家、画廊主、美术馆策展人、艺术家等对当代首饰和行业发展的思考和看法，都是他们毕生贡献和创造的宝贵的经验，蕴含了很多隐性的知识，读者也会从中扩展思路并获得灵感。最后一章“趋势与变化”则关注了当下较为重要的一个现象，就是艺术和设计展览对城市活跃性以及消费升级的驱动力，于是，对展览类别和目的的认知，以及展览的策划方法的研究就变得至关重要。同时还增加了两个“彩蛋”，一个是全球重要首饰年展和双年展的附录，另一个是全球范围内最全面整理出来的，开设了首饰与珠宝专业与方向的高等院校目录，还包含了其具备的学位授予资格，一目了然。

本书囊括了美国、德国、荷兰、意大利、比利时、加拿大、挪威、丹麦、南非、泰国、中国等二十余位学者与专家的文献研究及实践思考，从“现象与历史”“观点与研究”“对话与思考”“趋势与变化”四个层面，提供了国际现当代首饰设计与艺术的学科发展与多元性视角，作为在中文世界中为数不多的首饰设计与艺术领域的学术文献集，本书的视角更多地强调了首饰的时代价值、艺术价值、人文价值和设计创新的方法与思路，这也恰恰是大多数历史研究者和设计实践者思考珠宝首饰时往往忽略的东西。同时，首饰不仅作为艺术和设计实践创作的形式，设计和艺术又反作用于产业和行业，成为其创新的驱动力，延伸和扩展了首饰固有的内容与表现，确保了专业领域、行业、市场和产业生态的可持续化良性发展。

孙捷

第一章
现象与历史

CHAPTER 1
PHENOMENA
&
HISTORY

从我到你
——当代手工艺术策展之我见

□ **（美）Glenn Adamson**

美国纽约艺术与设计博物馆馆长，伦敦维多利亚与艾尔伯特(V&A)博物馆前研究主管，明尼苏达州密尔沃基奇普斯通基金会策展人

狗狗、乡村音乐、马麦托酱或是杰夫·昆斯(Jeff Koons)，生活中总会遇到让人或爱或恨的人、事、物。两极分化的东西激发出品位与生活方式的强烈好恶。当代手工艺术即是其中一例，人们要么对其爱得发狂，要么漠不关心。

我遇到过不少手工艺的虔诚信徒，当然也有大批的反对派。痴爱成谜的手工艺派经常抱怨被边缘化、被忽视，与美术和设计领域相比，更是如此。反对派一方或许更多的是无心之为（或许是未经思考）的不敬，而非有意为之的敌意。这种情况说来话长，要追溯到工业革命时期。当时，工厂系统的支持者们例行公事般地将传统手工艺品诋毁为效率低下、技术落后。大多数人认为手工艺毫不重要，不过是旁支侧路，没有未来，也无法适应社会发展。

直到后现代思潮的涌动，手工艺术的价值被重新认知，出现了两种发展的路径：一方面，很多受过专业教育的当代艺术家和设计师重新挖掘手工艺术的人文和社会价值，基于手工艺术作为他们表达思想和艺术观念的手段，手工艺术融入了当代艺术和设计的发展；另一方面，由于艺术和设计学的发展，推动了传统手工艺术开始向现当代的手工艺术转变，手工艺术自我更新了。这个时期，有关手工艺术的现当代艺术展览开始在美术馆和画廊出现，大力推进了人们对手工艺术品的价值再探索。策展人通常由自己心意的艺术家，倾向于或是关注道德、美学以及社会政治方面的各类作品。展览形式也多样，其中不少的展览我都看好，例如在波特兰当代手工艺术博物馆(Museum of Contemporary Crafts)举办的“抵抗的姿态”（Gesture of Resistance，2010 年由香侬·斯特拉顿[Shannon Stratton]和朱迪斯·黎曼[Judith Leemann]策展）、在伦敦维多利亚和阿尔伯特博物馆(V&A)举办的“制造的力量”（Power of Making，2011 年由丹尼尔·查尼[Daniel Charny]策展）以及在莱斯利 - 洛曼博物馆(Leslie-Lohmann Museum)举办的“异线”（Queer Threads，2014 年由约翰柴·奇 [John Chaich] 策展）。这些展览都以自有的独特方式展现着当代手工艺术作为美学发现与社会变革的强劲力量的一面。

Sara Black 和 John Preus，主题表演 Rebuilding Mayfield，当代手工艺术博物馆，2010 年

“异线”展览，2014 年，莱斯利 - 洛曼博物馆

不过，我本人作为策展人，我策划的展览经历了些许不同的道路：虽然并未忽略手工艺术，但在表述上却相当模棱两可，甚至对这一话题讳莫如深。这或许与我个人经历与设计史的关系有关，我对于手工艺术品的了解更多是通过历史写作获得，而非从策展活动中体验到。书籍与评论文章比博物馆内

的展览涵盖了更多的复杂性与批判性。部分原因在于议论性文字在论证方面的力量更加持久（优秀的策展人非常清楚的是，即便最好的展览也不过是放在一间屋子中的一堆物品，参观者可能随便以某种速度，以他们自己喜欢的顺序浏览，而不是跟随策展人的思路在推进）。此外，展览的举办地点，例如美术馆和画廊，作为投资机构以及公共服务的功能，策展人不希望参观者带着困惑或者看不懂的心情离开展览，而是希望参观者能够深受吸引，很快能够再次光临，这自然也就降低了展览的批判性思维，因为你要让大众看懂，那么它就应该简单且无须太多地思考。

现在，我作为纽约艺术与设计博物馆 (Museum of Arts and Design, MAD) 的馆长，而非单纯的学者或者策展人，我一直尝试从新的角度反思此类问题。我们的博物馆与其他博物馆一样积极向上，比如，我们致力于搭建创新性的平台，追求最佳的质量标准。众所周知，我们博物馆成立于 1956 年，其实我们与手工艺术的关系颇为复杂，最初名为“当代手工艺术博物馆”(Museum of Contemporary Crafts)，后来去掉了“当代”一词，被更名为“美国手工艺术博物馆”(American Craft Museum)，直到 2003 年才使用了现在的名字“艺术与设计博物馆”。由此，我们博物馆与手工艺术有着历史的渊源，与当代手工艺术的关系也变得有些难以界定。作为该领域的专家，我一直关注手工艺术的历史与现在，我认为我们不应再将自己视为狭义上的手工艺术博物馆，仅仅代表某种工艺美术或某些工艺品材质（木材、陶土、金属、纤维），我们必须将手工艺术视为当代社会无所不在的文化与创造的力量。

纽约艺术与设计博物馆 MAD 外景（白色建筑）

我在本文末尾会再次简短讨论这一话题，谈一谈新的揭幕展“纽约创艺人”(NYC Makers)，在此之前，我首先要回忆一下我进入 MAD 的过程，首先要提及我的三个策展项目，在我看来，每个项目都标志着我对传统手工艺术的现代化进程的认知。

回首再看，我认为这些展览也代表着不同的策展风格以及展览指向。当然，我并没有为了要发展手工艺术而做这样的展览，而是作为文化的发展，有这样的需求与必要去思考和关注这样的主题。策展人不是艺术家，策展工作的逻辑性和客观性要强于表现性。我自然也不例外，每场展览都是在某个特定的机构语境下策划与执行的，因此会有很多不确定性，也受到现实环境的明显影响。即便如此，我仍认为这些展览共同形成了我的个人策展风格，我也希望它们能为其他策展人或机构在手工艺术策展方面提供新的灵感与方向，其他有相同想法的人可能做法不同，我的观点仅从个人经历出发。

我首先要提及的是 2011 年秋在伦敦维多利亚和阿尔伯特博物馆开展的“后现代主义：风格与颠覆 1970—1990”(Postmodernism: Style and Subversion, 1970 to 1990) 展览。这是我在职业生涯中最大的一次策展活动，但决不能将它看作是一场手工艺术的展览，尽管展览中确实包含了美、英两国历史上手工艺术与设计运动的某些代表性作品，比如陶瓷、金属、纺织、玻璃等制品，但是，重要的是展览中涵盖了我们所能研究到的涉及手工艺术的所有艺术和设计分支，包括了建筑、首饰、产品设计、时装、平面书籍、音乐、绘画、雕塑等。在展览的准备过程中，我时时困扰于很多手工艺术品在跨学科背景下创作内容的苍白，除作为手工艺品之外，那些作品毫无艺术和创新价值。最终，我发现手工艺术的发展究其实质，必须与更广阔的艺术和设计行业大有关联。

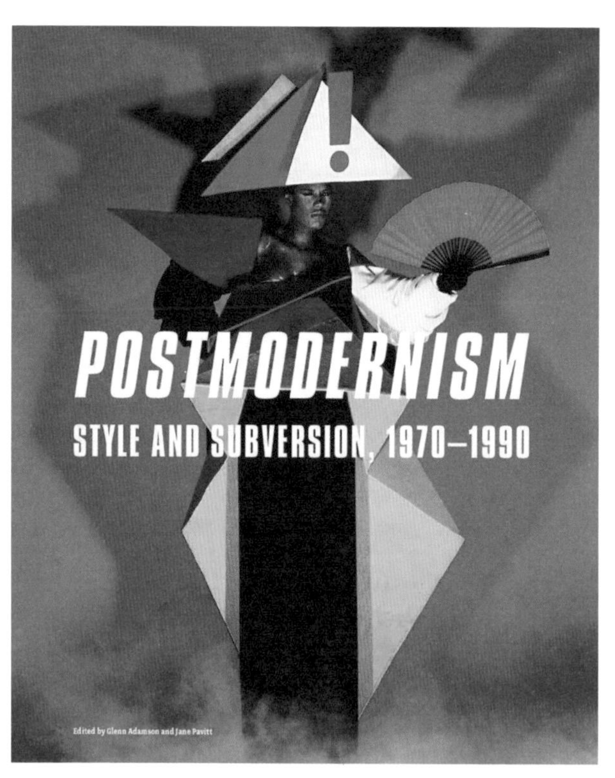

“后现代主义：风格与颠覆 1970—1990”展览画册，伦敦 V&A 博物馆，2011 年

“后现代主义：风格与颠覆 1970—1990”展览现场，伦敦 V&A 博物馆，2011 年

在“后现代主义”展览的策展过程中，我与一个规模庞大的策展团队开展合作，最重要的人物是伦敦维多利亚和阿尔伯特博物馆的策展人简·帕维特 (Jane Pavitt)。我们给自己的既定目标是对后现代艺术与设计的交融发展予以编年讲述，事实上，在实际工作过程中却又焦虑不安，难以抓住主线。毕竟，后现代主义的真实样貌（由让弗朗索瓦·利奥塔 [Jean-FrançoisLyotard] 首先提出）在于“无宏大叙事”。当然，所有历史，无论如何破碎断裂，也还是自有其形式，我们还是希望能够尽力向观众展示一二。展览布展在三个

庞大的展厅之中进行，大致勾勒出展览运行的脉络：从最初的学术实验阶段（主要出现在建筑领域），不断扩张到亚文化阶段（以格蕾丝·琼斯 [Grace Jones] 等流行明星为代表），直到商业化与集团化的阶段。最后一间展厅充斥着闪亮耀眼的奢侈品，如高级茶壶和珠宝项链，当然很多都出自著名建筑师和设计师之手。与此形成鲜明对比的是，艺术家珍妮霍·尔泽 (Jenny Holzer) 在 1985 年的作品——一块看上去恶狠狠的公告牌，写着“让我远离我想要的东西”，隐藏其后的意思是“后现代主义的发展，很多无法适应改变的人们被夹在了时代的洪沟中，掉入某种自我的混沌”。后现代主义在风格与概念上的主张，曾一度具有如此的颠覆力量、敌意重重，看似已经成为各路艺术家、设计师、建筑师、广告人和策展人的一种创作方法。

就在简和我第一次开策划会的那一周，令人震惊的是雷曼兄弟集团宣布破产了，如果不是在 2008 年金融危机的背景下（物质与精神动荡的矛盾）策划的这场展览，或许后现代社会的矛盾也不会在我们的最终展览里显得如此突出。如果是在一个社会经济更加平稳的年代中，我们应该会以非常不同的方式策划这个展览——或许会是一场有关后现代主义的后现代艺术展览。那可能会是直接和批判性的叙事方式，会采取艺术专业人士希望看到的策划策略。不过，那对于观众也可能并非明智之举，亦无吸引力。毕竟，我们的展览要面对的是那些对后现代理论未必所知甚深的普通大众们，策划组织一场貌似学术研究且自我陶醉的展览，却让目标观众不知所云，似乎无所得益。

让·鲍德里亚 (Jean Baudrillard)、米歇尔·福柯 (Michel Foucault) 和雅克德·里达 (Jacques Derrida)，从这些后现代主义哲学大师那里，我们被告知：现代主义已经彻底完蛋了！不过将其取而代之的东西还不可知，这成为后现代思潮的驱动力。这已经无疑向我慢慢灌输了与前一世代的疏离感和革命感。在 20 世纪 70 年代，当我们谈论后现代主义时，仍然会感到击碎现代主义的理想能够释放出点燃“新时代”的足够动力，而到了 90 年代，这样的“燃料”似乎已经用尽，因为变化太快了。

德国 WET 杂志，2003 年

此种情况下，策展人的位置就显得异乎寻常，必须处理各种我们对其并无太大兴趣的物质材料。尽管博物馆对作为独立场域的自我中心意识在过去数十年内已经大大增强（这一结果本身也源自后现代主义），策展人对于要展示的各类展品仍然鲜有浓烈的复杂情感牵绊。我们以这样或那样的方式热爱着展览的内容和展品，展览的呈现也时而热闹欢快，时而激动人心，时而凄凉忧郁。我们愉快地注意到后现代主义的艺术实践对当代设计的积极影响。例如，20 世纪 70 年代的剪切粘贴图形，寻求展示整个多变的世界，仿佛它们是用最新版本的 Photoshop 制作而成。当然我们也无比激动地要展示出自己年轻时代的象征性“遗产”，包括大卫·拜恩 (David Byrne) 的“大外套”“闪耀大师”(Grandmaster Flash)、彼得·萨维尔 (Peter Saville) 设计的新秩序乐团的唱片套。此外，仍有一些与此类情感片段碎片较为疏离的东西。整个展览弥漫着派对早已结束的苍凉，仅仅留下了一连串问题。当然，还有大部分后现代主义作品的空洞，以及（众多 V&A 展览评论家所指出的）部分后现代主义作品形式的丑陋。其自我怀疑的突然发作、不遗余力的夸张、似乎无害的投人所好：但是，在当时，这些都是自由解放的代名词。回首过往，尽管后现代主义拥有太多魅惑，对于其最终成为现代走向当代的过渡阶段，我们还是不由得心生感激。

“超级灯”，马丁·贝丁 (Martine Bedin) 孟菲斯小组成员，1981 年

“上帝拯救主义”让保罗·琼斯 (jean paul jones) 的前卫设计，1978 年

手工艺术如何与“当代”的语境融为一体的呢？并非易事。如前所述，传统意义上被定义为手工艺术的展品仅占了展览的很小部分。我们展示了艾莉森·布里顿 (Alison Britton)、卡罗尔·麦克尼科尔 (Carol McNicoll)、彼得夏尔 (Peter Shire) 和贝蒂·伍德曼 (Betty Woodman) 等陶艺家的作品，他们在历史装饰主义中找到了现代主义的价值。也有彼得·德·布吕尼 (Pieterde Bruyne) 和弗雷德·拜尔 (Fred Baier)（文德尔·卡索 Wendell Castle 的一件作品由于预算原因未能参展）等人的手工木工家具，以及金属艺术家理查德·莫斯利 (Richard Mawdsley) 和陶艺家亚德里安·萨克斯 (Adrian Saxe) 等人的 20 世纪 80 年代的经典作品。不过，这些展品仍然不足以定义手工艺术在整个展览的叙事。

有关手工艺术更加有趣的故事却仍沉在表面之下，我们激动地发现，孟菲斯小组 (Memphis Group) 的最早设计被大部分人视为廉价材料（胶合板和塑料板）制成的工业合成品，实际上是大多出自一位名为兰佐·布鲁戈拉 (Renzo Brugola) 的技艺高超的家具师傅之手。薇薇安·韦斯特伍德 (Vivienne

Westwood) 和川久保玲 (Rei Kawakubo) 等艺术家引领的后现代时装风貌，也为刺激传统样式剪裁的翻转与颠覆提供了丰富的视界。艾普尔·格莱蔓 (April Greiman) 和沃根·奥利弗 (Vaughan Oliver) 创作的图形作品体现了工艺技巧或说“剪裁粘贴”的范围之广、技艺之精。

我从此次展览中得到的经验是，从某种更加隐晦的背后意义来看，手工艺术绝对是与时代进程相伴相生。如果在米兰、东京、纽约和伦敦等后现代热点城市内的实验派们，没有可以依赖的技艺或是能够帮助他们实现艺术和设计创作的手工匠人，后现代主义艺术的一切也许都不会发生。不过，这不是铁律。有人可能会说后现代主义设计艺术的手工程度越高（即仍处于原型或最初阶段），其肩负批判性质的可能性就越大。当此类颠覆性创意设计在工业生产的路径中越能找到出路，比如迈克尔·格雷夫斯 (Michael Graves) 为 Target 设计的煮水壶。后现代主义为手工艺术的合法存在性提供了必要的证明，正是这一隐含意义，与手艺本身一样，盘旋在表面之下。

应东伦敦 SO 画廊 (Gallery SO) 之邀，我于次年组织了名为“修复、修复、修复”(Fix Fix Fix) 展览，作为“后现代主义”展览的另一延续。我通过思想的关联链，传递了展览的主题——修复的艺术。策展时间仅有数周，预算颇为紧张，展览与其说是持续性的研究项目，不如说是一次直觉性的快速反应。展品主要涉及当代手工艺，而非历史性的传统物件，一半左右的展品是活跃艺术家们在得知我们的展览宣传后提交的。我设定的展览概念是“修复”已经存在的完好的物品（功能性损坏的）。最初的设想是参展的艺术家们应坚守某一项修复专业标准，或称为“反表现主义”（此处，我将修复的物品视为“辅助现成物”，此概念由杜尚提出，意指经过艺术家改造过的现有之物）。修复的一个特点在于其谦逊不张扬，完美的修复能够将概念上“破碎”的物品进化成新的物品。物理上的修复，永远只是一个理想，即便最娴熟的修复匠人也无法让时间倒流，但是概念上的修复，则留有大量的创作空间，修复永远只是不断接近或者超越原貌。即便如此，“修复”也是要不断地隐藏自己，不着痕迹。

带着这些想法和“修复、修复、修复”展览挑选出的艺术作品，我希望观众能够意识“修复”的发生，就是艺术创作的过程，就是艺术价值的生成，最后的成品无论是看上去像不像艺术品，他们都应该具备一定的艺术价值。出于此考虑，我决定向观众隐藏展品的原来没有修复前的身份属性。比如，当观众看到展厅中央的一台“吉普”发动机，或是一套可以用来修复法国宫廷家具的 19 世纪装置，或是用金漆巧妙修复的一个日本瓷盒，或是悬挂在某个定制钢架的三角钢琴外框，他们无须清楚这些物品原来的状态和实用场景，而是可以更多地关注艺术家对他们再次“修复”后的结果。这些是艺术品吗？不是艺术品吗？我要抢先一步截断这个问题的答案，希望这个问题本身不再有意义。

此外，我希望向展览中掺入一些更为复杂的感情色彩，虽然在 V&A 博物馆的“后现代主义”展览中也有所应用，但“修复、修复、修复”展览的规模更小，关注点相应更为集中，实验性更强，因此创造了更为浓厚（也可能是更为矛盾）的氛围。但展览中也出现了其他声音，展品中有一堆纸包绳捆的家具，保持着我在阿灵顿保护区 (Arlington Conservation) 修理店仓库里发现它们时候的样子，当它被放在画廊空间中时，像是一件大大的雕塑。（被我，而不是某位艺术家）从一个非艺术环境中移至艺术环境下，这件物品在展览上才展现出最强烈的杜尚风格美学。相形之下，“吉普”发动机，触动了技术世界，关联到另外一场历史性的展览，它是纽约现代艺术博物馆在 1934 年举办的“机器艺术”(Machine Art) 展。

一个用金漆修补过的瓷盒，则体现了另一种地域传统的美学，是对于日本传统文化中珍贵陶瓷的尊崇。在这个展览的背景下，已破损但修复过的物品可能更具价值，因为修补已将其生命周期中的某一时刻永远凝固于其中。黄金修补工艺，在日本称为“金缮”：意外的破碎永久固定于华丽耀眼的修补材料之内。我从工匠史蒂芬·普罗伯特 (Steven Probert) 组织的一个项目中，获得了那个钢琴外框。这架三角钢琴是普罗伯特的家传之物，在 19 世纪末 20 世纪初由波士顿著名的梅森 - 哈姆林 (Mason and Hamlin) 公司出品。多年来，普罗伯特一直对钢琴不断拆解，再把它重新组装成自己想象的样子。他大费周章，终于得到了完美的音色。尤为重要的是，普罗伯特制作了一个 A 形钢铁框架，以便能够接触到钢琴的所有表面。他对钢琴的再修复制作极为严谨，用定制的木制镶嵌填补了每一个缺口、擦痕或凹陷。

漫步“修复、修复、修复”展览中，我发现自己对各类“看似艺术而非艺术”展品的喜爱程度似乎远远高于那些我特意委托创作的艺术作品，因为它们看上去更加新奇、更具创意感召力、更令人兴奋。这并不意味着艺术家们的创作无法达成这些目标，只不过，世界已经向我们提供了这些，只是需要我们再发现。与包括“后现代主义”在内的 V&A 博物馆的其他展览相比，“修复、修复、修复”展览普通无奇，但我在其中看到了一种普遍性的策展方法，即对每一样展品都予以平等对待。尽管手工艺术策展人一直以来不是行业中的领头羊，但这一角色近年来已越来越为大家普遍接受。非洲 / 美洲印第安艺术方面的专家首先提出这一方法，认为不应只对艺术品进行简单的收集、解释，而应通过展览展示环节赋予其展品第二次的生命。

比如，人类学家阿尔弗雷德·杰尔 (Alfred Gell) 对于苏珊·沃格尔 (Susan Vogel) 为纽约非洲艺术博物馆 (Museum for African Art) 策展的“艺术 / 人工制品”(Art/Artifact) 展览印象颇为深刻。特别是沃格尔将一张中非赞德人 (Zande) 制作的捕猎网扎紧成捆，放置在了白色的立方体展厅中央，看上去就像一件当代艺术品。杰尔对这一布展方式的回应是其所写的一篇文章《沃格尔的网：作为艺术品的圈套和作为圈套的艺术品》(Vogel's Net: Traps as Artworks and Artworks as Traps)。杰尔在文中称，具有普遍意义的策展方法在于不以预先存在的类别（美术、工艺、民族）划分展品类别，而是应该以展品在这个充满解释性隐含意义的世界中能够对观众产生的潜在的影响力作为划分标准，这恰恰是策展人的工作。杰尔在文中写道，所有能够作为“复杂思想载体”的物品，包括捕猎网这样看上去“具有实用性、技术性”的东西，都应该同等地被视为美学与概念上可以被解释的对象：“我认为任何能够经得起如此考量的物品或表现形式，在一定的语境下和展现方式下，都可能成为潜在的艺术品，因为它体现了复杂的意向性，需要予以关注。”

《沃格尔的网：作为艺术品的圈套和作为圈套的艺术品》1996 年

如果“后现代主义”展览将手工艺术放置在了后台的位置之上，那么“修复、修复、修复”展览则对手工艺术予以了更为公开的支持。毕竟，展览的举办地本身就与此领域相关（位于伦敦的 SO 画廊最初是以展览概念性首饰和金属手工艺术制品而知名）；同时，展览将制作或再制作作为其主题。最后，展览对手工艺品的艺术呈现发出质疑。展览上的那个发动机、那个钢琴框架，似乎都展现了某种我以其他方式无法寻求到的真相。组织“修复、修复、修复”展览的经历，让我在此后的策展工作中不断延续那样的诚恳与真实的态度。它有利于我在下一个接手的项目中有机会完美展现我的想法。

2013 年，我受邀为北欧名为“柔软”的手工艺调研项目进行策划，活动将在位于挪威莫斯 (Moss) 的 F15 美术馆举办，莫斯地处挪威首都奥斯陆附近。这是首次启用北欧国家圈外人士（我是美国人）策划此类活动，因此，我在策划时不仅需要考虑到项目活动展品的艺术性，同时还需兼顾北欧国家的特性以及观展文化。关于此次策展，我最初有两种思路，一种是相对流于表面的，也即利用挪威语 Tendenser 与英语 Tenderness 之间的文字游戏来进行策划；另一种是延续项目名“柔软”的概念去扩展，从对展品的感受出发，这一思路较为深刻，起码在我看来是如此。

我曾在 2011 年在伦敦的太阳伞美术馆邂逅过瑞典艺术家 Gunnel Wåhlstrand 的一幅画，那幅画用极为轻灵的水墨勾勒出了两个孩童在一处明亮而又布满阳光的窗前坐着嬉戏的场景，后来我了解到这幅画的名字叫作“源”。它来自一张家庭快照，照片中的孩子是画家的父亲，不过后来自杀了。这幅画有种让人深深为之震撼、感动的魅力，尤其是了解了画作背后的故事之后更为如此。画作传达出的微妙与纯真，以及永远无法企及的旧日时光，被画家描绘得力透纸背、真实可感。而当我欣赏画作的时候正好是一个人，泪水瞬间就湿了眼眶。而同时我也莫名地想到一首歌《情感之旅》*(Sentimental Journey)*，我记得自己就站在那儿，任凭泪水充盈眼眶，一边轻轻地哼着那首歌。也就是在此刻，我有了策展的灵感，这是一种看似简单，却是从心底自然流露的真实情感的反应。很显然，这次策展与我以前在“修复、修复、修复”展览中使用的手法完全不同，“修复、修复、修复”展览刻意设计出一种诡异、刺激的氛围。当然与“后现代主义”展览也截然不同，在“后现代主义”展览中采用的是权威、理性的传统策展手法。而对于“柔软”展览，我想设计出一些与众不同的元素，真正从心底流露的情感，并希望将之传达给观众。我更希望这场展览活动是观众用心感受，而不是只用眼睛看到的。

挪威 F15 美术馆外景

Gunnel Wåhlstrand 的作品展览，Magasin III，2017 年

F15 美术馆 (Galleri F15) 位于一处空旷的乡间建筑，当观众走进来观展时，他们首先看到的是一个设计极为精巧的螺旋梯，这是房子本身自带的。他们同时还能隐约听到《情感之旅》这首曲子，不过并不是我哼唱的，而是

由美术馆工作人员低唱的。歌曲是提前录制的，不过听起来似乎是有人在现场演唱一般，或者就像是从过去的时光飘过来的空灵之声。我们的策划设想是，观众还能够同时闻到一股淡淡的香水味，这个我们与美术馆的工作人员事先商定，由他们不间断地在空气中喷洒。（不过实际上，这些香味过淡似若有若无，以至于观众很难察觉到。毕竟，这些特效并非那么容易达成。）

离开那个螺旋梯之后，观众便进入了美术馆，美术馆是环绕着 Wåhlstrand 画作而建成的，与观众正好相对而立。我在安置活动道具时发现，整栋建筑曾经在二战期间被纳粹士兵占领过。房间中从那时起就有一张这间屋子的照片，照片中有几位军官就站在这间屋子里。同时屋子的角落里还有一个白色的经典款壁炉，看起来极为华贵，这也是当时纳粹兵侵占房子时安装的。（照片中的纳粹分子倚在壁炉旁边，表情中带着大家都熟悉的那股傲慢与我即主人的霸气。）这一发现给 Wåhlstrand 的画作平添了些许另类的历史情绪色彩，他在画作中描述的两个年轻的金发孩童正是处于那一历史时期。我这才发现，有时策展人的策划实践也会获得意外和惊喜。

此外，我还要求艺术家 Mia Göransson 在这个房间里放置一些粉色的陶瓷制品，从而制造出若异国之花的效果。我希望她把这个房间稍作装饰，并让这些物品间接地融入展览中，也融入参展的其他艺术家作品中。我觉得这种兼收并蓄的做法正回应了艺术院校所倡导的传统，尤其多见于北欧地区，这种传统即是朋友或者家人在美术馆的角落、学生的作品旁边放置一些花束。将这种看似漫无目的花束置于展览中，其美学效果常让我为之惊叹。这体现了艺术品本身并未表达的一种真诚和欣赏的姿态。

这种想法同时也契合了展览中的送礼主题，我觉得手工艺术中尤为重要的部分，但却在策展中鲜有提及的便是手工艺品在家庭生活圈中的角色。一份手工的礼物，即使是在小店中买来的，也是家庭成员之间情感联络的绝好机会。这便是我意欲在展览中体现的一种柔情或关切。因此我挑选了艺术家诸如 Nicholas Cheng 和 Beatrice Brovia 夫妻，以及 Karina Nøkleby Presttun，他们那精彩绝伦的刺绣品即是对自己亲密朋友圈的真实写照。这也是我评价北欧手工艺术品的一种方式：这些北欧国家便是以优质公民福利而享誉世界，瑞典人将这种关心公民的理念称为人民家园 (folkhemmet)，也即政府照顾公民的生活，所有人都处于一个共同的社会契约中，正如一个大家庭。这是思考政治的一种特殊方式，这种方式基于某种人性关怀的柔情，或至少是人道主义情怀。

由此，我完成了“柔软”展览思路的梳理，整个策划历时了近一年，在这一年里我多次拜访北欧不同城市和地区。我根据我个人的职业喜好来遴选一些艺术家，标准就是他们可以为这个展览带来温暖与信念的内容。展览本身正如人一样，我确实意识到，按照这样的标准来进行策划有些不同寻常，不过对于这个活动来讲是有意义的，因为这场展览首先是关于朋友、关于信任的。为了保持这一理念，我撰写的图录文本也是极为个性化，将这些关系都浮在表面，我并没有按照我通常的思路来遵循一个标准或理论上的模式。

因此，“柔软”展览的策划思路是将之设计为一场以博爱、脆弱和温情为主题的展览。当然，它本身也是一场关于手工艺术的策展。不过在我看来，它又是一场特殊的艺术展览，它摆脱了一般手工艺术策展活动的策略窠臼，即过分专注于展品的形式。或许从艺术标准的角度来看，整个展览的叙事脉络更清晰，将手工艺术置于家庭关系之中以及其他形式的理解来考量其价值，正是为了避免刻板印象，从而将叙述的关注点更多地放在手工艺术的人文价值方面。

我很享受策划“柔软”展览的过程，我感到这可能会成为今后我在 V&A 博物馆继续做策展活动或其他项目的参考，当然也取决于具体展览的语境。我想，我或许会策划一系列小规模的、非常规的展览活动，并附加更多的个人色彩。在当时，我并不知道我会因此彻底离开伦敦，并接受一种完全不同的新挑战（离职伦敦 V&A 博物馆研究部主任一职，担任纽约艺术与设计博物馆馆长）。

2014 年 10 月，我正式上任纽约艺术与设计博物馆馆长。担任这一职位使我的很多角色发生了变化，其中之一便是不再主持展览策划活动。目前我的职责是统筹策展和美术馆的活动，具体执行则由其他人来实施。不过这个角色更需要我快速地作出决断。我初到任时，艺术与设计博物馆在规划当代艺术展览项目上尚无系统的经验，我便即刻展开工作，因为已经有 2014 年的四场新展览以及接下来每年的六场展览需要规划。在这些展览中，声势最大的当属“纽约手艺人”展览，这是博物馆接受的第一个两年一度的新展览活动。这个展览并非如“柔软”展览般低调、个性化，而是旨在将博物馆定位为整个纽约城手工艺术和创意文化活动的核心平台。从许多层面来讲，

“纽约手艺人”展览的策划是基于我此前策划活动所积累的经验的整合。首先，我想重复曾在“后现代主义”展览使用的一些策划程序，并突出艺术性的重要性。纽约经济是典型的金融、零售业和旅游业依赖型，很少依靠制造业的发展，甚至多数人都认为纽约根本不制造任何产品，制造业已然成为其他发展中地区的事业。当然这是一种认识误区，城市中的任何产品都有赖于成千上万的技术工人的劳作，他们或许并不在公众的视野之内，但他们却不可或缺地存在着。

“纽约手艺人”展览的图标是由 Boxart 公司设计的一个箱子，Boxart 公司为全国的博物馆提供最顶尖的包装和运输服务。我们也请 Boxart 公司为艺术与设计博物馆自己的一个藏品设计了一个箱子，这个藏品是艺术家 Wendell Castle 设计的形状不规则的家具。我们计划把该藏品放置在箱子中展览，箱子前侧打开，这样观众就可以看到展品的全貌，也能看到固定展品的底座和道具。最后，这个指定的展览达到了预期的效果。Boxart 公司也由于其卓有成效的工作得到了《纽约时报》的认可（公司总裁表示，一直以来，他们都是与博物馆合作，但此前从没有在展览中被如此认可过）。展示过程所传达的信息，以及工匠的卓越技术都被表现得掷地有声。

这个展览与“修复、修复、修复”展览有一点相通之处，即是由布鲁克林一家叫 Brass Lab 的工作室所提供的旧款小号。当我们邀请 Brass Lab 工作室参与到策划活动中时，他们却坚持从 eBay 上购买一款便宜的小号，然后竭尽他们的技术所能，为这款设备增加一切可能的特性，将之改造为一款顶级的小号，并按照迪兹·吉莱斯皮（Dizzy Gillespie 美国爵士小号演奏家）的风格设计一个外翻的铃铛在上面。除复制“修复、修复、修复”展览中旧物再创造的做法之外，“纽约手艺人”展览还与“修复、修复、修复”展览在设计手法上有共通之处。我们在策划时加入了许多非艺术性质的普通物件（比如旧箱子，其他的还有诸如电灯、墙纸、锻工化石以及犹太裁缝为天主教会设计的教会服装等——毕竟这是在纽约这个包罗万象的大都市）。此外，我们还请手工匠人手工塑造展览中的每个物件，包括旧箱子、基架、底座，所用的材料都不是一般材质，比如快速成型的混凝土、焊接钢等。整体效果更是追求工艺技术的连续性，使得所有的物件都处在同等水平上，不分艺术审美地位的区别。

而“柔软”展览呢？它也对“纽约手艺人”展览的策划手法有一定的影响吗？当然，“纽约手艺人”展览对于我来说少了一些人性化的元素，并且它的整体策划需要一个强大的团队来支撑。事实上，我们也尽可能地让更多的人参与到这个过程中来，从我们的项目策展人 Jake Yuzna 到展览设计师 Hendrik Gerrits，以及许多其他可能参与的人，此外我们还邀请了一个专门的小组为展览挑选手工艺术家，当然还有数百位工匠们（他们中许多人是以团队工作的形式在工作）也参与到了展览策划的过程中，我估计至少有上千个人直接参与到展览的策划筹备中。

而我仍然担任博物馆的领导职务，负责为展览募集资金，与媒体沟通，并尽我所能对展览的执行更好地进行管理。确实，我的确错过了在策划“柔软”展览时所感受到的一些直接的情感体验，或许将来有机会我会给艺术与设计博物馆的同事分享我的经验。但是至少在这次初步的尝试中，我们也给我们自己以及其他人展示了，博物馆的确可以吸引一个群体融入博物馆中。在开幕当晚，“纽约手艺人”的展览现场到处可见手工艺人和手工艺术爱好者们，以及他们朋友及家人。我看到好多鲜花，可以说，当晚，我们的展厅里是浓浓的幸福、甚至爱意融入其中。再回首，我依然为之感动，这是一个博物馆馆长能够期望达到的最高境地，给予传统手工艺升级的机会，让优秀的现当代的手工艺术品和艺术家被发掘出来，被看到。

备注：

本文的中文版首次发表于 TRILPE PARADE 国际当代首饰双年展 2015 年展览的画册中，荷兰皇家图书馆，2015 年，英文版版权 © 文本作者，中文版 ©TRILPE PARADE 国际组委会。

TRIPLE PARADE 国际首饰双年展的全球化文脉

□ （荷）孙捷

同济大学长聘特聘教授，博士生导师

TRIPLE PARADE 作为一个高层次的国际设计与艺术的展览活动，从首届大展的成功举办开始，它的使命就已经牢牢确立了：以现当代的首饰为主题，海纳这个时代具有使命感和先锋设计与艺术思想的精英豪杰，与世界、与未来对话。TRIPLE PARADE 的国际组委会创立于 2013 年，至今走过了九个年头，成功举办了四届，承办城市跨越了亚欧大陆，从荷兰阿姆斯特丹，比利时安特卫普，芬兰赫尔辛基 / 库奥皮奥，再到中国的北京、天津、上海、深圳。每一届盛典都不同程度地包含了文化艺术各界精英的贡献与支持，从国际设计大师、艺术家、著名画廊总监、顶级美术馆馆长、策展人、设计艺术学院院长、艺术史学家；再到驻华使馆大使、国家级文化机构与协会负责人。正如威尼斯艺术 / 建筑双年展、米兰设计三年展、慕尼黑 SCHMUCK 等，年轻的 TRIPLE PARADE 国际首饰双年展的存在，为全球珠宝首饰行业和文化创意产业的国际化发展做出了可见的贡献，特别体现在中国本土与国际的文化艺术合作方面。

TRIPLE PARADE
Biennale for Contemporary Jewellery
国际当代首饰双年展

前身与历史

很高兴看到这次展览成功举办，“TRIPLE PARADE”展览项目是中荷两国在许多层面进行文化交流的绝佳典范。文化交流是加深沟通的重要渠道，而沟通反过来也会为许多其他领域更好的合作奠定基础，不仅在文化领域，也包括政治和经济领域。

——荷兰驻中国大使贾高博阁下 Mr.Aart Jacobi，2014 年

这段话是 2014 年时任荷兰王国驻中国大使贾高博阁下为第一届“TRIPLE PARADE 国际首饰双年展”题写的展览箴言，当时的项目展览名称“TRIPLE PARADE 三人行——中荷当代设计文化展”，这也成为“TRIPLE PARADE 国际首饰双年展”的前身。这一切还要回到 2013 年初，由欧洲后现代设计之父 Gijs Bakker 海斯·巴克先生，荷兰 RG 皇家艺术学院教授 Lucy SARNEEL(1961—2020) 露西·夏奈儿女士和我，以及时任荷兰王国驻中国文化总参赞的 Machtelt SCHELLING 共同发起。

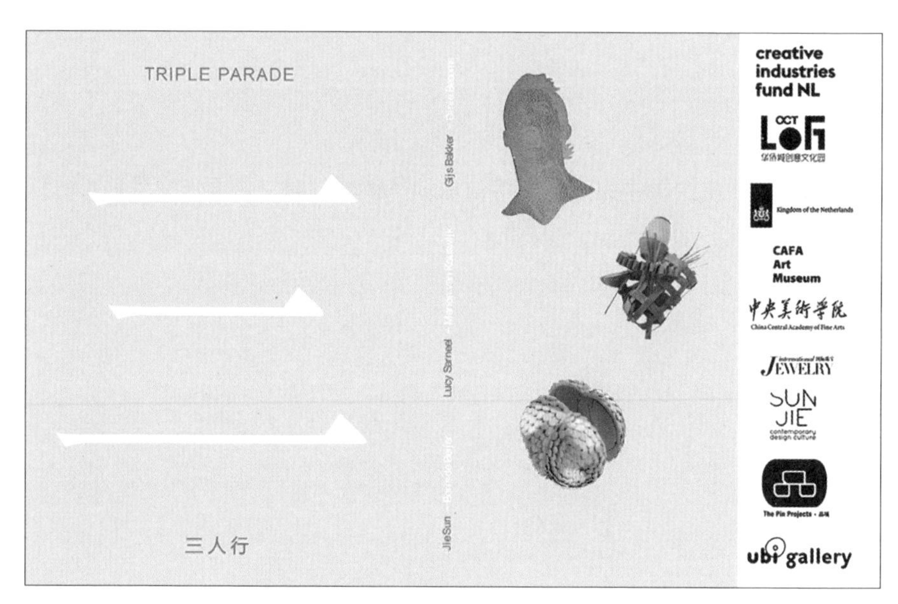

首届 TRIPLE PARADE 展览海报，2014 年，北京，深圳

荷兰国宝级设计大师 Gijs Bakker 与荷兰皇家艺术学院教授 Lucy Sarneel 在北京中央美院讲座海报，首届展览的活动之一，2014 年

第一届展览和活动在荷兰国家创意产业基金 (Stimuleringsfonds) 与荷兰驻中国大使馆的鼎力支持下，以“跨越三代人的对话”为主题在北京与深圳拉开帷幕，由中国中央美术学院与深圳华侨城创意文化园作为两地部分活动（讲座 / 工作坊）的承办。展览与活动期间，时任荷兰王国教育、文化和科学部部长杰特·布斯梅克 (Jet Bussemaker) 女士（现任荷兰莱顿大学教授）在 2014 年初正式访华期间，协同荷兰驻华大使贾高博阁下，在北京参观了该展览，并做出高度评价。在当时的大多数国际高层次文化交流中大多都是传统艺术和形式，鲜有将当代设计作为主题的活动，TRIPLE PARADE 展览的出现也让两国的外交官员眼前一亮。

孙捷为前来观展的荷兰王国教育、文化和科学部部长杰特·布斯梅克女士讲解，
2014 年，北京 UBI 画廊

2015 年春，以中国、比利时、芬兰三国当代首饰设计和艺术的对话为引，TRIPLE PARADE 的组委会再次发起了第二届“TRIPLE PARADE 三国志——国际当代首饰设计与艺术节”，衍生出了中心展览、国际学术高峰论坛、学术讲座、设计研究工作坊等活动，并特别邀请了纽约艺术与设计博物馆馆长

格伦亚当先生作为学术支持。在荷兰、芬兰、比利时驻华大使馆，芬兰国家艺术基金，荷兰国际文化交流中心的支持下，中国区活动的承办落地天津美术学院（2015 年夏），之后整个活动又移师芬兰的“心脏”城市库奥皮奥市，由库奥皮奥设计学院和市立历史文化博物馆承办（2015 年秋）；之后再辗转到欧洲“时尚之都”比利时安特卫普市，由圣卢卡斯艺术学院承办（2015 年冬）。三个城市的文化与教育机构，代表其国家的身份，分别成功顺利地承办了第二届 TRIPLE PARADE 国际首饰节的所有活动，也是从这一年开始，TRIPLE PARADE 正式在荷兰阿姆斯特丹进行了组委会的注册工作，官方成了一个非营利性的文化机构；同样是这一年，展览或活动的主办承办机构从过去的中国和荷兰扩展到了四个国家和地区，参展艺术家和设计师也从前一届的 6 人上升到了 36 人，有超过 11 位特邀的欧洲学者、教授、策展人、院长、基金会理事出席外，活动也由芬兰驻中国公使 Paula Parviainen 女士，时任荷兰驻中国文化总参赞 Ineke van de Pol 女士等嘉宾剪彩开幕。特邀建筑师设计展场“冰山”，融合与差异作为概念，呈现了芬兰、比利时、中国具有代表性和思考性的设计艺术家作品；高峰论坛，以首饰作为语言，集结了 12 位来自荷兰、比利时、芬兰、中国的领军学者。实现了真正意义上的国际高层次，设计文化的交流与合作。正如时任天津美术学院院长邓国源教授的评价“‘TRIPLE PARADE 三国志——国际当代首饰设计艺术节’有着前沿的学术主题，再加上开放的视野与格局，立足本土，面向未来。它对推动天津美术学院乃至整个中国的首饰艺术教育都起到了至关重要的促进作用。此次高水平学术活动，将全面地开启天津美术学院国际化新进程的崭新篇章”。

第二届 TRIPLE PARADE 大展海报，2015 年

第二届 TRIPLE PARADE 大展“三国志——国际当代首饰节”
在天津美术学院美术馆隆重开幕，2015 年

第二届 TRIPLE PARADE 大展展览现场，天津美术学院美术馆 2015 年

第二届 TRIPLE PARADE 大展展览在芬兰库奥皮奥文化博物馆盛大开幕，
芬兰策展人 Eija Tanninen 女士，组委会主席孙捷，执行总监庄冬冬共同揭幕，2015 年

第二届 TRIPLE PARADE 大展展览作为 2015 年中国与芬兰建交 65 周年活动之一，获得了业界很多的积极反响，顺势也就继续开始了 2016 年继续在天津举办的想法。于是，2016 年 TRIPLE PARADE 以“三生万物——创造者，佩戴者，观者之间的对话”为题，携手全球五所国家级首饰设计协会机构，策划了包括展览、出版物、研讨会、讲座、设计工作坊等的活动，其中囊括了来自中国、荷兰、美国、加拿大、英国、丹麦、西班牙、挪威等的合作伙伴。这本出版物，作为本届活动大展的内容精髓，特邀了七对 14

名国际领军学者的采访文献，从设计创作、高等教育、美术馆策划、协会管理、收藏佩戴、艺廊经营等角度延伸了本届活动的主题。在展览上，展出了16个国家，110位设计师，超过260件首饰作品，成就了一次新的挑战。“跨越创造者，佩戴者和观众的对话”这一主题很好地从学科的核心定义了“何为首饰？”

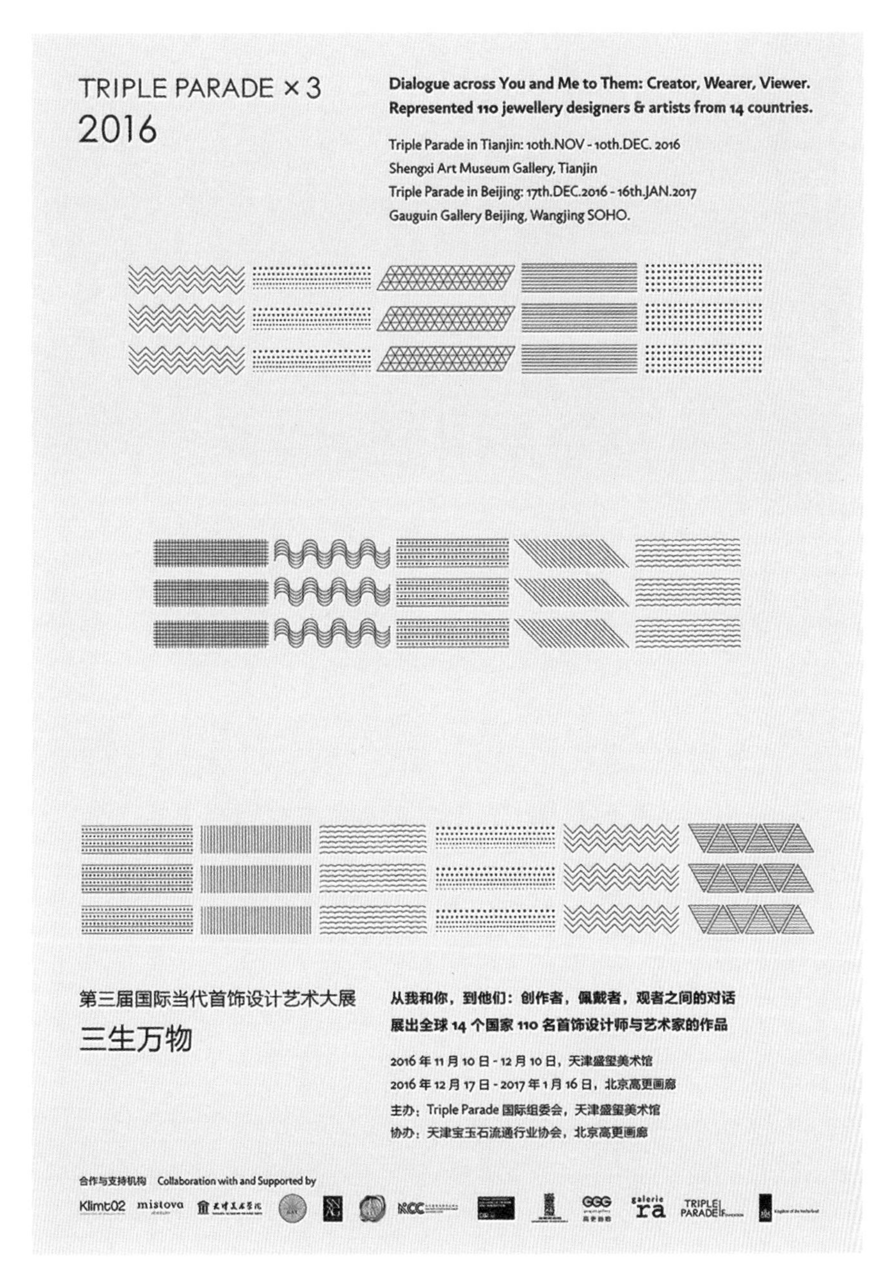

第三届 TRIPLE PARADE 大展海报，2016 年

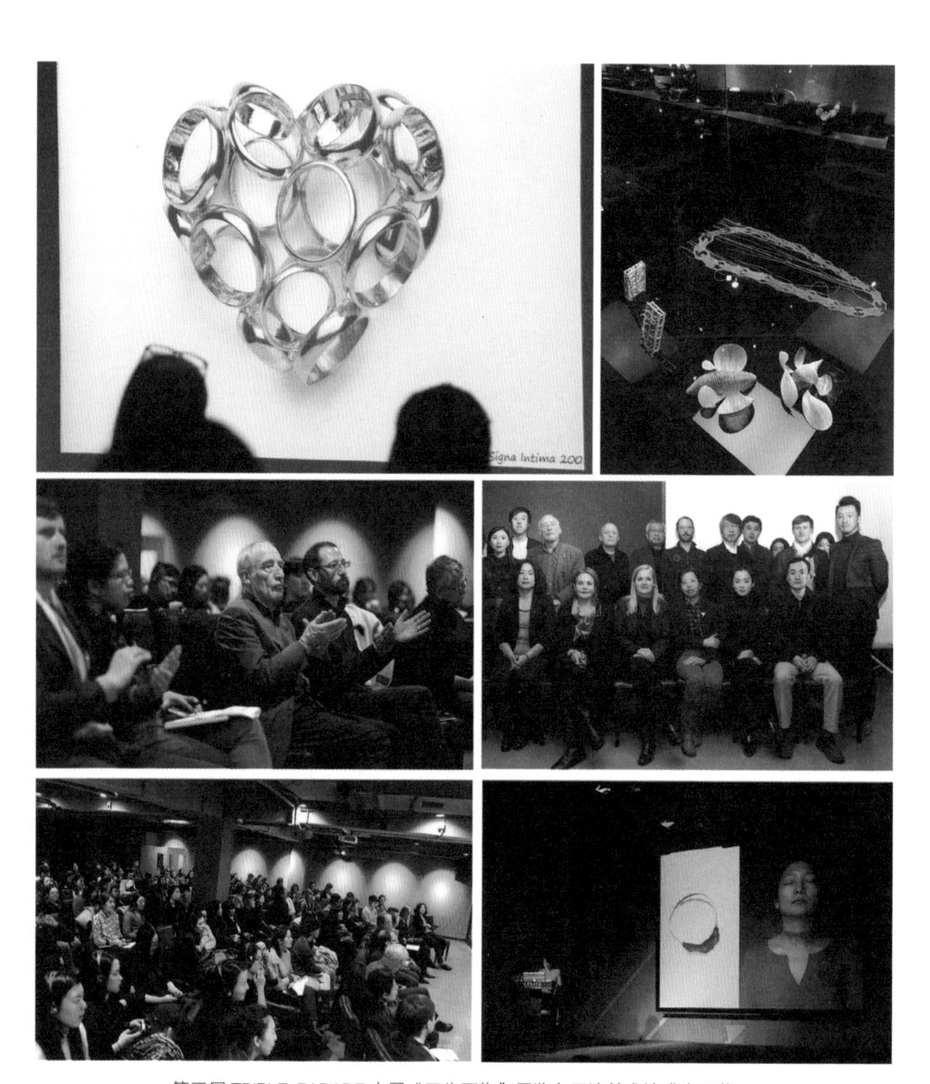

第三届 TRIPLE PARADE 大展“三生万物”展览在天津美术馆盛大开幕，
全球业界大咖与学者齐聚大展祝贺并参与学术研讨会，2016 年

第三届 TRIPLE PARADE 大展首次设立了艺术奖奖项，
上图为当年获奖的加拿大艺术家 Ezra Satok-Wolman，2016 年

从 2013 年的筹备策划再到第三届（2016 年）的成功举办，无论是品质和数量都有了很大的提升与变化，基本上三届大展活动的策划组织都是连轴转，每一届的国际组委会成员和人事都发生了不同的变化，天津美术学院的庄冬冬副教授在 2015 年作为执行总管加入了组委会，并作为核心执委成员，参与了第二、三、四届的大展活动。前三届的成功也让我们思考将

TRIPLE PARADE 从年展进化为双年展，一方面是其级别和规格已经足够，另一方面也是给予组委会更多的时间去策划和组织它。第四届开始，TRIPLE PARADE 首饰大展正式更名为“TRIPLE PARADE 国际当代首饰双年展”，第四届 2018 年，以“三世之界”为题，由同济大学设计创意学院和上海昊美术馆联合承办，为期三个月的时间，展览、论坛、系列讲座、工作坊陆续展开。这一届的双年展由四大板块组成，史无前例（亚洲区域）展出严格筛选的 34 个国家及地区近 300 位艺术家和设计师近 500 件优秀作品，从为期一年半全球范围的公开征集和作品筛选（板块 1. 亲密接触），国际艺廊的选送（板块 2. 物以类聚），当代视觉艺术家的邀请跨界创作（板块 3. 艺术游戏），再到十个国家地区策展人的独立选送（板块 4. 差异共生）。空前的成功，“TRIPLE PARADE 国际当代首饰双年展”向中国公众呈现了全球当代首饰创作的多样性，同时在当代艺术、时尚、设计与工艺美术领域，创造了一场富有创造性和启发性的对话，超过四十余家主流媒体进行报道。“TRIPLE PARADE 国际当代首饰双年展”充满了惊喜，并指引着未来。

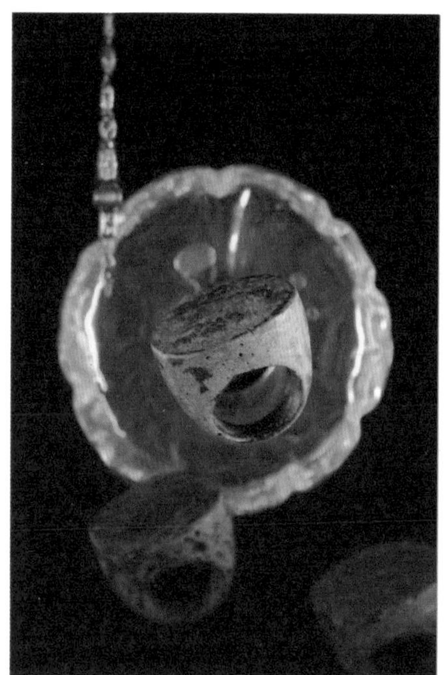

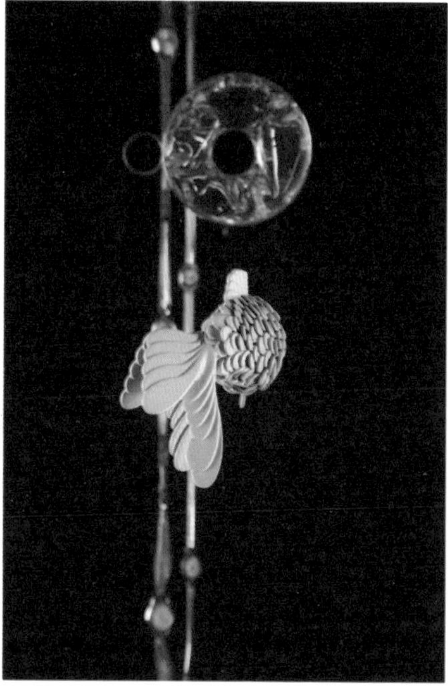

TRIPLE PARADE 2015/2016 画册作品摄影，摄影师：Thomas Aangreenbrug

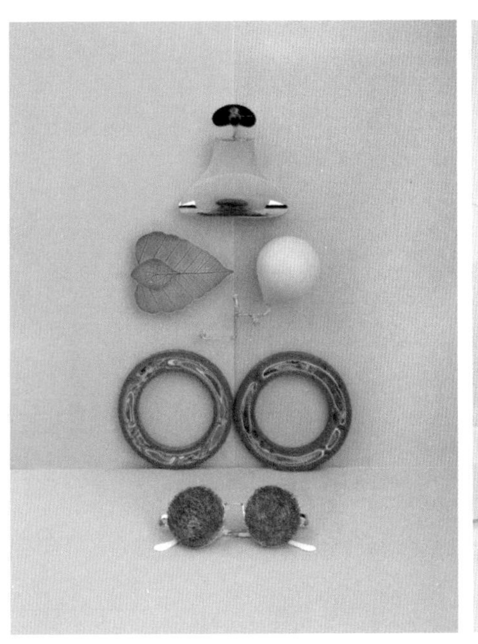

TRIPLE PARADE 2016/2018 画册作品摄影，摄影师：车快

国际化与学术价值

“TRIPLE PARADE 当代首饰双年展”国际组委会的注册地是荷兰阿姆斯特丹，国际组委会的构成分为执委会、学术委员会、承办组委会、学术出版机构四个部分，这样的组织结构相对于大部分基于城市主体而举办的双年展活动（例如米兰三年展，纽约设计节等）组委有很大的不同，因为“TRIPLE PARADE 当代首饰双年展”的组织构架中除了执委会（主席和执行总监）不会发生变化，其他组委成员都会根据每一届的具体承办地与合作机构进行新的承办组委会的组建，这种管理模式类似于奥运会的举办，由国际奥委会授权每一届的承办国重组承办组委会。

首饰在其千年的历史发展中牵扯着多元的内容，每一次的跨越，也许开始于革命性的设计人才，或精湛的工艺与技术的发展，材料的改变，或者是某种观念与意识形态的呈现。没有人能否认，从当代的角度来诠释首饰这个主题并不难理解。但是，什么是我们这个时代的有价值的首饰设计呢？我们如何理解和认识作为一件可独立，又能与身体有关系的艺术品存在？如何从一个三维角度去诠释和表达对新材料、工艺、文化，或是对形式、概念和新的审美等问题的研究？基于不同国家地域的文化、社会、商业甚至政治语境，不同的首饰创作方法是如何表现？基于这四个研究的问题，展览的结构从内容上由“亲密接触”“物以类聚”“艺术游戏”和“差异共生”四大板块组成，这四个板块作品的选送，在内容和研究上从四个角度对主题进行了讨论，从策划角度，也为了能够从展览的沟通与交流的维度上获得更大的影响力。

第四届 TRIPLE PARADE 国际当代首饰双年展海报，2018 年

第四届 TRIPLE PARADE 国际当代首饰双年展在上海昊美术馆盛大开幕，2018 年

第四届 TRIPLE PARADE 国际当代首饰双年展陈于两千平方米展厅，2018 年

例如在“第四届 TRIPLE PARADE 国际当代首饰双年展”（2018 年，上海昊美术馆 / 同济大学）的策划组织过程中，首先，第一个维度，双年展设置了学术委员会，我为学术委员会主席，特邀艺术总监曹丹加入，为期一年半全球范围的公开征集和作品筛选，涉及一百位优秀艺术家和设计师，他

们都不同程度地在首饰的内容、形式、方法、理论实践等方面，有突出贡献或有创新点（板块 1. 亲密接触）。第二个维度，我邀请了三家在不同地域有着重要专业和行业影响力的国际首饰艺廊，他们是有着 42 年历史的荷兰阿姆斯特丹的 Gallery RA，也是全球第一家真正意义的当代首饰艺廊，旗下代理着全球最为重要的首饰大师和先锋艺术家；HANNAH Gallery 坐落于西班牙巴塞罗那（其前身为 Klimt02 艺廊），同时管理着国际专业交流领域最为重要的线上平台“Klimt02 国际当代首饰在线”；FROOTS Gallery 是受邀请的唯一的中国大陆艺廊，位于北京和上海两家画廊，代理着四十多位的国际首饰艺术家。艺廊需要根据我在策展中主题的设定和研究问题的提出，选送十位艺术家作为参展者（板块 2. 物以类聚）。第三个维度，学科和专业间的交叉与互动也是“当代性”中重要的一部分，这个板块特别邀请了十六位活跃的当代视觉艺术家进行跨界首饰创作，他们中包括了著名的油画家喻红、雕塑家展望、装置艺术家邬建安，等等，他们从一个跨专业的角度为当代首饰创作提供了新的视角（板块 3. 艺术游戏）。第四个维度，“差异共生 Viva La Different”，这个板块以国家地区为单位，邀请了全球五大洲，十个国家和地区（中国包括台湾地区以及荷兰、意大利、芬兰、韩国、美国、加拿大、英国、澳大利亚）的策展人作为双年展板块下的联合策展人，刘骁、李恒、Morgane De Klerk、Eija Tannien-Komulainen、Maria Rosa Franzin、Rebecca Skeels、Elizabeth Shaw、Ezra Satok-Wolmam、Yong-il Jeon，各自选送了十位有代表性的本地区的优秀艺术家，相对集中地展示了文化地域的差异对当代首饰创作产生的影响和思考。这四个维度从不同的层面，基于我的策展框架所提出来的研究问题，进行了第一次的研究讨论和梳理，最终选定了展出了 34 个国家及地区 300 位艺术家和设计师近 500 件优秀作品，几乎所有的艺术家和设计师都是接受过高等教育的并且有自己的职业。

第四届 TRIPLE PARADE 国际当代首饰双年展国际学术研讨会，2018 年

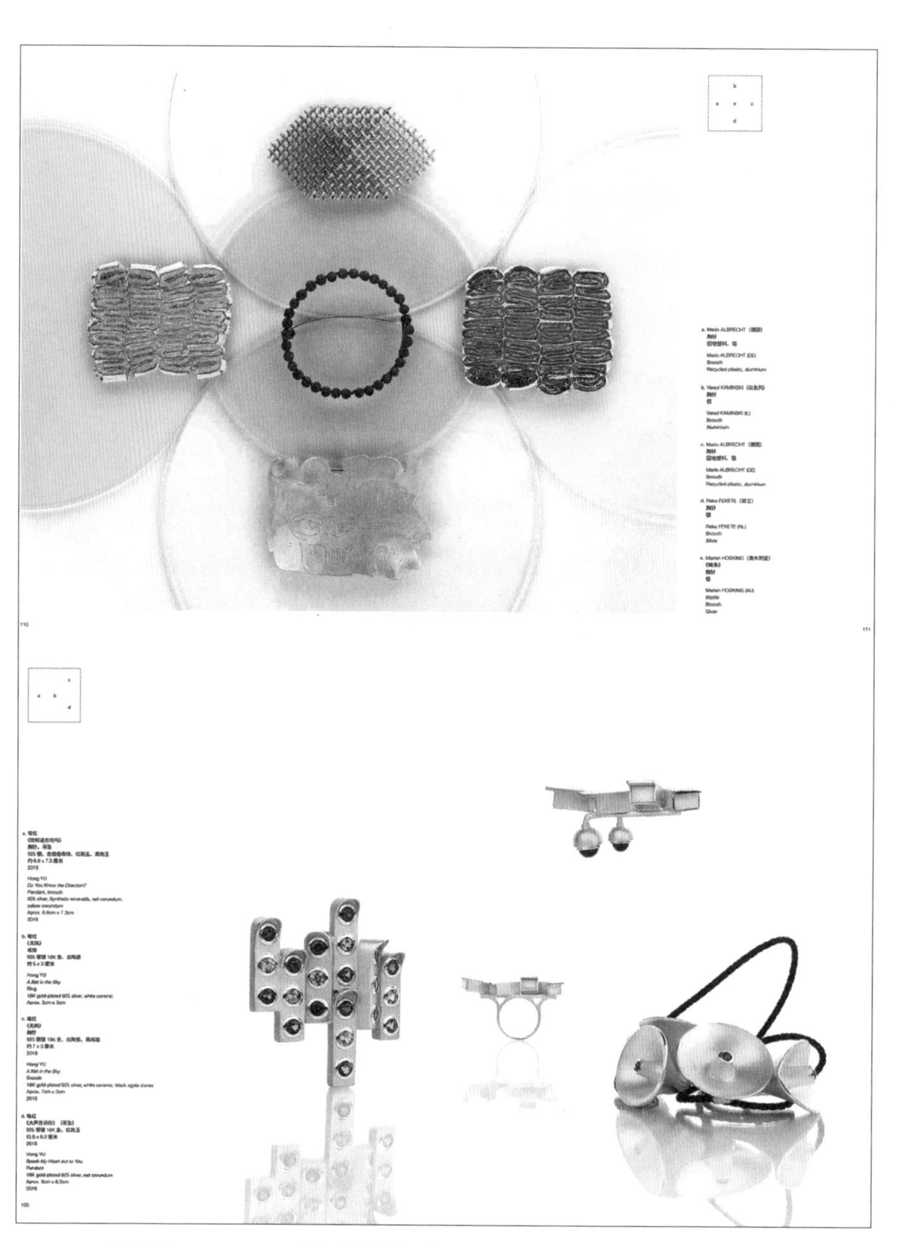

第四届 TRIPLE PARADE 国际当代首饰双年展画册出版物，荷兰皇家图书馆，2018 年

美国艺术家 Lauren Kalman，她的作品有着较为强烈的当代艺术观念，内部的逻辑都是以首饰为视角来反观女性主义。有的艺术家的工作手段也可以被认为是一个创造性的探究关系，例如个人的情感，自身与其他人的情感交流。在中国艺术家刘骁的作品中，他记录并描述他的个人行为、情感、理解和自我意识的很多微小变化，再将这些记录下来的精神变化进行创作，

首饰成为他“自我反思”的结果。同样的处理，还有德国旅英艺术家 Jivan Astfalck。中国首饰艺术家张小川和丹麦艺术家 Annette Dam 的创作同样在探讨关系，但其初衷意在阐释大自然的变化与个人存在之间的关系，借此思考变与不变，凸显了浓烈的中国文风和情结。另两位，中国艺术家赵祎和庄冬冬，则是在发掘物与物的关系，从一些中国传统文化中寻求灵感，通过重构内容或概念材料形式，用当代的艺术设计手段来嫁接新与旧的美和价值；类似观念的还有中国艺术家方政的作品。的确，作为当代的视觉艺术一支，当代首饰不仅具有实用的部分（可佩戴性），但更多的是叙述、观念、概念，以及雕塑性等的特质。比如说，像土耳其的艺术家 Aisegul Telli、中国艺术家任开，他们的作品更多则是基于精湛的手工艺。材料美的再研究和探索也是当代艺术和设计中的一大主题，这里也不例外，如中国艺术家赵世笺、丹麦艺术家 Marie-Louise Kristensen、土耳其艺术家 Snem Yildirim、法国艺术家 Sébastien Carré、以色列艺术家 Nirit Dekel、南非旅华艺术家 Gussie van der Merwe、瑞典艺术家 Karin Roy Anderson 都将材料作为了对象。当然，展览中也有像中国艺术家郁新安，尝试探讨技术、材料与观念之间在设计方法上的可能。英国艺术家 Lin Cheung 更是熟练地驾驭概念设计在首饰语言的变现上，以及对材料的控制折射出了她鲜明的个人特色。中国设计品牌东长（艺术家张硕 & 陈小文），设计师邓品瑜则更为直接与时尚设计开辟了合作，尝试作品的限量创作，朱丹燚则更加鲜明地定位在了轻奢。这是最为良性的多样艺术生态，无论这些艺术家用什么样的形式语言或工作方式，从精神到物质的挖掘，抑或从对自身与别人的专注，再到跨领域的合作，他们始终在首饰的世界中探索当代的属性，并释放着自身存在价值。

第四届 TRIPLE PARADE 国际当代首饰双年展，新闻发布会，为各大媒体讲解，2018 年

第四届 TRIPLE PARADE 国际当代首饰双年展新闻发布会，
首席策展人孙捷、艺术总监曹丹、特邀嘉宾滕菲为各大媒体解答，2018 年

荷兰马斯特里赫特艺术学院院长 Chequita Nahar 与安特卫普皇家艺术学院教授到访观展，
时任昊美术馆公关总监祝青，展览首席策展人孙捷，2018 年

因此，作品的筛选变得尤为重要，他们的作品承载了大量的隐性知识和他们自身无法认知的不确定性，包含了创作者在设计上的方法、想法、概念、文化观念、思考、感受、经验、信息、研究、材料工艺、态度，等等。策展人需要基于对艺术家和其作品的理解和大量的文献研究来作为判断，如何向公众展示当代艺术品的知识通常被认为是他们对艺术品知识的重要组成部分[1]，该作品是否能够被放入展览的内容框架，或者如何能够被纳入框架，由以什么样的形式能够出现在展览中决定。除此之外，策展人还需要通过自己在专业领域的知识和必要的个案研究，去消化和重新梳理这些信息，将首饰作品中的大量隐性知识转变为有脉络的文字和新的创作，并且以符合策展的方式向观众重新呈现，这包括了对展览设计与造景的思考，对研讨会主题的设定，对媒体和评论的引导，以及对作品与展览关系的描述。

TRIPLE PARADE 本身对于策展人而言，在展览和策展中探讨了首饰的专业研究和发展问题，为艺术、时尚和首饰的热爱者创造了一次美好的知识旅程和体验，以及当代美术馆与内容多元化发展的探索。时尚与首饰，两者多被认为是流行文化的主题，成功地展现为一种更加精英主义的形式——

[1] Tobelem, J.M. *Le nouvel âge des musées: Les institutions culturelles au défi de la gestion.* Paris: Armand Colin, 2005.

当代艺术，更为当代时尚和首饰策展的实践提供了有效的方法和理论支持。时尚和首饰展览能够在画廊和美术馆中被解释为新的模式[1]。这种模式将时尚与首饰理解为一种类似于当代艺术的表现与多元文化发展的现象，在这种认知下，将时尚和首饰从“物质与媚俗”的“商业气质”中解放出来。

第三届和第四届 TRIPLE PARADE 国际当代首饰双年展学术出版物，荷兰皇家图书馆，2018 年

---

[1] Andersson, F. “Museums as Fashion Media,”. London: in *Fashion Cultures: Theories, Explorations and Analysis,* eds. Stella Bruzzi and Pamela Church Gibson. Routledge, 2000.

毋庸置疑，除了策展实践过程本身，研讨会和出版物，还有工作坊、讲座都作为传统研究过程中非常重要的知识产出与验证的形式。在从 2015 年第二届的 TRIPLE PARADE 国际当代首饰展，到 2018 年第四届的双年展，无论展览的规模大小，在展览期间所举行的当代首饰的设计研讨会与出版物的发行一直都成为展览开幕后的另一个高潮。研讨会的举办，不仅向首饰领域，而且也向更加广泛的艺术设计时尚领域与行业，及对该主题感兴趣的公众与学生开放并交流了研究的成果，这也成为策展过程中的第三次话语的构建和讨论。研讨会本身作为一个有效知识讨论与分享的网络和平台，汇集了与主题相关的重要的世界专家和学者，或行业精英，以实现学术领域内最有效的互通。2015 年 TRIPLE PARADE 国际当代首饰展研讨会的主题为“以首饰作为语言——文化与设计的边界”，邀请了 12 位来自荷兰、比利时、芬兰、中国的领军学者，囊括了设计评论家、著名收藏家、学院教授、艺术史学家、著名画廊创始人、设计师、艺术家、美术馆策展人。2016 年回归到了对首饰专业内容的探索，主题为“创造者，佩戴者，观者之间的对话”，除了学术研讨会外，出版物的编辑发行也基于对话的主题，特邀了 14 名国际学者的采访文献，从设计创作、高等教育、美术馆策划、协会管理、收藏佩戴、艺廊经营等角度延伸了对主题研究的思考。2018 年第四届双年展研讨会更是从四个层面对“首饰设计与创作的当代价值”进行了探讨，包括了“从艺术、设计、工艺的角度认知首饰的当代性与价值，首饰实践创作和研究方法”“当代视觉艺术与首饰的跨界实践”“文化与艺术机构对区域和首饰行业发展的价值与角色思考”，来自英国、美国、荷兰、意大利、中国、芬兰、丹麦、加拿大和澳大利亚等十几个国家的特邀嘉宾和行业领军作为演讲嘉宾，深入探讨了这些问题。

对于一个已经成功举办过四届国际性首饰双年展，其间留存了太多值得用来探讨的材料和文献，包括了我本人的策展实践与研究。我很难在一篇文章中将它全部展现出来，这篇文章更多是从当代策展人的角度对其展览的策划作为研究的方法和框架做了一个初步的梳理。当代的策展依旧具备很多的挑战，特别是时尚与首饰的策展，因为它不应该只是对作品的陈列和展示，它应该探索时尚与首饰本身在领域发展过程中的复杂性本质，涉及更多跨学科，以及社会关系与人类学的思考。[1][2]

[1] 孙捷，伊丽莎白．时尚奢侈品设计之灵——当代首饰与时尚．上海：同济大学出版社，2021.

[2] More about TRIPLE PARADE: www.tripleparade.org.

快世界中的慢艺术
——荷兰当代首饰

□ （荷）Liesbeth den Besten

荷兰著名艺术史学家

Francoise van den Bosch 基金会的主席

何为当代首饰？美国称之为艺术首饰，而一些欧洲国家称之为作者首饰。它有着怎样的历史？在本文第一句中笔者引用了当代首饰的三种不同概念，表明该领域仍然处于不断变化中。

文章中多用以上三种概念代指一种创作于当前，具有当代特色的首饰（当代），传达出每一位首饰设计师（作者）独特的艺术语言和精湛工艺，首饰由独立设计师在其工作室里完成，于首饰艺廊和美术馆（艺术博物馆）中展览和出售。一般而言，我们认为该种首饰的独特艺术价值较之其固有（材料）价值更为珍贵，与艺术品的定位相同。此外，这种首饰也为量身打造或限量制造，它可由任何材料制成，首饰的价值在于其艺术性而无关材料贵重。这几点品质将之与华美的商业首饰区分开来，当代首饰无关品牌，无关流光溢彩的钻石珠宝，也无关投资或廉价的工业制造。

自 1960 年来，荷兰在推动当代首饰演变成艺术流派的过程中发挥了重要作用。荷兰得益于其良好的教育、开放的心态、独立创业的传统以及鼓励性的文化氛围。这些因素催生了大批年轻有为的艺术家（也包括来自国外的众多艺术家，因荷兰多样的机会他们更愿意留下），促成各种私立艺廊的创立（截至 2012 年，荷兰有三个国际知名的当代首饰艺廊：阿姆斯特丹市的 Ra 艺廊、Rob Koudijs 艺廊、奈梅亨市的 Marzee 艺廊），还有不同团体组织各式展览、印制发行出版物、策划博览会和公共论坛。这里有着收藏各式当代首饰的公立美术馆和博物馆，说到当代首饰收藏，荷兰人有幸算是名副其实的大藏家。

在荷兰，当代首饰的发展具有其独特性，那是一个颠覆性、革新性的时代，艺术家们追求严谨的艺术态度，对于何为“好的首饰”有不成文的规定，而针对这种现象，二十多年后的荷兰首饰界出现了一场激烈的论战。

在本文中笔者拟将荷兰当代首饰发展史置于欧洲大背景下进行概述。至今为止，荷兰作为当代首饰的核心艺术重镇（甚至有人称之为“圣地麦加”）已逾 50 年。在当代首饰的其他艺术重镇中，德国无疑是最重要的一个，因为德国不仅有着多所学院、博物馆，还定期举办各式艺术博览会（如慕尼黑年度 Schmuck 盛会），吸引了世界各地的参展艺术家和参观爱好者。荷兰因其独特的框外思维和极具创意的“魔幻设计”而闻名，再加上自身雄厚的基础设施（教育、美术馆、艺廊以及众多机构），使其成为当代首饰创作思潮的独特发源地。

1985 年，身在伦敦的 Peter Dormer 和 Ralph Turner 首创了“新首饰”概念。[1] 术语一旦被使用得过于死板，会变得更具局限性，而弱化其解释功能。一些文章倾向于把“新首饰”描述为一场目标明确的运动，事实并非如此。然而，“新首饰”这一概念很好地体现了 1968 年的思想：坚信一切皆可改变，一切皆应改变，并对未来满怀憧憬，虽然现在看来有些天真。新首饰与其说是一种风格，不如说是一种无章可循的国际潮流，为首饰界带来一缕新鲜空气。虽然这种现象几乎同时出现在世界的不同地区——但环境和发展不同，结果迥异。20 世纪五六十年代，西欧国家（尤以德国、英国、瑞士、荷兰为主）以及美国是当代首饰的主要发源地，而欧美首饰界的差异在这一时期却大相径庭。多年以后其他大洲才陆续加入该发展趋势。如今世界各地都设有当代首饰的课程或高等教育，也涌现了众多当代首饰艺术家和优秀的作品，但这并不代表这些国家拥有与荷兰、德国或美国同样的充满活力的艺术首饰的行业生态。

欧洲的“新首饰”现象由多年的发展演变而来，这也与后现代思潮对整个艺术和设计领域的推动有关，欧洲各国间珠宝与首饰的行业传统差异显著。首饰设计从传统到当代的转型，从黄金标准到制造者标准的过渡，从品质设计到实验性艺术和设计的转变受诸多因素所影响，其中最重要的影响来自经济繁荣度，而这一影响因 19 世纪至 20 世纪初的人文和艺术传统而得以加强。

经历了二战 (1939—1945) 的浩劫后，欧洲文艺全面复兴，同时期经济和社会也发展迅猛。珠宝与首饰界显现出复苏迹象，表现为对设计和原创性的要求更加简洁。抽象艺术，结构主义，无形式艺术以及表现主义都对首饰

[1] 彼得 · 多马，拉尔夫 · 特纳 . 新首饰：趋势和传统 . 伦敦 . 1985.

设计产生了深远影响。20 世纪五十年代初，越来越多的首饰设计师成立了自己的小型工作室，他们主张艺术性的独立和原创性声明，设置工作室在当时的设计和艺术界中是比较新的。他们接受私人客户的创作委托，同时也追求个人艺术创作和个性化的表达，他们会在新兴艺廊中展示并出售自己的创作作品。这一代的首饰设计师（生于 1920 年左右或者更早）均在艺术院校接受过正统的艺术教育，他们的思维方式和教育水平都远远超越了过去的珠宝首饰手工艺人，他们更愿意以艺术家或设计师来称呼自己。

20 世纪 50 年代至 60 年代，无形式艺术成为中欧、南欧以及英国的主流艺术运动。在首饰界，无形式艺术、抽象表现主义或塔希主义（其实都指向同一种艺术态度）的特点表现为强调黄金材质以及“爆炸式”形态的使用，注重首饰的颜色（宝石应用）和光泽（钻石切割），金属部分则弱化，会对表面进行粗糙抛光处理，这种工艺潮流形式在六七十年代被慢慢抛弃。

德国的 Hermann Jünger 于 20 世纪 50 年代至 60 年代所创作的作品“鹤立鸡群”，具有强烈的抽象表现主义风格。他采用彩色珐琅和岩彩代替涂料为作品上色，产生了相似效果，从而使宝石与其他艺术材料结合。1960 年左右，他那大胆、不羁、“不完美”的首饰风格为传统珠宝首饰界打了一剂“催化针”。十年之后，Jünger 于 1972 年被聘为慕尼黑美术学院的教授，而他的到来（直到 1990 年离任）为传统珠宝首饰向现当代首饰的发展注入了新的活力。在德国，他被认为是“重新定义了首饰”的人。

David Watkins 和 Wendy Ramshaw 夫妇为英国首饰界带来新风。他们二人从未接受过传统的首饰金属工艺的培训，但 Ramshaw 女士在学生时代修读雕塑专业时就对首饰产生了浓厚兴趣。他们尝试采用批量制作技术，制作出一系列丝网印制的有机玻璃材质的时尚首饰。他们在 1964 年推出了《欧普艺术首饰》(Optik Art Jewelry)，紧接着在 1966—1967 年推出《与众不同》(Something Special) 丝网印制首饰系列。这种首饰由小批量方式制作，同那时的欧普艺术一样成为时尚潮流宠儿。百货商场、玛丽·奎恩特精品店以及众多时尚精品店都出售其压克力材质的首饰作品。他们一天制造 2000 个耳环，卖出上千件首饰。Watkins 夫妇二人的当代首饰之路与众不同，受其时代潮流所影响：欧普艺术、时尚、设计、音乐和电影（Watkins 曾从业于音乐界及影视界）。20 世纪 70 年代初，他们二人在车床上完成首饰制作。Ramshaw 将银条镶嵌以彩色珐琅（之后采用镶嵌好的彩石）制成首饰，而 Watkins 则采用染色的压克力作为首饰材料。他们设计的首饰简约生动，佩戴性强。20 世纪 70 年代初期，二人率先采用电脑进行首饰建模设计。他们的制作方式体现了机器美学，标志着与主流英式无形式艺术分道扬镳。由于对色彩和抽象风格的大胆运用，Watkins 夫妇的后工业商品化首饰设计作品与荷兰首饰界追寻的艺术性表现的首饰大相径庭。

严谨冷静的创作态度影响着具有结构主义、抽象主义和具象艺术传统的国家，比如荷兰，就因风格派运动、赫里特·瑞特费尔德式家具、建筑以及蒙德里安的绘画而闻名。在 20 世纪的头几十年，荷兰鲜有首饰设计师把抽象的线性设计运用到贵金属的制作中。二战结束后，Chris Steenbergen 和 Archibald Dumbar 在阿姆斯特丹合作创立了工作室，他们在那里为私人客户和艺术展览独立创作。这一代荷兰首饰设计师（生于 20 世纪头几十年）深受结构主义雕塑的影响，他们的设计风格偏好圆润的外形、线性设计以及透明度，这种风格的特色如此鲜明，以至于在荷兰有一个专门的词来形容“spijltjesstijl”，也叫“棍式”或“溢式”风格。荷兰人喜好这种实用且高雅的风格，又不过分炫耀，同荷兰“精打细算”的国民性格相得益彰。同时这种设计也非常具有现代感，体现在其材料上，仍然采用传统的黄金和半宝石。

19 世纪 60 年代早期，瑞典人 Swede Sigurd Persson 以及其他北欧半岛的现代工业设计风潮广受荷兰年轻首饰设计师所喜爱。当时年轻的荷兰设计师 Gijs Bakker（生于 1942 年）于 1962 年搬至瑞典斯德哥尔摩，在这个现代主义的艺术重镇修读首饰与金银器制作专业的课程。在瑞典艺术与设计大学，他学会了如何作为一个设计师来思考问题，这比他在阿姆斯特丹所接收的教育更进了一步（他曾于 1958—1962 年修读于阿姆斯特丹应用艺术学院，即如今的阿姆斯特丹 GR 皇家艺术学院）。在返回荷兰后，Bakker 在 Van Kempen & Begeer 设计工作室担任设计师。在这一时期，Bakker 和他的妻子 Emmy van Leersum（1930—1984，相识于阿姆斯特丹）二人在乌得勒支市中心创立了首饰工作室，他们从北欧经历和研习中得到灵感，设计创作了很多风格前卫的首饰。

1967 年，Gijs Bakker 夫妇受邀于阿姆斯特丹市立博物馆展出他们的首饰作品。Bakker 夫妇建议策划一场 T 台秀，将首饰作品、艺术表演、音乐灯光、服装设计都纳入展览，在当时这是一个相当大胆的计划，当时的首饰界和市立博物馆从未做过此类尝试，这在国际当代视觉艺术史上也是一次前卫而另类的“殿堂级”试验。在一个国家级美术馆取得 T 台秀的举办许可花了不少时间，结果也证明这次尝试在首饰设计发展史上是一个突破且开创性的起点，跨界融合。展出作品主要包括头部和颈部首饰，作品尺寸庞大且基于几何图形，作品由轻材料（铝、塑料、不锈钢）制成，就像一次个性化的独立宣言。这场 T 台秀标志着他们跻身国际先锋当代首饰设计师之列。

Bakker 夫妇与其他领域的艺术家和设计师保持着密切的合作，他们认为设计出能够突显首饰作品的服装与秀场，远比他们经历的其他设计要难很多。这场 T 台秀引发强烈反响，获得媒体的广泛报导，还有很多同行以及艺术爱好者的关注。在许多报纸及杂志的专题报导中，广泛引用 Bakker 夫妇的观点，认为传统采用贵金属作为首饰材料虽然是一种看似保守的手段，却破坏了艺术设计创作的自由和思想的展现。曾经有段时期，在荷兰艺术界，特别是当代艺术的收藏家们十分流行佩戴由 Bakker 夫妇所设计的首饰，他们认为佩戴 Bakker 夫妇的首饰是非常有身份、格调和艺术品位的。这也开创了阿姆斯特丹市立博物馆收藏当代首饰设计的先河——阿姆斯特丹市立博物馆对国际当代首饰的永久收藏正是始于此次 1967 年的 Bakker 夫妇的首饰展览（T 台秀）。

后来的很多年 Bakker 夫妇紧密合作，推出“女人穿什么”系列。该系列推出白色紧身弹性套装，在膝盖、肘部、臀部、胸部及肩膀部位加入了隆起的竹节元素，面料采用的是加硬的涤纶面料。该设计就像一次洞见性的声明，将首饰和时装元素合为一体作为时尚的一部分。不久，他们又开始尝试其他的作品创作方式。Bakker 开始着手设计概念性的首饰，明确传达观念（讽刺和幽默），也开始质疑将首饰作为身份象征和投资对象。而 Emmy van Leersum 感兴趣的是如何将首饰作为时尚的主体（而非服装），设想为一个完整的审美形式，服装是为了要佩戴的首饰而存在，最终推出了服饰设计系列。

Gijs Bakker，摄影 matthijs schrofer original

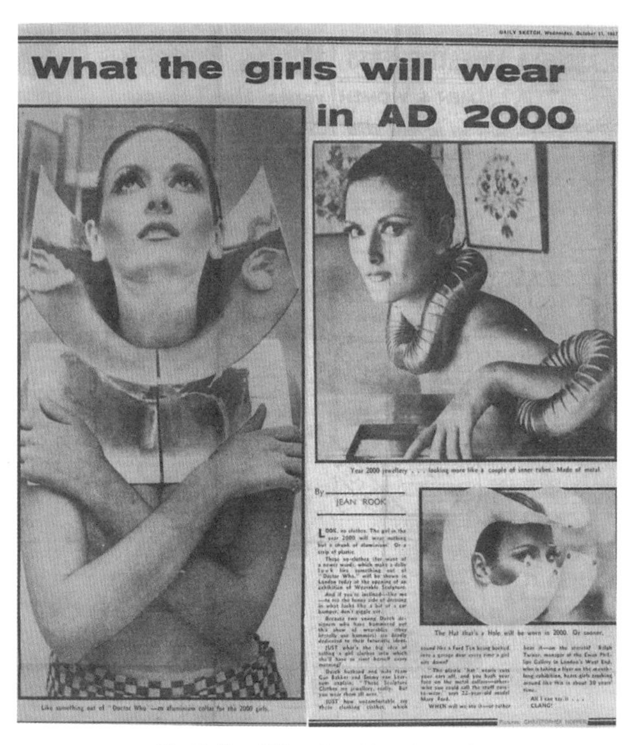

What the girls will wear in AD 2000

By JEAN ROOK

Year 2000 jewellery . . . looking more like a couple of inner tubes. Made of metal.

The Hat that's a Hole will be worn in 2000. Or sooner.

Like something out of "Doctor Who"—an aluminium collar for the 2000 girls.

[illegible]

Gijs Bakker "What the girls will wear"

为首饰界作出崭新思路开拓的设计师不止 Bakker 夫妇二人，其实，在这一时期的荷兰，出现了全新一代的首饰设计师，他们均在高等艺术院校接受过正统的艺术和设计相关的手工艺教育。他们一反前人对于质朴老气和传统的推崇，转而采用各种形式的新工业材料，比如不锈钢和铝、亚克力等来创作较大体量的概念首饰作品。很快，新生的设计师们转向制作一定数量的首饰，他们采用压克力、钢或铝作为材料，设计出一系列形式多变、颜色各异的首饰，注重艺术性表达的同时，进行小批量生产。由于当时的荷兰并没有大量制造业基础来实现更大工业化的生产，所以设计师们的首饰需由手工或半工业化制作，采用预制材料（如硅胶管，薄板，也包括成品），必须经过精心打磨抛光呈现出一定的“工业设计感”。在当时，如传统珠宝首饰相比，这些设计首饰极具现代感，吸引了大量追随者和关注。

Gijs Bakker“衣着建议”1970 年

Francoise van den Bosch 设计的项圈

1969 年阿姆斯特丹 Sieraad 首饰艺廊成立，它是荷兰第一家将首饰作为主题经营的艺廊。当这家艺廊在 1975 年闭馆后，Paul Derrez 曾在艺廊实习的一名年轻的首饰设计师，决定开始创建自己的当代首饰艺廊，即如今的 Ra 艺廊。Ra 艺廊始建于 1976 年，至今仍然活跃于阿姆斯特丹（艺廊于 2019 年关闭公共开放空间，仅对私人预约开放），它在推广当代首饰作品并将其推广给大众和藏家，以及在国际当代首饰展览活动交流上起到了举足轻重的作用。

在 20 世纪七八十年代的荷兰，人们对创新形式和理性主义是如此推崇，以至于对其他内容根本不屑一顾。几十年间，荷兰主流首饰界一直拒绝采用黄金、宝石等贵重珠宝材料创作首饰。在荷兰政府艺术基金的支持下，各种国内国外巡回艺术展得以举办，某种程度上，这些艺术展是对首饰的当代艺术化的认可。

Gijs Bakker“滴落的露珠”

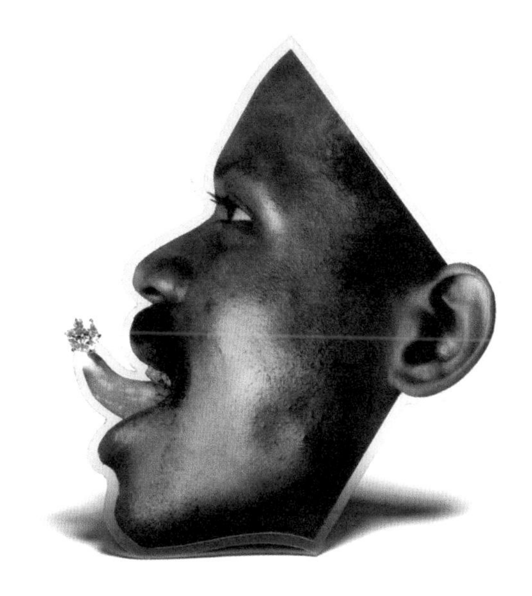

Gijs Bakker“舌头”胸针 1985 年

Gijs Bakker 仍然坚持一贯的设计风格，相比设计形式，他对设计概念与思想更感兴趣，尤其关注人们佩戴首饰的理由。在 20 世纪七八十年代，他设计的首饰颇具“鬼马风格”，如“5 米项链”（一卷长达 5 米的金线），“首饰暗影”（将紧绕上臂的金线移除后在身上所留下的印记），“女王”系列（从杂志上剪下历史上有名的女王们所佩戴的项链照片，并封入 PVC 材料而制成），“滴落的露珠”（将一朵娇艳欲滴的巨大红玫瑰作为项链），和“舌”（胸针造型为黑人侧脸，在其舌尖有一颗闪闪发光的钻石）。除 Bakker 外，同样在推崇概念设计的其他几个设计师，如 Ted Noten（生于 1956 年）和 Dinie Besems（生于 1966 年），二人均比 Gijs Bakker 年轻，但是却独树一帜。

英国、荷兰和比利时的艺术家设计出环绕身体的柔软饰物

在 20 世纪七八十年代，人体成为许多年轻首饰设计师的灵感来源，也就是他们通常所称的穿戴对象。设计师试图去弥合服装和首饰之间的关系，或者说，让身体和首饰之间的发生联系。各国艺术家们，例如英国、荷兰和比利时的艺术家设计出环绕身体的柔软饰物。具有纺织背景的艺术家们运用了新思路，他们通过采用纤维或纸等柔性材料设计出试验性的首饰。20 世纪 80 年代初，这一类身体首饰的试验有进一步发展的迹象。荷兰首饰于 20 世纪 80 年代上半叶通过各式展览被介绍到英国，加强了英国首饰发展的趣味性和设计感。一些荷兰艺术家偏好更活泼的设计形式，往往采用现成材料来制作有意思耐用、方便穿戴且价格不高的首饰。其中的一个代表人物是 Marion Herbst(1944—1995)，金属工艺背景出身的她强烈反对当时流行的“Dutch smooth”风格。1978 年至 1979 年，Marion Herbst 与纺织艺术家 Henriëtte Wiessing 合作设计出排列随意的彩色刺绣胸针——软性的首饰，这在注重结构和概念的首饰设计界无疑是一个大胆宣言，以往的观点认为首饰应该是硬的、理性的结果。

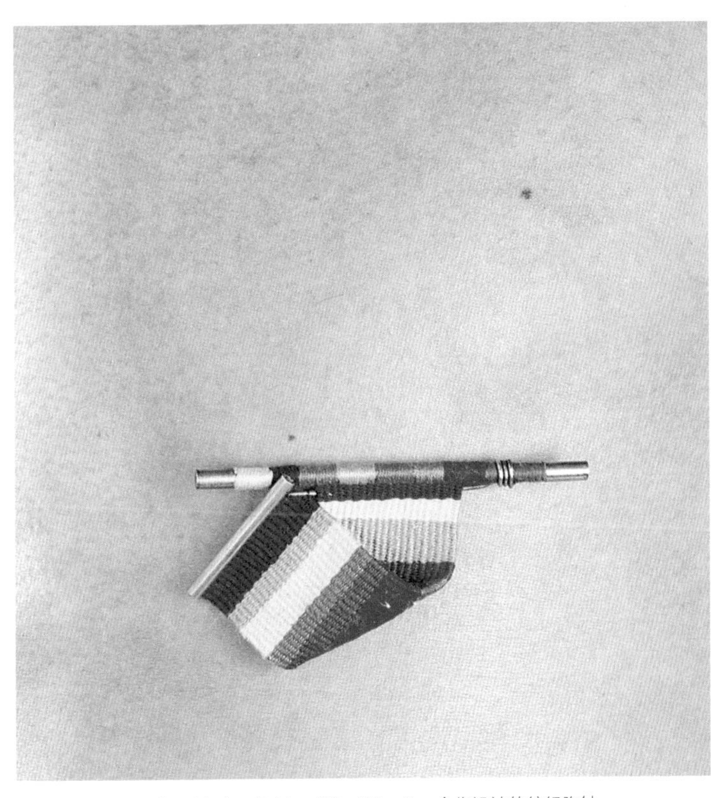

Marion Herbst 与 Henriëtte Wiessing 合作设计的纺织胸针

约在 80 年代中期，雕塑在当代艺术界发展很快，小型雕塑成为艺术宠儿。大多数从事人体首饰的英国艺术家放弃了首饰设计的语言，而转向雕塑创作，而在荷兰，对固体的小型雕塑物件的创作兴趣却愈加热烈，首饰反而成为最好的表现媒介。这是由于 Onno Boekhoudt(1944—2002) 的影响，他曾于 1975 年至 1990 年担任阿姆斯特丹 GR 皇家艺术学院的首饰设计教授和系主任，该学院拥有荷兰排名第一的首饰设计系。同时期，年轻一代的首饰艺术家（如 Philip Sajet 和 Annelies Planteijdt）对以往不屑采用贵重材料的观点作出回应，他们不惧使用黄金以及其他贵重珠宝材料，但是设计大胆形式鲜明。由于荷兰首饰的高等教育走在了欧洲前列，又涌现了很多个性鲜明的设计大咖，荷兰的首饰界进入了一种“舒适圈”。

然而，与 Bakker 同时代的另一位艺术家 Robert Smit（生于 1941 年），以其“Ornamentum Humanum”系列首饰展为标志，于 1985 年向荷兰首饰的“舒适圈”发起了挑战。该系列中展出的首饰采用纯金作为材料，黄金犹如纸片一样被折叠、揉搓、弄皱、上色和镂空。通过使用滚轴、锤子、凿子和锥子在黄金薄片上直接加工制作。此次展出作品均为较大型首饰，他舍弃了以往标志性的逻辑性、方形线条以及几何图形，采用了极具表现力的设计。此次展出反响强烈，因为 Robert Smit 颠覆了有关当代首饰应该怎样（或看上去怎样）的假设。此举引发了一场关于首饰设计创作观点的论战，刊登于荷兰艺术杂志上，论战的主角是 Robert Smit 和 Gijs Bakker，代表首饰界两种“黑与白”的对立观点。Gijs Bakker 指责 Robert Smit 倡导过时且没有现代艺术价值的金工首饰，认为他复盘了老式难看的装饰品和黄金投资材料。讨论的关键分歧在于怎样定义何为“好”的首饰设计比如，具有设计感和艺术人文价值的作品，概念在先，然后再选择与之匹配的材料进行设计创作；以及怎样定义何为“失败”的首饰，比如毫无意义的无病呻吟、空洞无物的形式表达，靠采用大量黄金珠宝来显得设计体面等。我们有把握断定，至此，设计师和工匠之间的区别变得清晰化：Gijs Bakker 作为设计师，关注的是如何设计与人与社会发生关联的首饰，然后可以自己制作，也可以交由第三方生产；而 Robert Smit 是工匠制作者，注重严谨的传统工艺流程和材料应用，并一定要亲自制作。但是有趣的是，Robert Smit 在晚年，也开始尝试采用 3D 打印机来打印材料，用于点缀黄金工艺的表面。他甚至亲自改良机器和工艺流程，而且开发出新的打印模式，并实现了在黄金上进行油墨打印。

Robert Smit 作品

《冰项链》视频，Dinie Besems,1992 年

受到 Dinie Besems 和 Ted Noten 二人的影响，20 世纪 90 年代的荷兰首饰界涌起一股概念派设计潮流。1992 年，Dinie Besems 在自己的毕业展览上将名为“冰项链”的视频提交给阿姆斯特丹 GR 皇家艺术学院委员会，作为毕业作品。简短的视频中显示，一条由冰块制成的项链逐渐融化，浸湿模特的衣衫。这大概是制作最早的当代首饰视频，它以一种全新的角度看待首饰的存在。首饰不再是具有永恒价值的珍贵之物，脆弱而且易逝。Dinie Besems 和 Gijs Bakker 一样富有创见，同样具有创新精神的是 Ted Noten，他比 Dinie 提前两年从阿姆斯特丹 GR 皇家艺术学院首饰专业毕业。Bakker、Besems 和 Noten 对国际当代首饰做出了大量的贡献，引发珠宝首饰和金工界对首饰的艺术实践的反思。相比首饰创作形式，他们更关注首饰作为主体物存在的意义和价值。他们的一些代表作就是很好的例子，如 Ted Noten 的“嚼出你自己的胸针”，以及他的“公主”（一条压克力吊坠，里面封有一只戴着珍珠项链的老鼠）。还有 Dinie Besems 的“Little Mat”也是很好的例子。这些艺术家对新兴科学技术非常感兴趣，他们也不断地拥抱时代的变化，他们在首饰创作中运用衍生设计、激光切割、3D 打印等技术和方法，而不是对制作首饰本身感兴趣。Gijs Bakker 甚至成为一位运用摄

影和新技术的专家，新鲜的社会和技术变化都对他的首饰的创作和审美产生了巨大的影响。

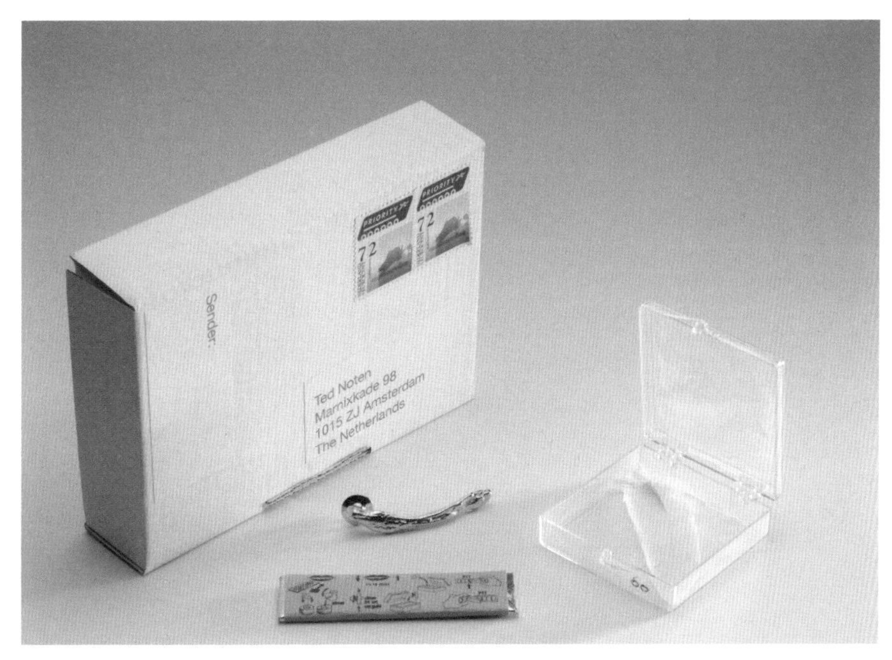

Ted Noten,“嚼出你自己的胸针”(Chew out your own brooch)1998 年

Dinie Besems 设计的“Little Mat”

20 世纪 90 年代至今，对于材料的选择和使用变得更为复杂，且常常与叙事相结合。符号和图案重新成为某些设计的元素，而黄金和宝石则慢慢摆脱了常为人们所诟病的保值功能。首饰的装饰性被重新提及，而艺术性的表达与审美性相融合，则成为佩戴者表达自我的媒介。

符号和图案重新成为某些设计的元素

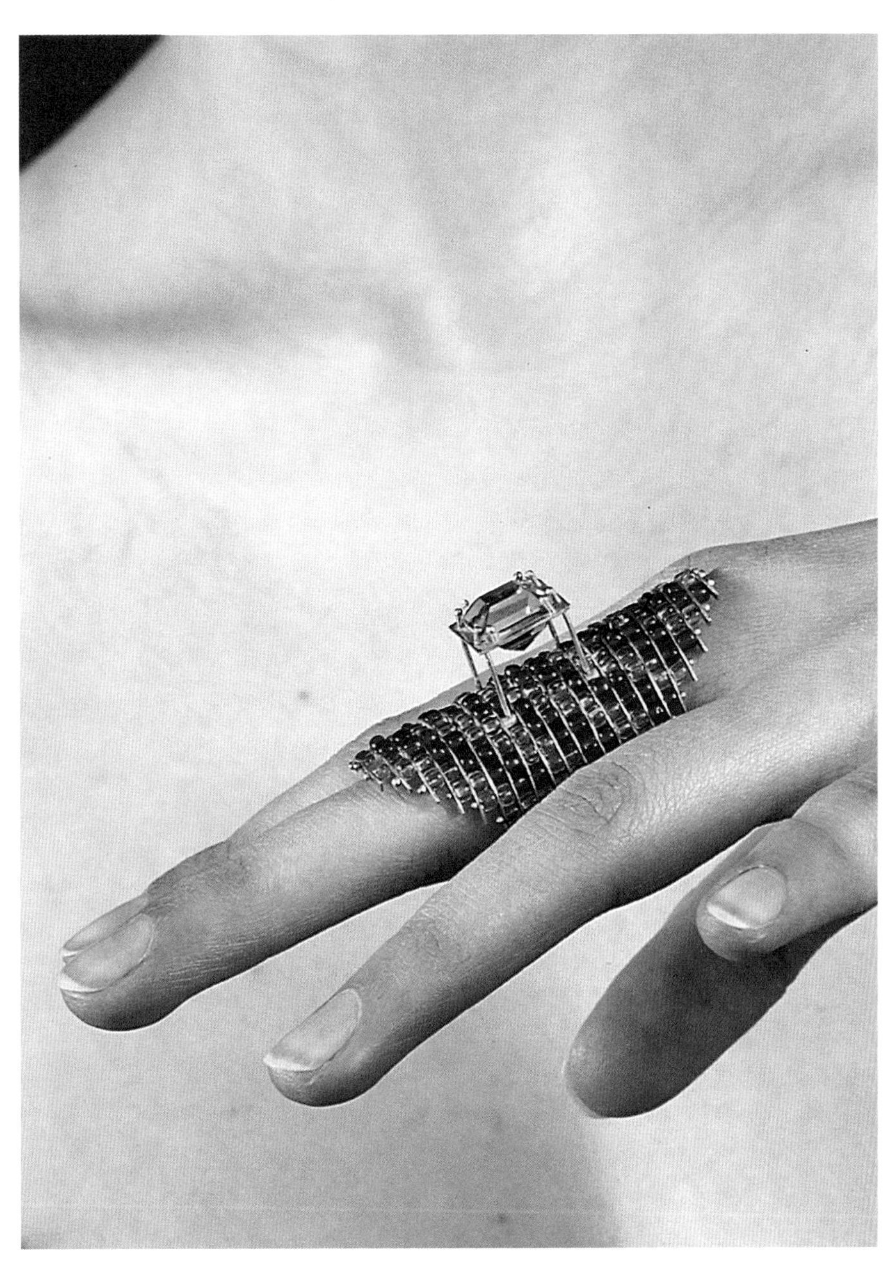

Lucy Sarneel 的作品

Lucy Sarneel(1961—2020) 是荷兰新首饰装饰运动的代表性人物。她的作品通过运用不同材料，简化图案和标题来增强故事性。多年来，锌材质因其颜色和塑性空间大成为她所钟爱的材料。锌用于建筑领域作为防护材料，也曾作为传统家居材料，用于厨房和浴室。锌的色泽让她联想到荷兰灰色的天空，而通过加入彩色涂料以及荷兰传统服饰中的复古织物、彩线或竹元素等，让灰色调有所中和。经过不寻常方法处理后的普通材料变成了一种视觉享受，如蜷曲的卷发般具有质感，优雅动人。她所设计的作品如同其他荷兰艺术家的作品一样具有强烈的张力和丰富的想象力。作品灵感来自艺术家温柔和细腻的内心世界，依赖于艺术家本人在众多艺术实践中积累的经验，以及对各种材料或制作技术的长期探索与把控，这些并非传统的金工技师所采用的材料和技术，相反，这些材料或材料组合大多源于艺术家的创新工艺。

Lucy Sarneel 的作品，使用锌的色泽、彩色涂料以及荷兰传统服饰中的复古织物、彩线或竹元素等

Lucy Sarneel“快世界中的慢艺术”

最近 Lucy Sarneel 将其作品称之为“快世界中的慢艺术”[1]，这句话不仅适用于她的作品，也简明扼要概括了当代首饰的特征。自行研制的首饰制作方法通常非常复杂，需要花费大量时间和精力去研发。一些艺术家们采用玻璃、陶瓷 (Manon van Kouswijk)、纸、木头、织物，复古摄影或现成

[1] 露西·萨尼尔 . Marzee 杂志 (86#)，2012(12):26.

的和自制塑料，比如 Boris de Beijer，他自制的塑料有着上过色的大理石的结构。然而材料和技术只是一种实现设计过程中艺术表达的手段，并不是设计的目的本身。

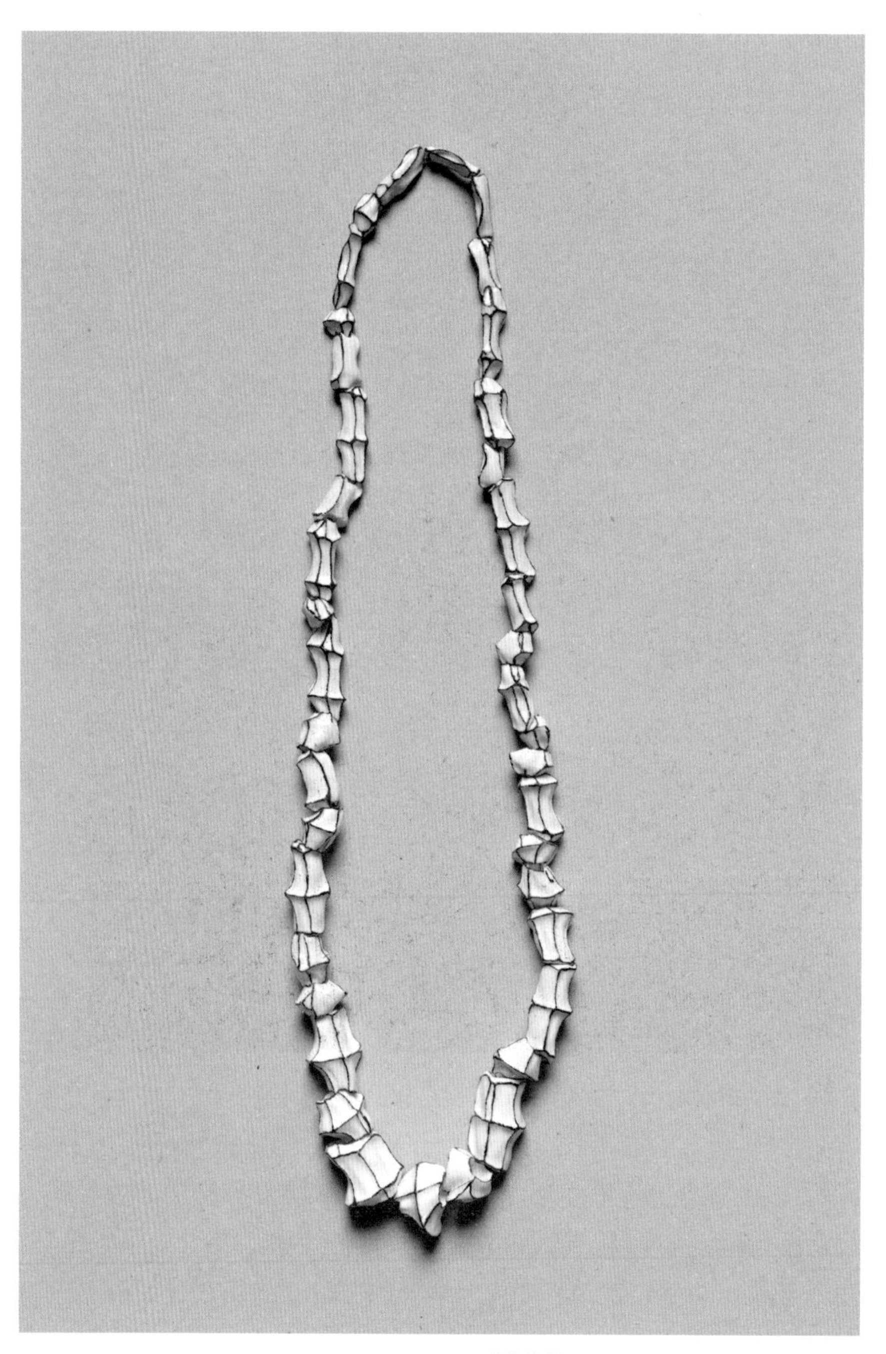

Manon van Kouswijk 陶瓷作品

荷兰的文化一直以先锋和多元闻名，这也吸引了很多全球的优秀艺术家在荷兰生活和工作，这些“新荷兰人”大多是出生于荷兰本土外的精英人群，来自德国、美国、日本等，他们也对荷兰的文化艺术发展做出了贡献。出生在中国的孙捷就是其中一位，作为荷兰籍的华人，少年时期短暂在荷兰学习生活过后，他考入中国中央美术学院并完成了首饰设计的本科学习，之后又来到了阿姆斯特丹完成了他的硕士研究工作。在之后的几年，他的成果惊人的丰硕，他的天赋、努力与国际化背景给他带来了很多的机会，很快获得了 Ra Gallery 等国际一线画廊的青睐，频频受邀出席重要的国际顶级展览，从伦敦 COLLECT 到纽约的 SOFA New York 等，一跃成为国际当代首饰界的“新星”。孙捷的首饰并不是以材料和技术为目的，他的作品有着超乎寻常的共情力，并发展出了属于他个人的艺术创作方法。他 2012 年的作品“大鱼”胸针，有着鳞状多彩的表面，展示了他在木头模具和树脂、中国天然漆和上色方面的纯熟技巧。这些独一无二的作品象征着外皮和动物、花朵和自然的色彩，但它们的形状却是人——当然是一种抽象感觉。除此之外，他还创作了“害羞”系列，这是一系列用银合金制作而成的有限版首饰。这些银部件在中国制作；花费了首饰工厂和设计师半年的时间来测试解决制作过程中的全部问题。这些作品均有孙捷在阿姆斯特丹组装而成。富有创意的组合的结果是极出色的、非常轻，像柔软起皱的布。孙捷重新审视中国和欧洲文化的精华，成功地成长为东方和西方的“融合体”。

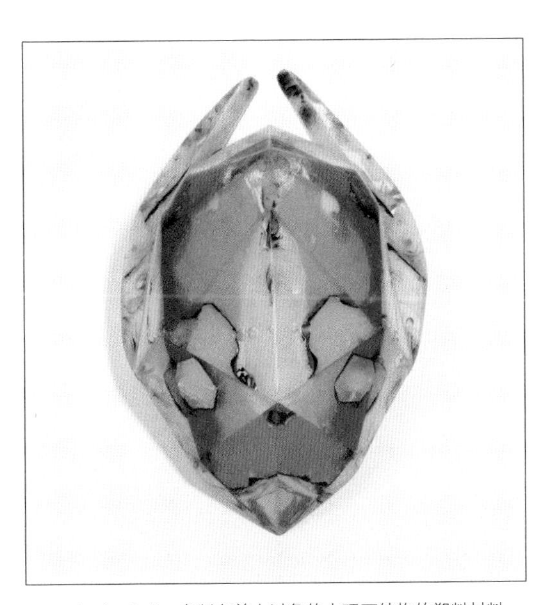

Boris de Beijer 自制有着上过色的大理石结构的塑料材料

孙捷，“大鱼”胸针，2012 年，
永久馆藏于荷兰 CODA 当代美术馆，丹麦皇家科灵博物馆

正如大家看到的，全球化的今天，荷兰作为后现代艺术与设计的领军地，荷兰的首饰界并不像曾经的 20 世纪七八十年代那样仅有千篇一律的风格或流派。荷兰的首饰不拘一格，具有丰富表现力和多样化的功能，是当代艺术的最佳表现。

备注：

本文标题引自 Lucy Sarneel，已征得本人同意。本文参考了 Liesbeth den Besten 刊登于《当代首饰透视》上的“欧洲篇”Damian Skinner（编）；以及 Liesbeth den Besten 的专著《论珠宝：国际当代艺术首饰》(On Jewellery)，斯图加特，2011。

第二章
观点与研究

CHAPTER 2
VIEWPOINTS
&
RESEARCH

首饰设计在当代

□ **（荷）孙捷**

同济大学教授，博士生导师

20 世纪最重要的政治领袖之一，同时也是 1953 年诺贝尔文学奖的获得者，温斯顿·丘吉尔曾经说："真正的才华，存在于对未知世界的探索，面对危机、矛盾情境下的判断和思考之中。"在和平年代成长和生活的我们似乎很难理解透彻"不确定性"与"未知世界"究竟是什么意思，城市中的我们更愿意谈论的是梦想[1]，梦想是强大的。它是我们欲望的仓库，它能够无限刺激我们的行为，它能够麻痹我们对现实的认知。但是，也是因为它，才得以启发人类的进化和社会的发展，更因为它，"过去"才和"现在"不同，我们才有可能想象和创造"未来"的不同，并坚信我们依旧有未来。

直到当下，面对诸如全球性疫情的肆虐，全球性极端自然灾害的爆发、持续增长的区域战争难民、贫困人口过剩、核武器、水资源短缺和气候异常变化等巨大挑战时，我们才开始思考只有梦想是不够的，但也很难说我们今天的梦想又是什么，它似乎被降级为了希望，希望我们能在这个小小的星球上更好地生存下去，希望我们的社会能够没有战争与饥饿，希望人类不会让自己绝种。难道没有更好的愿景了吗？此刻的我们，也许去想象一个终结的世界，比发现新的视角和创造可持续发展的未来来得更容易，正如那些科幻大片一样。但是，发现新的视角和创造可能性，才是我们真正需要的，为 21 世纪畅想出新的"梦想"，未来的这个时代的设计和艺术又能扮演什么样的角色呢？

提供一个"方案"是设计和艺术所擅长的，它勾勒出各种无限的可能性。这些"方案"不仅是有足够的逻辑支撑和分析思考的结果，更重要的是，它不因为迎合某种目的与当下利益，而丧失其创造力、想象力，它们提出问题而非提供答案[2]。它的价值不在于它实现了什么或完成了什么，而在于它是发现并创造了什么，以及它给人带来了什么，这些思考和感受会鼓励人们以一种全新的方式反思日常生活，面对停滞的事情可能会有何不同的发展，并

---

[1] Stephen Duncombe. 梦：重塑幻想时代的进步政治 . 新出版社，2007.

[2] Michio Kaku. 不可能的物理学 . 伦敦企鹅出版社，2008.

不一定是一种解决方案，更不一定要是“更好”的方式，也许它只是另一种方式，已经足以海阔天空。

古今之变——“新首饰”

最早的记录中国文化和首饰的关系，可追溯到春秋战国时期（公元前501—前221），首饰的存在不仅作为财富和权力的象征，还作为社会地位的表征，甚至在对首饰的制造工艺和使用也受等级制度的限制[1]。根据南北朝（420—581）时期的《后汉书》记载，“首饰”(jewellery)这个词最早的来源，是指代男士头上戴的帽子，因为在那个特定的历史时期，帽子象征着一个人的社会地位和身份[2]。因此佩戴的“首饰”（帽子）从材料、形式或图案题材，都根据其等级有严格的限制与划分。直到唐朝时期社会发展鼎盛文化活跃，人们才开始将“首饰”的概念延伸到男女身上所佩戴的各种物品（除服装纺织品）的学科统称。从一开始，在中国的历史中首饰就不仅是为了简单的审美或装饰，而是在人与人、人与社会的关系中发挥着重要的角色和象征作用[3]。首饰在其数千年的历史发展中牵扯着太多元的内容[4]，演变成为一种特殊的符号,足以映射一个时空下的社会与文化对“价值”的认知。首饰的功能也涉及人类学和社会学的方方面面，从美感的表达、爱的馈赠、自我肯定、成员关系、社会标记、自我的彰显、仪式与典礼、祭品、护身符和辟邪物、治愈物件、交易物件、不可剥夺的财产、交流的手段、计数的物件，再到奖赏、回忆、抚慰与哀悼、幽默、把玩的物件、欲望、感官的刺激、强调外貌的美丽、调整身体、社会的地位和划分、武器、工具、开发的对象、投资和保值，等等。

对不同语境和概念下的首饰形式类别也包括了很多，较主流的譬如珠宝首饰（以珍珠宝石贵金属等稀有资源为核心材料的首饰类型）、时装首饰[5]（或称配饰，以满足时装与纺织设计为需求主体，但时装首饰并不等同于时尚首饰）、工业珠宝首饰[6]（以满足基本大众首饰佩戴的社交与物质需求、

[1] 刘永华. 中国古代军戎服饰. 清华大学出版社，2003.

[2] 沈从文. 中国古代服饰研究. 上海图书出版社，2011.

[3] 杨源，何星亮. 民族服饰和文化遗产研究. 云南大学出版社，2005.

[4] Diana Scarisbrick. 英国首饰 1066-1837：档案、艺术、文学和艺术调查. 米歇尔 · 罗素出版社，2000.

[5] Vivienne Becker. 绝妙时尚首饰：首饰中的梦幻和风尚史. 希弗出版社，1997.

[6] Roberto Brunalti，Carla Ginelli Brunalti. 美国时尚首饰：艺术和工业，1935-1950. 希弗出版社，2008.

以批量生产为目的）、民族和宗教首饰[1]（不同地域民族或宗教文化影响下，有较深象征目的的首饰类型）、艺术家首饰或艺术首饰[2]（首饰为形式，以视觉艺术家个人的观念表达或视觉图形等语言的延展为目的）、创意首饰（小产品设计思维引导的创意类饰品）、可穿戴首饰（技术发展为主导或作为产业创新手段，借用首饰形式解决某种现实问题），等等。当代首饰的概念是个时空概念，而非类别概念，与之可以进行比较的是“现代首饰”与“古代首饰”[3]。任何类别都逃不出首饰这个“形式语言”，首饰的存在，上升到研究角度，它不仅是一种形式，而更是一种内容，探讨人与物、人与人、人与社会、人与世界的关系。

当然，对首饰概念在不同语境下的认知的区分也还是很有必要的，譬如，“到底有多少人能区分当代首饰与高级珠宝，时尚配饰？何为当代首饰？”把这个问题换一个语境，“到底有多少人能区分当代艺术与架上油画，水墨山水？何为当代艺术？”你会发现其实这本不是问题，众所皆知当代艺术是一个领域[4]，覆盖了不同门类与方向，当然包含了架上油画、水墨山水，但是具体到某个某类架上油画和水墨山水，又并不一定能被认知为“当代艺术”，取决于它是否能够与当下的多元社会价值取向发生互动[5]。同理，与其他的传统概念下的实用艺术学科[6]（平面、时装、家具、建筑、摄影等）相似，首饰 (jewellery) 本是一个学科专业方向，艺术（Arts，作为广义的“艺术”）是其价值与内容发展的导向，设计（Design，作为动词时）[7]是创造可能性与发展创新的手段，这三者很大程度上从内容决定了这个领域和行业的可持续化发展潜能；时尚 (Fashion) 则多是语境[8]，指代特定时空的文化或现象在某种具体形式上的反应与呈现；珠宝 (Gemstones) 和金属工艺 (Metlesmith) 在这个主题上，它们扮演的角色，更多是材料和传统首饰制作手段，两者能在某种程度上提升首饰的物质价值与传统人文价值，但却难于

[1] Clare Phillips. 首饰：从古代至今（艺术世界）. 泰晤仕与哈德逊出版社，1996.

[2] Louisa Guinness. 作为首饰的艺术：从卡尔德到卡普尔. . ACC 艺术图书出版社，2018.

[3] Hugh Tait. 首饰七千年 . 萤火虫图书出版社，2008.

[4] Terry Smith. 当代艺术：世界货币 . 培生出版社，2011.

[5] Martha Buskirk. 当代艺术代表 . 麻省理工学院出版社，2005.

[6] Rosalind P. Blakesley. 艺术和工艺运动 . 菲登出版社，2006.

[7] Susan Yelavich, Barbara Adams. 为未来决策而设计 . 布鲁姆斯伯里出版社，2014.

[8] Linda Welters, Abby Lillethun. 时尚史：全球视角（连衣裙、身体与文化）. 布鲁姆斯伯里学术出版公司，2018.

在内容和形式上提升其附加值。简单地将珠宝与首饰两个概念纠结[1]，再或者与金工概念的混淆，都会造成学科发展过程中的顾此失彼。可以看到，随着时代和社会的进步，在首饰专业的发展上，首饰牵扯了不同的学科和研究方向，例如设计学、艺术学、宝石与材料科学、社会学、人类学、民族学、时尚研究、可穿戴智能研究，等等，首饰更多成为一种独特的表现媒介和表达语言，而非单纯的一种形式，其研究的主题和跨度也变得丰富多样。中国高等教育的语境中，首饰专业（包括但不限于时尚配饰，珠宝首饰，金工首饰）的发展更多还是被纳入设计学的一级学科目录下进行思考。

时代的催化剂

面对过去，我们现在生活在一个非常不同的世界，无论是信息的全球化，还是“元宇宙”等虚拟世界的诞生，这个世界需要新的方法，重启梦想，需要更多的多元化的设计和艺术，是意识形态和价值观，而不仅是风格[2]。提供复杂的乐趣，丰富我们的精神，拓宽我们的思想，增加和挑战生活的意义，以及提供其他的选择，来释放现实对我们梦想能力的束缚，这才是时代的催化剂[3]。

“未来”呢？是由“现在”决定的，“全球化”这个概念已经是得到普遍认识的，它可以是一个解放的力量，释放意识形态，从本土文化的限制中脱离出来。当然，它也有可能在丰富文化多元性的同时，造成多样性迷失的倾向[4]。正如任何的事物都有好与不好的双面，一切都取决于我们如何看待和认知它，因为今天这个时代已经没有什么可以阻止全球化力量了，更有效的是对自身文化的认知后，改造和超越固有的不足，创造新的价值，才不会被时代抛弃。我们也已经逐渐地意识到，设计与艺术远远比作为一种形式或手段，技术层面的优化或工业生产的工具，有着更多更强大的价值和功能。人们可以非常清楚地看到这一点：设计与艺术的影响力，可以有效地可以改变个人观念与社会生活，创造的不仅仅是经济亦或人文价值，甚至更新推进

[1] 牛津英语字典．牛津大学出版社，2013.

[2] Hannah Arendt, Margaret Canovan. 人的境况．芝加哥大学出版社，1998.

[3] Christian Madsbjerg. 意会：人文学科在算法时代的力量．阿歇特图书出版社，2017.

[4] Zygmunt Bauman. 流动的现代性．政治出版社，2000.

社会的发展模式，或者它本身就可以改变社会和人类的沟通方式[1]。设计师和艺术家往往比社会学家更加的敏感和强烈，这就给我们带来了当代的首饰，通过有理论有方法的寻找灵感，将其注入当代设计与艺术表现的实践过程中，不仅解决问题，同时更是提出问题，并提供有潜力的概念或思考路径，这样的设计会发挥出对社会发展与个人生活，造成优质和强大的影响力和指导性。

当代性的出现，并非仅仅只是一个时间概念，而是时间、空间、质量的集合维度。首先，在结构上，它可以是理念、问题、虚拟、想象、观念、任务；而从历史和时间的维度来看，它是发生在此刻，站在全球化的视角能够解读和认知到的[2]。从这个意义上来说，“当代”才得以成立，当这个概念换位到首饰的主题上时，当代首饰才名副其实，同时又蕴含着艺术和时代的精神。首饰的发展，反映着社会趋势和文化的变化，在当代的语境下，相对于传统首饰和现代首饰[3]，它又更显多元与多样。因此，当代首饰就有这样一种倾向，它可以是积极的，建造自己的内容，像每一种学科专业领域，有批评与见解，然后接受讨论和挑战；它更可以是壮观、激进、观念，提供对未来的想象及时尚、设计、艺术、创新的观点；它也是一种艺术和时尚，并且永远不要低估小体量的力量，艺术爱慕者们和时尚追随者都为它狂喜；首饰可以非常私人化，它可以是一个媒介，通过它可以述说一个人的故事、记忆、生活和对未来的预言；首饰可以是关于确认自我和他人与社会的关系；首饰研究的蓬勃发展，正如许多学科所做的，定位自己之间的边界和周边，从而得到发展。无论是从过去到现在，还是从现在到未来，再或是从“现实”到“虚拟”，“时空”本不应该成为我们认知和探讨“价值”的边界，无论是物质价值、经济价值、情感价值、人文价值、历史价值等，每一种价值的存在，都促进这个世界和人类社会得以构建且延续发展[4]。

[1] Alice Rawsthorn, Clément Dirié. 以设计为态度（档案）. 荣格出版社，2018.

[2] Peter Osborne 不在或无处不在——论当代艺术的哲学思想 . 沃索出版社，2013.

[3] Liesbeth den Besten. 论首饰：当代国际艺术首饰 . 阿诺德 · 维拉赛特出版社，2011.

[4] Walter Benjamin, Franco Berardi, Michel Certeau. 面对价值: 艺术中的激进观点. Valiz/ 史多姆海牙艺术基金会，2017.

碎片闪耀幸运之熠：被当代首饰遗忘的光泽特质

□ （比）Liesbet Bussche

比利时安特卫普圣卢卡斯艺术学院研究员

2018年4月8日，在阿姆斯特丹新教堂举办的《杰作》系列展览的最后一天，我来到了这里。这座教堂位于阿姆斯特丹古城中心的水坝广场，毗邻阿姆斯特丹王宫。这里很少用作普通教堂，一般是皇室加冕礼和婚礼的举办地，其他时间主要用作展览场地。自2011年以来，新教堂每年都会举办《杰作》系列展览。该展览展出的皆是上乘佳作，是只有在特殊场合博物馆或者艺术家才舍得借出的艺术珍品。过去几届展览就展出过荷兰伟大的画家伦勃朗 (Rembrandt van Rijn)、英国文艺复兴代表人物弗兰西斯培根 (Francis Bacon) 和俄法现代主义画家马克·夏加尔 (Marc Chagall) 等艺术家的作品。今年的展览主打一件作品：纽约艺术家杰夫·昆斯 (Jeff Koons) 创作的《凝视玻璃球（Perugino 圣母子与四圣徒）》。媒体如此评价道：这幅作品完美融合意大利文艺复兴时期画家 Perugino 作品《圣母子与四圣徒》(1500—1501) 的手绘版本与一个光滑的钴蓝色玻璃球，令人拍案叫绝[1]。

Koons 的作品摆放于教堂合唱团的中央，我去参观时这里正值每周都会举行的管风琴音乐会。阳光透过彩色玻璃洒落一地，整个教堂明亮畅然，厚实的墙壁静默伫立，置身于此让人身心愉悦神清气爽。展览最后一天，参观者出乎意料地十分稀少。尽管媒体报道略含夸张之辞，但《凝视玻璃球》这一“视觉与精神的结合”作品的布置确实堪称完美：仅在地板上用蓝色胶带做了标记，这让我能够以比平时在博物馆观看时更近的距离，仔细欣赏 Koons 这件作品。我看到玻璃球映照出自己略微扭曲的模样，教堂和画作本身的一部分也映在球体表面。Koons 的创作理念就是让参观者也能融入这件作品中，从而体验超然之感。“凝视玻璃球，你的视角会发生变化，进而你的感官也会被调动起来。”Koons 如是说[2]。

[1] Jeff Koons 作品《凝视玻璃球》来到荷兰新教堂《杰作》系列展览参展，新教堂官网：https://www.nieuwekerk.nl/en/gazing-ball-jeff-koons-coming-netherlands-de-nieuwe-kerks-masterpiece-series/（访问日期：2018年4月13日）.

[2] 荷兰语原文：Gazing Ball van Jeff Koons "stimuLeert zintuigen" in De Nieuwe Kerk, AT5, 2018年2月15日：http://www.at5.nl/artikelen/178594/gazing-ball-van-jeff-koons-stimuLeert-zintuigen-in-de-nieuwe-kerk（访问日期：2018年4月13日）.

Jeff Koons，凝视玻璃球，2018 年

这次画作的展示对于新教堂而言是一次巨大成功，因为这是《凝视玻璃球》系列作品首次在荷兰展出。这件作品究竟是耐人寻味，还是被夸大其词姑且不论，但我在听 Koons 的语音导览时，得知他和助手曾花费数月时间分析 Perugino 这幅原作的画法、运用的色彩，以精准临摹这幅画作。他们

运用逾千种手工调制的颜色，再现了原作的每一个细节。他们把蓝色玻璃球固定在架子上，再把架子黏附在画作上。他们团队尝试了 350 多次，才制作出圆润光滑的钴蓝色玻璃球。《凝视玻璃球》这件作品的实际价值尚无定论，[1] 不过，Koons 的《气球狗》（橙色）于 2013 年 11 月 12 日，在纽约佳士得拍卖会上以 5840.5 万美元的高价售出，创下在世艺术家作品售价的最高纪录。[2]

不过，至少有一位参观者体验到了超然的感觉。当他走进这一令人称奇的布置中时，这个蓝色的球体如水之于美少年那耳喀索斯有着无穷吸引力一般吸引着他。进一步走近时，他看到自己的模样映照在光亮无暇的蓝色表面。“他的目光紧紧注视着自己的双眸，犹如两颗闪亮的星；他的身材可媲美酒神巴克斯，他的飘逸秀发如太阳神阿波罗那般俊美，他的脸颊充满朝气，丝滑润泽。”[3]

接着，画面在顷刻间破碎幻灭。

我和同伴刚离开合唱团，就听到玻璃碎裂的声音，如儿童合唱团的歌声一般余音绕梁。重新回去后，我们得知刚刚有人触碰了这个球体，在触碰的一刹那球体破碎。这个人既没有按压这个球，也未碰撞在球上，仅仅是指尖的触碰，竟将这价值数百万的艺术作品毁于瞬间。就如那耳喀索斯一样，这个参观者的“美”和“活力”荡然无存。碎片散落一地，如同水面泛起的阵阵涟漪。新教堂的接待员、我、其他参观者以及“罪魁祸首”本人站在那些碎片里，呆若木鸡。那玻璃球曾被一位参观者称作是“一个巨大的圣诞球”，此时只剩一地残骸。[4] 起初的震惊过后，一名接待员去取了扫帚，把画作下面的玻璃碎片清扫归拢了一下，并在周围放置安全布告，提醒参观者请勿靠近，这倒将整个场景变成更加珍贵的装置艺术。

[1] 一些报纸文章预计该作品价值约 200 万至 250 万美元。

[2] Rain Embuscado. 2016 年十大最昂贵的美国在世艺术家 . Artnet News 网站，2016 年 7 月 25 日：https://news.artnet.com/market/most-expensive-living-american-artists-2016-543305（访问日期：2018 年 4 月 14 日）.

[3] 奥维德 . 变形记 . 英文由 Brookes More、Boston、Cornhill 翻译，1922 年：第三卷，《那耳喀索斯和厄科的故事》，第 407 行 .

[4] 荷兰语原文："Bezoeker over kapot kunstwerk Jeff Koons:Een kerstbal die grondig beschadigd is", AT5, 2018 年 4 月 8 日：http://www.at5.nl/artikelen/180584/bezoeker-over-kapot-kunstwerk-jeff-koons-een-kerstbal-die-grondig-beschadigd-is（访问日期：2018 年 4 月 9 日）.

两天后，荷兰《人民报》对该事件进行了全面报道，Anna van Leeuwen 发表题为《Jeff Koons 的作品毁于一旦：碎片可以重回纽约》的文章。[1] 在这篇文章中，《杰作》系列展览客座策展人 Gijs van Tuijl 对此事件作了反思，称他不理解是什么驱使那个人去触碰这个球，他说道："谁会去触碰一面镜子？我觉得非常奇怪。这是明令禁止的，从未有人做过这样的事，况且这也是不允许的。"看到这句话时，我才意识到，作为一位首饰设计者，为何我会如此关注这件事。我认为 Gijs van Tuijl 说得不对。诚然，触碰艺术作品的行为确实不应该，但这位参观者只是情不自禁。这个蓝色玻璃球不是一面镜子，而是一个亮泽光洁的完美物体。被闪亮的物体吸引，进而产生触摸的念头，这是人类的本性。因此可以说，这次意外不可避免。在展览的最后一天，这位被深深吸引的参观者给 Koons 的作品添上了画龙点睛之笔。

[1] Anna Van Leeuwen. Jeff Koons' kunstwerk aan stukken: de scherven mogen terug naar New York. 荷兰《人民报》，2018 年 4 月 9 日：https://www.volkskrant.nl/cultuur-media/jeff-koons-kunstwerk-aan-stukken-de-scherven-mogen-terug-naar-new-york~b46783c3/（访问日期：2018 年 4 月 9 日）.

Jeff Koons《凝视玻璃球》展览场地

人类容易被闪亮的物体所吸引，首饰设计者深谙此道，而这一特质并非现在才有。不要忘记，首饰是人类最古老的表达，这也使得光泽对人们的吸引由来已久。问题在于，它是否会成为未来，或者更具体地说，“未来”是当代首饰设计的一部分。“闪闪发光”已不再是当代首饰设计师口中的词汇，也不再是首饰的一个可以被人喜爱的特点，它似乎只属于传统、庸俗、浮夸的首饰。根特大学的比利时研究者认为，人们把闪光物体仅同财富和奢侈联系在一起是非常短视和肤浅的行为。他们的研究得出结论，人们对于光泽的偏好，包括视觉和触觉，是一种自然反应，而非文化现象。他们甚至还收集了一些证据线索，表明人们对于闪亮光泽的喜爱，与生理上对于水的需求息息相关。[1] 在所有金属中，银最像水，在高度抛光后反射的光最多，这可能并非偶然。而 Koons 的蓝色玻璃球内部表面浸染成银色，因而可以说是水的双重反射。

[1] Katrien Meert, Mario Pandelare, Vanessa M. Patrick. 偏好光泽：对于水的天生需求如何影响人们对光泽物体的偏好.《消费者心理学杂志》，24/2（2014 年 4 月）: 195-206.

这篇关于光泽的文章，以及相比完整无损的作品，我更钟爱 Jeff Koons 的破碎作品，都非常契合《漫谈首饰》项目的背景。该研究项目由我和同事 Hilde Van der Heyden 及 Pia Clauwaert 联合开展，并与安特卫普圣卢卡斯艺术学院的首饰工作室开展了紧密的合作。在这个研究项目中，我们探讨了首饰独有的、能将某种物体转化成一件首饰的特点。这些特质以及本文重点探讨的“珠光宝气”，被艺术历史学家和首饰专家 Liesbeth den Besten 定义为“首饰性”。根据 den Besten 的研究发现，缺乏“首饰性”也是当代首饰的一个特征，这使得当代首饰变成了一个独立的名词概念和类别，似乎远离了其他珠宝首饰、时尚首饰、工业首饰等的首饰类型。她也批评道：“当代首饰被歪曲地理解为一个名词类别，很多设计师只考虑自己‘玩得’开心，不考虑对象，不考虑形式语言，不考虑为什么创作，甚至不考虑佩戴者本身。就好像当代艺术一样，一切皆可当代首饰。”[1] 作为一支研究团队，我们认为从艺术角度，对“首饰性”这一概念进行发散性的诠释，将有助于大大提高将当代的首饰稳定发展为一门设计学下的专业的必要性。将“光泽性”以艺术性的方式融入首饰设计中，或许有助于那些不太熟悉首饰设计这门专业的人加深了解，虽然圈内人士津津乐道，但仍需扩大受众，让更多的人理解当代的首饰。

备注：

1. Jeff Koons 计划修复《凝视玻璃球（Perugino 圣母子与四圣徒）》这件作品，让我深感遗憾。不过，我还是很感谢他引发了我的思考。至于谁将为此次损坏负责尚不明了。
2. Gijs Van Tuijl 正在接洽下一届新教堂《杰作》展览，他希望这次的事件不要对其他艺术品借出者造成不良影响。他表示：“下一届《杰作》展览的展品将放置在玻璃盒中供参观者观赏。”[2] 这也是我作为一位首饰设计者略感遗憾的事。不过，相关讨论还有待文章进一步探讨。

---

[1] Liesbeth den Besten. The Golden Standard of Schmuckashau. Overview: The Wunderruma Edition. 16（2014 年 3 月）：6-8.

[2] Anna Van Leeuwen. Jeff Koons' kunstwerk aan stukken: de scherven mogen terug naar New York. 荷兰《人民报》，2018 年 4 月 9 日 https://www.volkskrant.nl/cultuur-media/jeff-koons-kunstwerk-aan-stukken-de-scherven-mogen-terug-naar-new-york~b46783c3/（访问日期：2018 年 4 月 9 日）.

从数字孪生到人类增强

——当我们讨论“虚拟首饰”的时候，我们在讨论些什么？

□ **郁新安**

同济大学设计创意学院副教授，硕士生导师

虚拟首饰和虚拟时尚本身并不算新鲜事物，早在 2016 年 Vecci 等人提出虚拟时尚是“以各种形式将数字技术应用到时尚服装和服务的生产和消费中”[1]。这个话题就已经产生了。虽然用户愿意为虚拟资产买单并不是现在才有的事儿，但是随着“虚拟时装”或者“虚拟首饰”的视觉效果在数字技术的推动下向着更加自然、逼真、奇幻的方向发展，同时其本身也成为元宇宙的一部分并且可以通过 NFT 直接变现和交易的时候，讨论才变得热烈起来。2020 年创业公司 The Fabricant 与德国艺术家 Johanna Jaskowska、Dapper Labs 联合创作的 "Iridescence" 虚拟长裙在纽约布鲁克林的屋顶上徐徐飘动，并在 Ethereal Summit 上以 9500 美元的价格售出是一个标志性的事件。正如 Fabricant 的创意总监 Amber Jae Slooten 所描绘的，“一种新的信仰正在崛起……我们不再局限于物理空间”。“我们正慢慢进入一个非二元的世界。（时尚）的形式将更加由我们的自然本性而非外部力量决定……身体摆脱束缚会怎样？当有无尽的比特和字节来表达身份时，身份又是什么？”[2]

虚拟首饰存在形式极其多元：从早期商业语境下的数字时尚，如 banuba 为营销体验推出的虚拟试穿试戴服务以及 CLO 为快时尚推出的数字供应链；到游戏领域类似《闪耀暖暖》角色扮演时的虚拟套装，《英雄联盟》中的虚拟皮肤；再到各大社交、短视频、Vlog 平台中的直播道具、各种弹幕、表情、以及虚拟礼物，美颜相机中的 2D 贴纸和脸部遮罩滤镜；以及当下爆火的 NFT 数字藏品，比如 LV 为装扮游戏玩偶准备的各种虚拟配饰，抑或是万物孪生，虚实融合的元宇宙体验，这些都在我们广义化的讨论范畴之内。虽然虚拟首饰的形式、玩法、内核、外延各不相同，并且仍在不断翻滚和延

---

[1] Sayed, Naeha A., "Fashion Merchandising: An Augmented Reality" (2019). CUNY Academic Works. https://academicworks.cuny.edu/gc_etds/3126.

[2] Särmäkari, Natalia. (2021). Digital 3D Fashion Designers: Cases of Atacac and The Fabricant. Fashion Theory *The Journal of Dress Body & Culture*. 10. 1080/1362704X. 2021. 1981657.

伸之中，但都拥有共同的特征：1. 存在于虚拟的空间；2. 可穿戴可体验；3. 存在可计量的价值（收藏或交易）。伴随以上这些名词一并出现的讨论通常包罗万象，反映了围绕这一新事物的极大困扰和一系列复杂思考，在此仅摘取其中的几个主要问题：1. 哲学层面虚幻与现实的问题，也就是 Amber 所说的非二元的问题；2. 后人类时代下人类（身体）的增强问题；3. 人类主体性与机器创造力的问题；4. 社交中虚拟首饰作为媒介中介物以及与之相关的它情感问题。

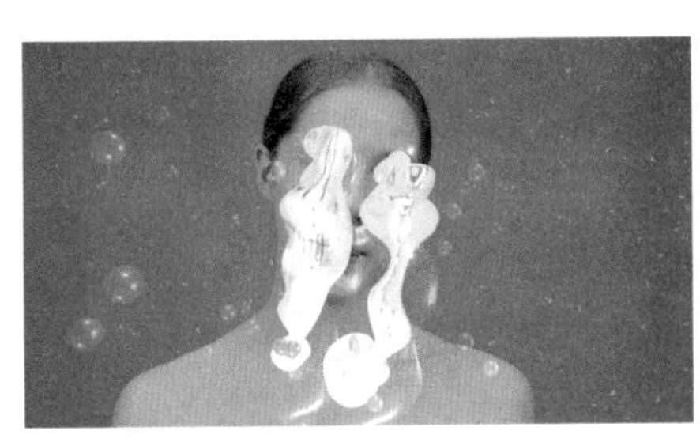

蔡耀漳，基于在线社交心流体验与表情触发的“虚拟首饰”2020 年

早在数字世界诞生之前，不管是在庄周梦蝶或者柏拉图的洞穴隐喻中，这种关于物质与非物质（虚拟）之间关系的讨论就已经展开，如果我们今天剥离这些虚拟物当下的技术形态，并将其所呈现的内容放到一个更大的尺度去讨论，会发现这些讨论涉及一些非常基本的问题。虚拟首饰的第一阶段表现为对物质世界的数字孪生，对首饰而言则表现为其物质实体的瓦解，以及其虚拟身份的建立。虚拟首饰模仿物质世界并且呈现出与之相类似的物理特征，比如 Fabricant 对于柔软织物的重力模仿[1]，或者 DRESSX 帽子上生长的花卉，我们目前所看到的创作大抵处在这一阶段。首饰的概念虽然已经打破了笛卡尔时代的身心二元（物质与虚拟二元），但总的来说没有完全脱离首饰在物质世界中的形制和想象。

虚拟首饰的第二阶段是首饰与人类角色在虚拟世界中的交互与重构，他将使首饰与人类个体具有“真实 + 虚拟”的双重属性，成为“强弱”链接交叉共存的“角色扮演”(王莹 2021)。虚拟首饰作为一种媒介技术物将突破物质世界的限制而变得极其生动和多元。比如在虚拟世界中不再局限于固体，可以是喷发的气体，流动的液体，或者一道光，并通过表情触发（蔡耀漳，

[1] https://www.thefabricant.studio/.

2021）；甚至具有生命的特征，成为人类身体的一部分（DRESSX 跳动“心脏”的挎包，2021）。

虚拟首饰的第三阶段是物质和虚拟之间界面的消解，虚拟世界的内容开始显著影响甚至决定物质世界。这个阶段超越了亚德里亚“拟像”理论中的“超真实”，不仅仅“把想象表现为真实，潜在削弱任何与真实的对比，把真实同化于它的自身之中”，而是取代真实。就如同在作品《记住我而非储存我》[1]（俞同舟，2021）中所展现的，虚拟世界中的角色对于看不见的屏幕所作出的反应如何影响现实世界中的观众，屏幕中女孩舔屏幕的动作重新定义了界面，改变观众通常无视的屏幕的存在。对首饰而言可能这个阶段意味着其脱离作为独立“物”的属性，其精神内涵、价值理念、以及设计范式，以及与之相关联的人类身份都将面临彻底更新与重大的转变。

俞同舟，记住我而非储存我，交互装置 2021 年

由于首饰天然的具身属性，第二个经常被引入的话题与人类的身体增强有关。在早期的动画和电影当中，首饰往往被设定成具有超凡的力量，例如《蓝宝石之迷》《天空之城》或者《亚特兰蒂斯》当中，首饰能够唤醒强大的远古科技，拯救生命或者召唤宇宙能量，这些首饰使得主人公的能力得以极大提升，并且在关键时刻帮助其完成一系列不可能的任务。1995 年押井守将士郎的《攻壳机动队》中，主人公任没有佩戴任何传统意义上的首饰，但其

[1] https://yuuuuu.net/portfolio/remember-me-not-save-me/.

身体表面的各种管线和暴露的义体器官在一定程度上取代了首饰的功能，日本艺妓的传统头饰、红色的妆容和人类身体相融合，裂开的脸庞恐怖而令人印象深刻，这些“首饰“和人类融为一体，构成了一种新的“身体技术”[1]（斯蒂格勒，2010）。现实世界里埃隆马斯克的 Neuralink 生物内埋芯片还很遥远，但他的音乐人女友 Grimes 所创造的长翅膀的虚拟人 WarNymph 却早已火爆网络。在 Grimes 看来，这个拥有浓重赛博朋克气质的虚拟身体“可以衰老、死亡、重生、换脸……拥有众多物质世界中不可能的能力……能让她简单纯粹地发挥想象力。”[2] 更重要的是这个不断变换的数字身体可以代替她穿戴时装、变换形象、拍摄杂志、以及宣传专辑，让她在怀孕后期和生完孩子后可以继续工作，同时花更多的时间和孩子在一起[3]。从这一角度，WarNymph 的确增强了 Grimes 作为人类的能力。

[1] Choi Kyung Hee. 3D dynamic fashion design development using digital technology and its potential in online platforms. *Fashion and Textiles*, 2022, 9.

[2] Silva Emmanuel Sirimal, Bonetti Francesca. Digital humans in fashion: Will consumers interact? *Journal of Retailing and Consumer Services*, 2021,60.

[3] Joseph, F., Smitheram, M., Cleveland, D., Stephens, C., & Fisher, H. (2017). Digital materiality, embodied practices and fashionable interactions in the design of soft wearable technologies. *International Journal of Design*, 11(3. Special issue on Designing for Wearable and Fashionable Interactions), 7 – 15.

郁新安，Jewelry The Power of Blending，
深度神经网路生成的首饰 2021 年

20 世纪 60 年代美国航空航天局 (NASA) 科学家弗雷德·克林斯和内森·克兰为人类不穿宇航服也能够在外太空中生存提出人机融合系统，也就是“赛博格”(Cyborg) 的时候，也许并未想到这一概念在文化领域的巨大生命力，在《攻壳机动队》以及后来的《头号玩家》等一系列重要的赛博格作品中，故事的背景往往被设定在极度繁荣的物质世界堕落和毁灭之后，在这些带有浓重后人类主义色彩的新神话中，物质世界十分悲惨，虚拟世界则无比繁荣，科技一方面是人类非凡力量的来源，另一方面也是人类个体异化和社会劣化的根源与标志，而虚拟世界无一例外成为人类逃避现实的乌托邦与伊甸园。这些围绕后人类社会的本质思考也显著地影响了后人的创作，也是目前众多围绕身体的外表怪诞却带有悲观内核的虚拟作品大行其道的根本原因。“身体技术”发展所导致的另一种极端结果是人类身份的彻底升格，例如在机器佛作品《未来仏》系列里，人类最终通过机器成了神[1]（大悲宇宙，2015），这种不是毁灭就是成神的巨大反差反映了人类面对技术发展时的极端矛盾心理。

虚拟首饰的第三种讨论关于人类主体性与机器的创造力问题，在手工艺时代，我们将手视为创造的符号，将灵感、顿悟甚至走神的瞬间视为人类独有的智慧，也由此产生了神来之笔或上帝之手的说法，但是在人工智能和数字化主导的时代，当机器在算法的帮助下也呈现出创造力的时候，人类是否还能维持原先创意劳动的主体性？一方面来源于目前基于神经网络的深度学习模型在图像层面的创作能力已经接近早期现代主义艺术家们，另一方面以 GPT3 为代表的语言模型在叙事层面也已经能够撰写新闻、诗歌等特殊体裁的文本，而对于首饰来说，对于历史文脉的图像和文本信息的闪回与重组一直是其创新的核心诉求。在人工智能领域的先驱菲利波·法布罗基尼 (Filippo Fabrocini) 看来这种基于统计的数据先验无法超越人类那样的物理先验，即永远无法产生所谓的底层创新[2]，但是现实中这些虚拟的创作者已经开始呈现出相当的潜力，在 JALAB 实验室主导的首个基于首饰的深度学习项目中，作者使用基于特征的对抗生成网络，在学习了 2000 组以上特定类别的首饰作品之后，训练出的首个针对戒指的生成式神经网络（郁新安，2020）。在这个项目里，机器学习的是分类之后的首饰图像，生成的是一

[1] http://dabeiyuzhou.com/#/home.

[2] Filippo Fabrocini, 远木 / 译 . 与“未知”对视 [J]. 艺术汇 , 2014(06).

系列包含首饰特征的动态影像，体现了机器对于戒指这一物品的理解。机器将目前基于符号的生产转化为基于信号的生产 (Holford, 2019)，是否会冲击目前高度商业资本化的首饰生产尚未可知，但是智能化语境下的首饰创作一旦和其他虚拟产业相结合，所产生的想象空间却是巨大的。

虚拟首饰的第四种讨论聚焦于在线社交以及与之相关的情感问题。比如在典型的直播场景里，首饰的符号属性被抽离出来用于塑造角色、传递表情、交换礼物，为人类提供了一种介于虚幻与现实之间的空间。主播通过佩戴各种虚拟首饰来塑造各自的人设，也通过这种方式完成自我的物化，来降低与观众互动的门槛；观众通过打赏虚拟道具来引起主播关注，表现情动 (affect)，同时炫耀“财富”“钻石”闪耀的光芒短暂照亮主播的脸庞，这种以光、色和动态为中介的表达建构了观众与主播的一种时空在场与同步的经验，构成了一种介于匿名社交与偶像觐见的活动 [1]，在这个过程中，观众付出金钱，获得精神上的慰藉。首饰作为物质世界中的昂贵资产在虚拟空间中堕落为廉价装饰与可爱代币，班雅明的“灵韵”已经从这些“首饰”中消失了，无论主播还是观众都并不在意首饰本身的模样或所属，几乎每个平台都拥有类似的道具，但是其玩法、特效以及相应的触发与反馈机制却成为虚拟社交体验中重要一环，构成了社交技术与商业的一部分。在另一个游戏化的场景中，玩家精心装扮自己的虚拟玩偶，通过购买各种虚拟道具、并为其创造完全原创和连续的角色戏剧，在这个过程中享受与它们身体互动赋予的舒缓与治愈的同时，获得守护和占有的心理满足。

不管是被物化的人，还是被人化的物，虚拟首饰作为一种媒介物都起到了一个中介的作用，承担人类的记忆，并帮助建构起一种幻想性的平行关系，并将人类的情感寄于其中。另一方面，交互技术的使用凸显了虚拟首饰所特有的主客体间性，我曾经不止一次收到学生发来的用我人头像制作的搞笑作品，在这些以我的头像为基础附带各种附加表情的影像当中，“首饰”虽然戴在我的头上，但跟我并没有任何关系，既不隶属于我这个“主体”，也不属于创作者也就是学生，也不属于创作的平台，而是一个主客体之间流动的共在，失去任何一方，这种首饰都无法独立存在，显示了一种新的人-物关系。

[1] 黄华、吴越：“周边”的情动力量，第三届媒介物质性论坛，2022.3.

在元宇宙、NFT、人工智能与 ACG 潮玩经济的多重推动下，虚拟首饰正加速摆脱自己草根与技术时尚的土壤，向着更加先锋、多元与深刻的未来迈进，作为虚拟经济的重要组成，虚拟首饰将与“跨次元”的艺术展馆、数字虚拟秀场、虚拟拍卖会、沉浸式的虚拟展演等注重体验感的虚拟板块深度融合，引发了技术、商业、社会乃至哲学层面对“物”的反思与深刻的转变，由此引出的话题实在过于宏伟，受篇幅和能力所限本文只能先蜻蜓点水，望能抛砖引玉，很多问题亟待更加系统深入的研究和阐释。

当代首饰：一场超越当前、改变未来的对话

□ （意）Chiara Scarpitti

意大利坎帕尼亚“路易吉万维泰利”大学副教授，博士。

现代的珠宝和首饰设计正面临转折，人们不再仅把首饰当作简单的奢侈品，或只用材质的珍稀程度和制作工艺来衡量其物质价值。当今时代，任何产品都能在全球各地生产、分销和出售，首饰设计学科也面临着更加复杂艰巨的挑战。关键在于能否从概念及方法角度重新审视设计本身，从而在技术、社会和艺术这些主题上产生新的思想，激发人们采取新的设计研发。本文基于这一点与当代设计研究密切相关的思考，尝试探究首饰设计所面临的新场景和新问题，旨在挖掘新的方法学可行途径，通过佩戴首饰之举，以及首饰与身体的互动关系，让首饰这一极具影响力的身体之物传达、激发并彰显人的思想。

新未来场景——人类世

新技术和新材料能改变地球面貌，例如材料及化学工程技术、合成生物技术以及信息技术促使人类打破原有生产模式，从模式自身内部开始进化。Ray Kurtzweil 提出的理论认为，技术之间的交互作用将使技术进步整体呈指数型增长，材料与生产流程也会不断改变。这种进化还会影响人们的思考方式和对设计对象的造型方式，珠宝首饰也不例外。Kurtzweil 的研究 [1] 提出一种假说，认为 21 世纪这种技术科学带来的指数级进步相当于人们如今对未来两万年后的想象，并将改变所有知识领域，走向全新的跨学科融合，在这种融合体中新的科学能以前所未有的效率互相连通，带领人类朝着自然与技术全面融合的方向进化。

---

[1] Kurzweil R. 奇点临近：当人类超越生物学限度 . Apogeo Saggi 出版社，2008.

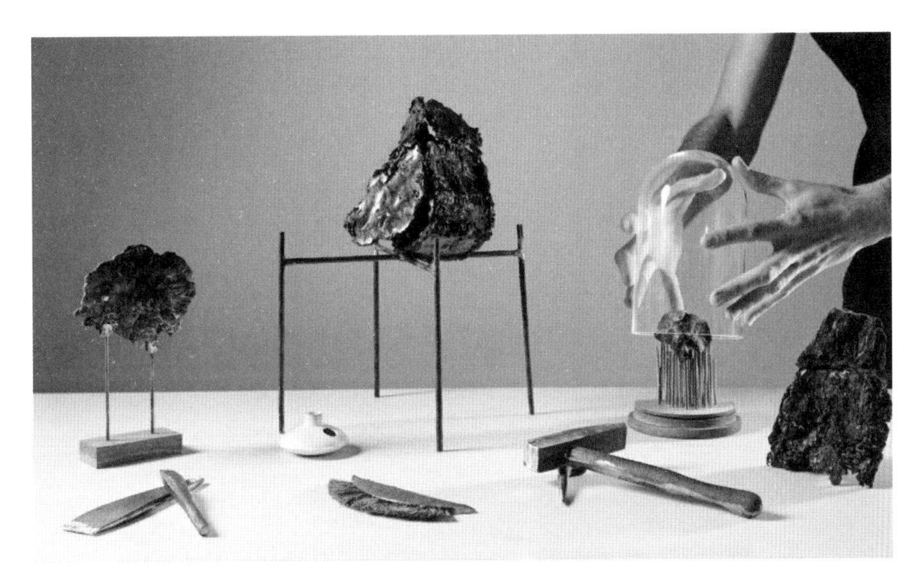

Shahar Livne，Lithoplast，2017 年

工业与技术生产使地球面貌发生了变化：冰川在融化，海平面在上升，许多动植物开始消失，或已濒临灭绝。大气变暖、荒漠化、深钻井、采矿场、水污染、空气污染、气候变化、愈演愈烈的自然灾害，无一能停止。

地质变化催生出了“人类世”这一新名词，是首次以人类文明对地球的影响为一个时期定义的。该词由生物学家 Eugene Stoermer 在 20 世纪 80 年代首次提出，后来诺贝尔化学奖得主 Paul Crutzen 在其著作《欢迎来到人类世》[1] 中引用，此后这一概念逐渐被理论家和艺术家接受，并成为他们进行实践研究的起点。

人类世，是后全新世地质时期，特征是人类活动对地球产生了入侵式、变革性的影响。人类世“Anthropocene”一词由希腊语“anthropos”（意为“人类”）和“holocene”（即当前的地质时期——全新世）衍生而来。地球的物理化学特性正在发生不可逆转的变化，从而产生了一个新的半人工的自然世界。这样的世界由人类参与构建和重塑，因而人类理应对其负责。

本文提出的假设是当代进化场景可以作为重新思考首饰设计学科发展的基准点，通过加深对首饰内涵的理解，启发读者开启发现之旅。

[1] Crutzen P. 欢迎来到人类世：人类改变气候，地球进入新时期 . 蒙达多利出版社，2005.

例如，以色列设计师 Naomi Kizhner 就于 2013 年通过设计作品对上述这种未来设想作出回应，假想出能源稀缺的场景。[1] 她设计了一系列珍奇的装置，利用人类维持生命的血液流动来产生能量。这些装置被视为人类世设计作品的先锋之作，所用材料混合了金、生物高分子聚合物以及嵌入皮肤的电导体，引发人们思考当代设计在未来的种种可能。

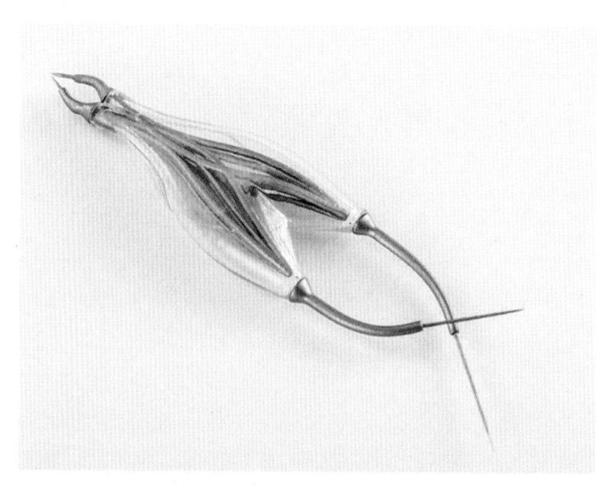

Naomi Kizhner，能量瘾者，2014 年

从这个角度来说，设计的角色已经发生转变，因为产品设计不再只是着眼于实体物质消费，还开始更多关注到理念和情感层面。借助这些设计作品，批判性思维延展到了更广阔的主题和用途，包括社会辩论、哲学思考、科学实验以及环境问题。例如得益于人类世这一主题，人们意识到实验室所创造出的新材料、新工艺流程以及新工具，会在当代珠宝首饰的设计创新中发挥十分重要的作用。

自然环境景观方面，地球原始生态系统遭受破坏带来的影响正日益显现。因此，Elizabeth Kolbert 在其著作《大灭绝时代》中写道：尽管并非刻意为之，目前人类正决定着哪种进化路径能继续下去，而哪种路径将永远被淘汰。这是其他任何一种生物都没有经历过的，但不幸的是，这一决定将成为人类留给地球最持久的“遗产”。[2]

在人类世，自然也一如既往通过自我调整，对人类活动做出回应，以求得继续存在。因此，虽然“人类世”理论仍只有部分人信奉，但从科学的角

[1] Naomi Kizhner. 能量瘾者 . 国家未来展览 (2014). 网址：http://www.domesticfutures.com/naomi-kizhner/.

[2] Kolbert E. 大灭绝时代：一部反常的自然史 . Neri Pozza 出版社，2014: 12.

度出发，这个时代已产出一些成果：既创造了新的矿物元素，也改变了一些生物物种或令一些物种不复存在，从而对环境的原有特征带来不可逆的变化。

正因如此，许多文化平台和艺术项目正围绕这一复杂的哲学辩论展开。其中，我们不得不提及人类世课程平台[1]和2015年由Kayla Anderson撰写、麻省理工学院出版社编辑的《伦理、生态与未来：当艺术与设计面临人类世》一文。书中，作者如是说，“（本文）简要讨论这些问题如何在文化领域得到解决，表明批判性、概念性和思辨性的设计可能最适合于人类世，因为它们培养了批判性思维，思考我们如何与科学和技术取得联系，我们如何在政治和社会上组织自己，以及我们如何在更广泛的生态组合中发挥自身的作用。”[2]

在这些理论的基础上，很多当代艺术项目试图以不同的方式研究纯天然物质，使之与原始世界背景紧密联系起来。设计将自然作为原始材料，并利用先进技术或创新方式重新加工这一古老且极具象征意义的存在。

例如，为了构建新的创意空间，首饰设计师Patrícia Domingues通过混合、切割天然石料和人造石来制作首饰。通过碎片化、解构和重构等过程，最终的作品重建了超自然图景。这一创作的意义在于呈现了一系列触动多感官的胸针，通过物质和哲学的融合探索人类的原始感觉，引发对人体与环境相互作用的反思。

Patrícia Domingues，二元系列（胸针），代木、钢，2015年

[1] https://www.anthropocene-curriculum.org.

[2] Anderson K. 伦理、生态与未来：当艺术与设计面临人类世. 麻省理工学院出版社，2015.

首饰设计项目中基于材料的创新方法

在最前沿的设计浪潮中，我们发现了新材料研究领域，它结合了多样化的实验室操作，同时研究出用于制造物体的机器和材料。[1]

无论是由多种成分构成、奇特的有机或无机材料，还是数字仪器和机械，任何物体都置于一个单一的联觉空间——实验室。从这个意义上说，科学家和设计师所采用的方法与炼金术士相似：运用双手和凝视，他们开拓了一个涉及视觉和触觉的重要维度，通过物体进行直接表达。与炼金术士一样，设计师通过改造或提炼材料，创造前所未有的新物质。两者都选择最适合的元素和化合物，运用最好的技术，尝试和检验各种可能。

例如，Revital Cohen 和 Tuur van Balen 两位艺术家试着重新定义一种新物质，通过还原并组合旧硬盘材料进行创作。在阐释 B/NDALTAAU 这个作品时，他们写道："金属和稀土矿物是从一堆硬盘中提取出来的，并重新还原至矿物形式。用喷射的水流切割钕磁铁，从电容器中锉出钽，用酸还原金。铝盘片随同其中的数据被熔化并在砂模中重铸。一种黢黑的人造矿石就此出现在地球上。"[2]

这个材料实验跨越了物质和数字系统间的界限，通过分解构成数字系统的电子元件，使其恢复到初始物理状态。产生的结果不是一个物体，而是一种新的矿物。实验的唯一目的是激发对物质意义和使用方式的想象空间。但这种改造物质的方法也改变了人的思想，因为每种元素都与原始宏观宇宙产生联系，而宇宙由图像、故事和习俗组成，处于不断的进化过程。也正是这种对人类文化的运用，才激发了设计师一次次开启重新发现、创造新材料的美学过程。

[1] Scarpitti C. 新材料物体 . 见：La Rocca F. 试验设计：当代物体的批判与变形 . Franco Angeli 出版社，2017: 130.

[2] Revital Cohen, Tuur van Balen. B/NDALTAAU. 网址：http://www.cohenvanbalen.com/work/bndaltaau，2015.

Revital Cohen & Tuur van Balen，B/NDALTAAU，2015 年

在《矿物学杂志》上，Robert Hazen、Edward Grew 和其他地质学家都支持一个论点：这个新时代让新矿物的产生成为一种自发行为。“我们列出了国际矿物学协会批准的 208 种矿物，这些矿物主要或完全由人类介入而创造产生。至少有三种类型的人类活动影响了矿物和类矿物的种类和分布，这反映在全球地层记录中。”[1] 研究表明，从地质学的角度来看，这 208 种新矿物的产生得益于三种基本的地层标记物：一是岩石中的化合物；二是由于人类采矿造成的岩石表面的改变；三是人类活动对天然矿物的重新分布。

Gionata Gatto 和 Giovanni Innella 经过研究，提出了一个关于矿物未来的有趣假设。两人在作品 Geomerce 中创造了一个复杂的互动装置，装置由数字设备、水培生长罐和植物组成，意在说明农业对全球经济发展的潜在重要性。“如果我们能够充分利用某些植物的汲取能力，那由植物推动的新金融经济是否将成为可能？”[2] 这是两位设计师努力在尝试回答的问题，他们通过积累植物汲取的贵金属，尝试将遭受污染的土地转变为某种新型矿藏。

---

[1] Robert M. Hazen, Edward S. Grew, Marcus J. Origlieri, Robert T. Downs. 地球和行星物质的展望：论“人类世”矿物学 [J]. 美国矿物学家，2017, Vol. 102.

[2] Gatto G, Innella G. Geomerce. 网址：http://www.domusweb.it/it/notizie/2015/05/22/gionata_gatto_e_giovanni_innella_geomerce.html, 2015.

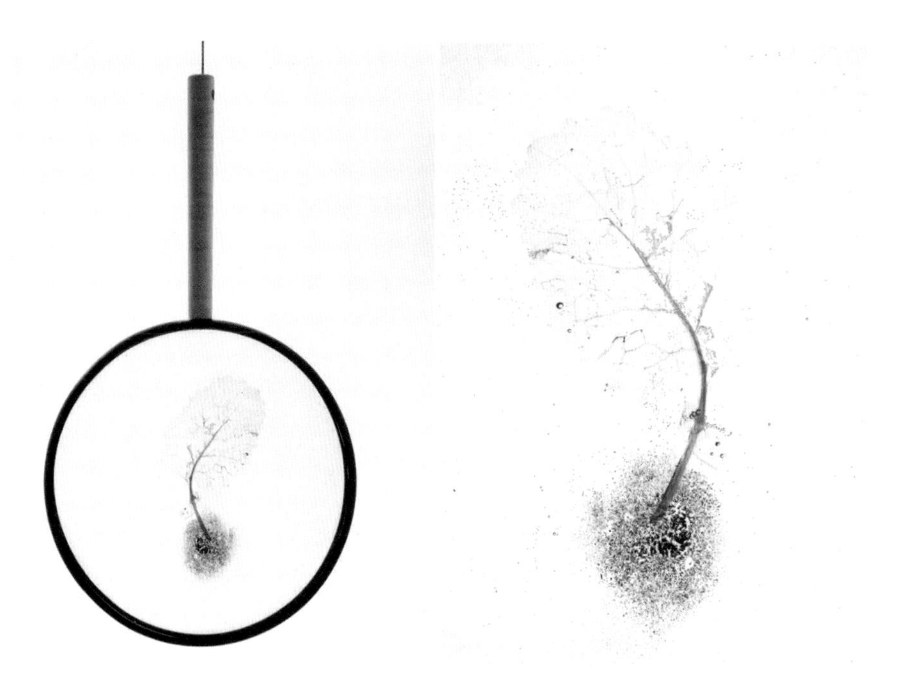

Gionata Gatto & Giovanni Innella，Geomerce，2015 年

通过逆转当前与塑料污染有关的环境，想象不再生产塑料的情景，设计师 Shahar Livne 尝试将聚合物废料重新配制成一种新的黏土混合物。代表着消费主义和用完即弃的塑料，变成了珍贵而罕见的手工改造品。这位以色列设计师摆脱了工业制造品典型的完美美学束缚，发明了一种她称之为 Lithoplast 的新材料，用于制作家居使用的图腾和雕塑模型。

最近接受在线设计平台 Deezen 采访时，Livne 说道："我的研究以地质学家未来会做的事情为基础进行假设。通过人使用塑料的行为，或者通过由塑料制作而成的新岩石，我们已经看到塑料正在与自然融合。如果塑料最终被能工巧匠使用，它的价值将会发生变化。人们的第一反应是塑料是一种威胁，但正如一位地质学家告诉我的那样，地球却不以为意。"[1]

这种观点与当前对环境风险的看法截然相反，对未来图景的一大想象是人类能够利用环境中已发生的改变。人类不再必须要恢复环境，而可以尝试与废料共处，有策略地回收这些废料，再将其重新投入市场，形成一种可持续的发展。

[1] Shahar Livne 接受 Deezen 采访，Lithoplast 项目．网址：https://www.dezeen.com/2017/10/28/shahar-livne-metamorphism-lithoplast-waste-plastic-clay-material-dutch-design-week-design-academy-eindhoven/, 2017.

Mario Albrecht 的作品就是一个实例，他的设计目标是将聚乙烯和包装箔等塑料废品改造成一种新物质，再制成首饰。叠加、交叉、压缩……他尝试运用各种处理方法，探索新的美学外观。他在自我介绍中如是说："尽管我们的日常生活中塑料无处不在，我们却很少看到它的美丽之处。我的目标是制作出能让人一眼看不出材质的首饰，为了实现这一目标，我不会将自己凌驾于材料之上，而是与材料去合作，并在设计过程中跟随其特性去发展和改变它。"[1]

Mario Albrecht，绿色，聚乙烯（塑料袋和箔纸）、银、弹簧钢，2015 年

Karin Roy Michelle Andersson 开展的研究，旨在寻找不完美的物品，通过创造性的重新设计对这些物品进行再加工和循环利用，从而丰富其意义。提到她的首饰，她表示："我从垃圾箱、沟渠边和理发店寻找材料，我甚至在朋友的浴室和冰箱中寻找。如果想找到完美的首饰材料，就必须善于观察。我用这些塑料制成鳞片，再把它们手工缝制到一起。"[2]

从制作程序来看，这位设计师重新发掘了材料的表现力，通过运用反等级和融合逻辑，发挥出手工技能、实验、装配、现有材料融合等多种手段的力量。这种实践一反常态，将废料和被遗忘的材料转化为独特价值的艺术品。

[1] Mario Albrecht, About. 网址：http://ma-gestaltung.de/about/.

[2] Karin Roy Andersson 在艺术首饰论坛接受 Bonnie Levine 采访 . 网址：https://artjewelryforum.org/karin-roy-andersson-0.

Karin Roy Andersson，Backupfront 项链，再生塑料、线、钢、银，2015 年

当代首饰为何需要批判性设计思维

在技术加速发展的进程难以控制、工业化严重破坏人与自然关系的背景下，很明显人们急需思考设计如何对这些现象发生作用。设计项目不一定要以浪漫主义的态度捍卫恢复原始生态系统的想法，而是可以通过敏锐的设计思想介入生态系统，并且愿意在复杂的社会中重新思考物质世界以及行业发展，例如本文所探讨的首饰世界。

如果这些演变在当下势不可当，我们必须采用批判性思维进行设计，以免被动接受我们自己过去的发明，对今天和未来的我们所带来的负面变化。我们要理解自然环境变革的潜在关键影响，自然环境的变革无法预估，并且经常主宰人类——人类是自身行为的施行者和受害者。[1] 但是，这也让人类有可能从不同的角度审视人造材料和工艺，尝试通过艺术思辨和设计创新对其进行再加工和再思考。

从这个角度来看，设计项目的作用至关重要，因为探究社会或生态主题也是首饰界现在需要准备做出的正确尝试。从这个意义上说，本文所展示的首饰表明，设计师对这一理念有了更加清晰的认识，并直接将理念转化为首饰设计，引发大众的思考。

[1] 关于反资本主义经济理论的更多信息，请参考：Latouche S. Survivre au développment. Come sopravvivere allo sviluppo. Bollati Boringhieri 出版社，2005: 98.

关于人类世主题，最有趣的地方在于人类世已成为促进设计实践的新概念，这种设计实践已在智力和物质层面同时展开，以便让社会参与其中。因此，首饰项目不应该仅仅着眼于描绘真实世界的乐观图景，而是力图激起讨论和思辨，同样可以提出不必立即给出满意答案的问题。

备注：

此文聚焦当代首饰，主题摘自 DigiCult 杂志 2018 年第 77 期刊登的《艺术生态系统》。本文首次出版发表于第四届 TRIPLE PARADE 国际当代首饰双年展出版物上，荷兰皇家出版社，2018 年。

浅谈社会学视角下首饰在人际关系中的角色
——以“礼物观”为例

□ **庄冬冬**

天津美术学院副教授，硕士生导师

20 世纪六七十年代出现的后现代主义思潮，席卷了整个人类社会和艺术创作，它涉及视觉艺术、音乐、历史、哲学等社会文化和意识形态的诸多领域。在进入 21 世纪的今天，当我们再次谈到“当代”这个时代背景时，艺术不仅仅只是在谈论视觉和个人表达，艺术开始演化成为一种“语言”，涉及社会、生活、感性、政治、科技、未来等方面。似乎艺术与生活的边界正在消解，在与世界的平行对话中，当代首饰成为表达自我、情绪宣泄、阐释观点的视觉语言。

“首饰社会学”

社会的本质究竟是什么，长久以来都有争论。一方把社会的重要性提升到人类的进化，主张是社会使人类具有现实性和发展性，人类的进化也基于社会的构建和出现，但是生物学家认为大多数的动物都有构建其自身社会的模式，并非是社会的出现让人类得以进化；另一方则认为社会仅仅是个抽象的概念，正如我们把花草、小溪、蝴蝶、房屋的整体存在，统统称为“风景”那样，观察者把现实中个体的人纳入一个整体关系的时候，“社会”就出现了。当然，当代社会学的讨论远远要复杂于这两点，但不论持哪一种看法，我们都必须承认社会的现实性具有双重含义[1]。一方面，个体的人作为直接可感的存在，作为相互关系发展进程的承载者，通过这些进程形成一个更加高级的被称为“社会”的团体；另一方面，个体自身所拥有的兴趣促成了这种团体的形成。所有的社会建构，小到两人的关系，情人、亲人、朋友，家庭与俱乐部；大到十几亿人的团体，例如国家与民族、教会与经济联盟等，任何一种社会关系的形成，都在情感上或经济上，再或者是某种需求上依赖于彼此，并享受其带来的超越个人存在的满足感。同时，社会关系的建构，同样

[1] 齐奥尔特 · 西美尔 . 交际社会学 . 文艺出版社 . 2001.

需要某种物质作为其在形而上的关系在特定社会规则中的认知符号，这种物质符号会确定个人与他者的社会关系，并在特定社会结构中得到确认和肯定。

首饰作为一种符号语言，诞生于人类最早的社会群体中，从佩戴的项链、头冠、手链等物质符号来确定其个人在社会中的地位和角色，也由次将自我的社会通过佩戴首饰，与其他社会群体区分开来[1]。几千年的发展，首饰作为社会关系的象征符号这一属性从未改变，生活在当今社会的我们，依旧会选择首饰以“礼物”的形式来构建这种社会关系，例如：情侣间互送婚戒作为爱情和归属关系的象征，赠送项链作为情侣关系的象征，中国文化中还会将赠送玉手镯作为亲情关系的象征[2]，等等。首饰的象征价值与艺术文化属性在社会学视角下的设计学研究中具备非常多的研究空间，特别是现当代的首饰创作在人与人关系构建中的角色与价值的思考值得探索。本文从不同首饰艺术家的创作思路尝试剖析了首饰作为“礼物”的社会关系探讨。

首饰创作在当代的发展背景

当代首饰是指一种创作于当前，具有当前时代特征的首饰。它是由艺术家、设计师在其工作室中独立完成，是凝结了艺术家、设计师独特的艺术语言和精湛工艺的结晶。它可由任何能够传递艺术家、设计师创作理念的材料制成，它的价值在于其艺术性，而与材料的贵重程度无关，与品牌无关，与流光溢彩的钻石珠宝无关，它更贴近于一种纯粹的艺术创作。[3]

1985 年，彼得·多摩尔 (Peter Dormer) 和拉尔夫·特纳 (Ralph Turner) 首创了“新首饰”概念。新首饰与其说是一种风格，不如说是一种国际潮流，它为首饰界带来一缕新鲜空气。20 世纪五六十年代，西欧国家（尤以德国、英国、瑞士、荷兰为主）以及美国是当代首饰的主要发源地，多年以后其他地区才陆续加入该国际潮流。

19 世纪至 20 世纪初的人文和工艺传统加速了“新首饰”现象的发展和演变，繁荣的经济环境也促使首饰设计从传统向当代的转型，从黄金标准向制造者标准的过渡，从品质设计向实验性设计的转变。

---

[1] Volandes. S, *Jewels-that made history*. Rizzoli. 2020.

[2] 李芽等 . 中国古代首饰史（全 3 册）. 江苏凤凰文艺出版社 . 2020.

[3] Besten, L. *On Jewellery: A Compendium of International Contemporary Art Jewellery*, Arnoldsche Verlagsanstalt, 2011.

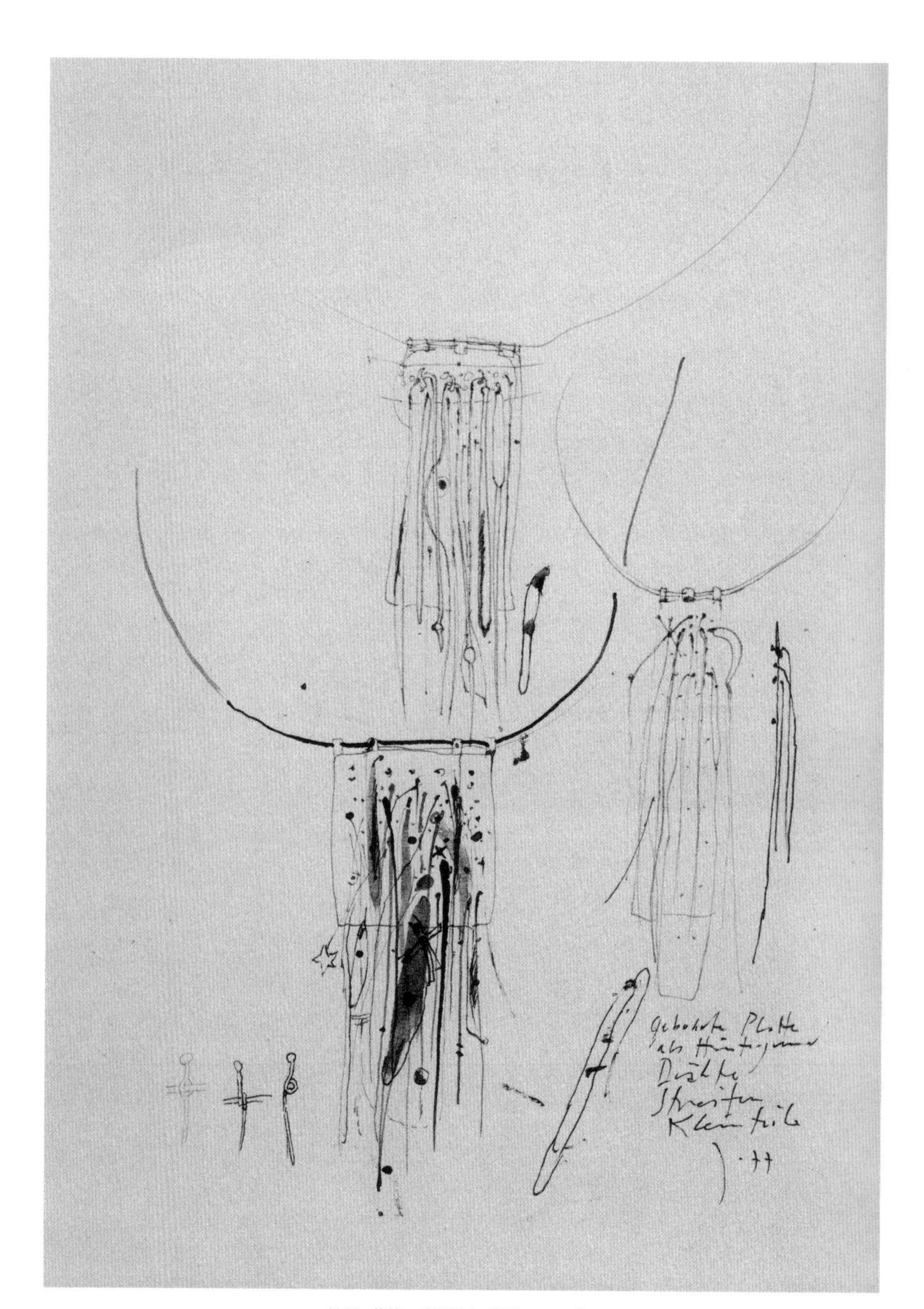

赫曼·荣格 《项链》草图 1980 年

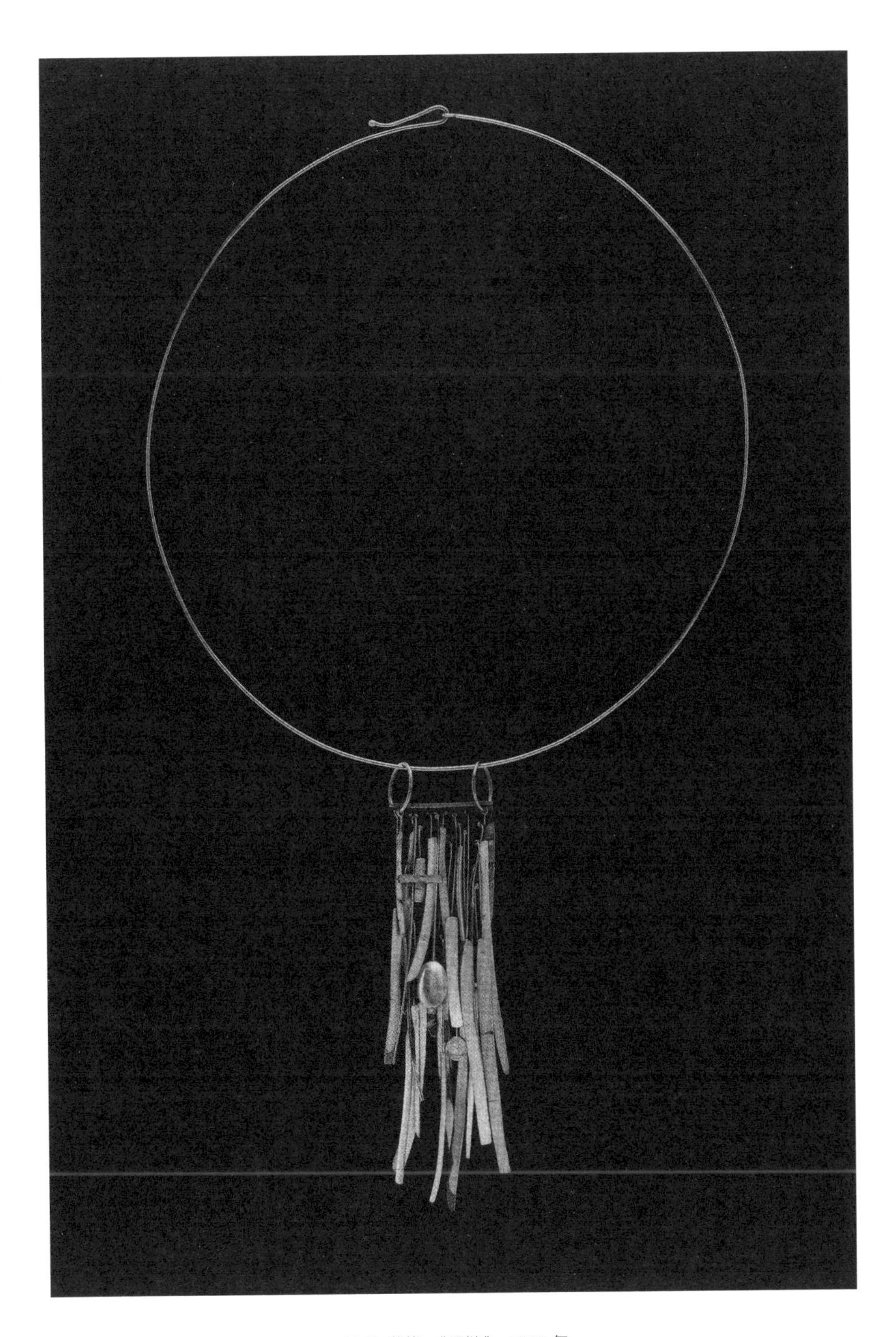

赫曼·荣格 《项链》 1980 年

德国的赫曼·荣格 (Hermann Jünger) 于 20 世纪五六十年代所创作的作品具有强烈的抽象表现主义风格。他采用彩色珐琅和石头代替涂料为作品上色，产生了相似效果，从而使宝石脱离其经济价值。最初，荣格大胆、不羁、“不完美”的首饰风格为传统首饰界所诟病。然而十年之后，荣格被聘为慕尼黑美术学院教授，而他的到来为当代艺术注入了新的活力。在德国，他被认为是“重新定义了首饰艺术”的人。

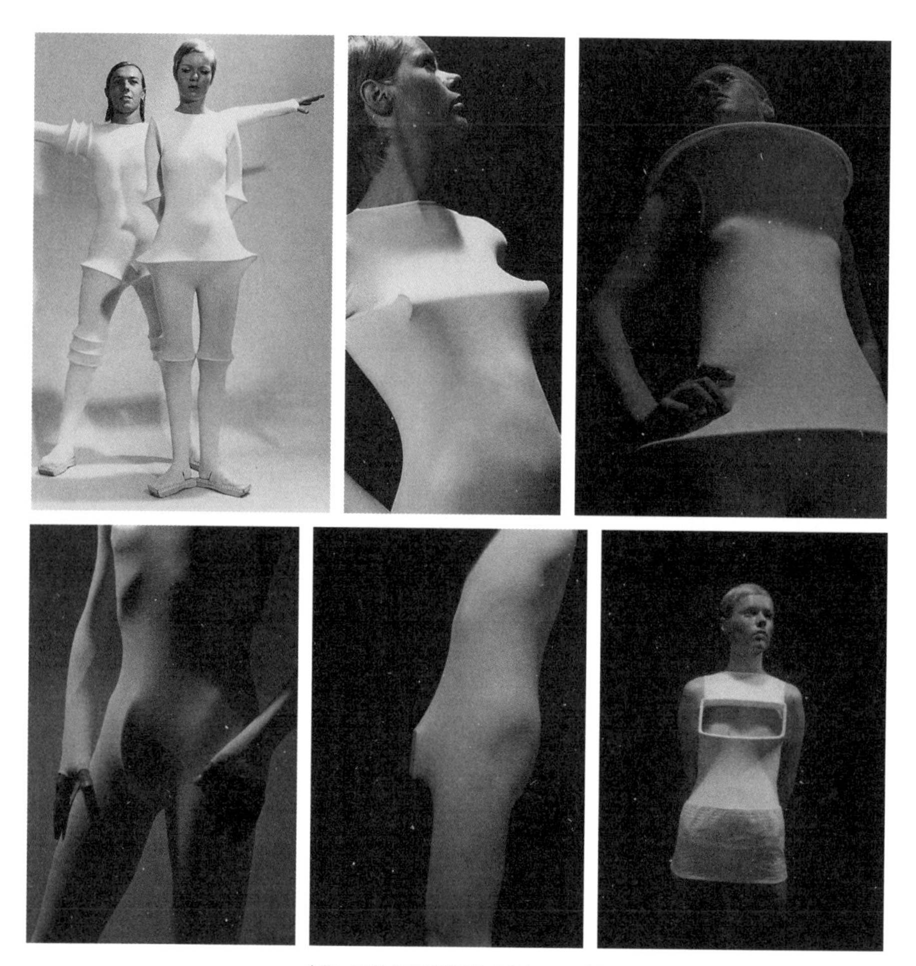

海斯·巴克《衣着建议》系列 1970 年

荷兰的海斯·巴克 (Gijs Bakker) 在 1967 年受邀于阿姆斯特丹市立博物馆展出他的首饰作品。巴克计划以一场 T 台秀来呈现他的作品，当时的首饰界和市立博物馆从未做过此类的尝试，这也是当时国际当代视觉艺术史上的一次前卫而另类的“殿堂级”尝试。这次尝试在首饰设计史上是一个开创性的起点。展出作品主要包括头部和颈部饰物，作品尺寸庞大且基于几何图形，作品由轻工业材料（铝、塑料、不锈钢）制成，此次展览就是一次巴克的个性宣言。这场 T 台秀标志着海斯·巴克 (Gijs Bakker) 跻身当代首饰设计师之列。其《衣着建议》系列推出白色紧身弹性套装，在膝盖、肘部、臀部、胸部及肩膀部位加入了隆起的竹节元素，配合加硬的涤纶面料，将首饰与时尚元素合为一体，实现了当代首饰艺术的一次成功跨界。多年来，他依然坚持一贯的设计风格，相比设计形式，他对设计概念更感兴趣，尤其关注人们佩戴首饰的理由。在 20 世纪七八十年代，他设计的首饰颇具鬼马风格，如《5米项链》《首饰暗影》《女王》系列、《滴落的露珠》和《舌》等都是其代表作品。海斯·巴克 (Gijs Bakker) 对国际当代首饰做出了巨大贡献，引发首饰界对艺术实践的反思。

20 世纪 90 年代至今，当代首饰艺术对于材料的选择和使用变得更为多元，且常与叙事、情节相结合。符号和图案重新成为设计元素，而黄金和宝石则已逐渐剥离了其投资功能，更多地成为首饰创作的简单材质。自此，当代首饰被重新定义为艺术品。

107 当代首饰创作关系

首饰作为单一的媒介，单方向地将价值信息传达给佩戴者和观看者的时代已经结束。其意义和方向已经不再仅停留在为满足基本功能的生活需求，而是多元地衍变成为平衡艺术、功能、观念、工艺、科技、文化、思想与生活之间的表达及研究方式。相伴而生的是观者对于艺术的思考，以及对于设计背后的故事关注，进而获得与艺术家、设计师在心灵上的共鸣。一件首饰作品从构思、制作直至完成，在某种意义上，它仍然是不完整的，直至佩戴者或观者在作品中出现。当一件首饰作品与佩戴者的身体发生关系，并被其接受和感知时，它的首饰语言传递才称得上完整。通过这种转化，作品的意义才得以完整的呈现。如布鲁诺·拉图尔 (Bruno Latour) 所说，我们生活在人与物品共同构成的网维之中，从来无法摆脱我们借鉴其意义或赋予其意义的各类物品。这种典型的态度就意味着，首饰绝非仅仅是时尚之物，它在社会和社区中一直占有一席之地，具有不同的目标含义。除却作为商品所代表的一定经济价值，首饰通常也承载着人们的渴望。从此看来，首饰在某种程度上，是否是人际关系的一种表达？

当代首饰的人际关系表达

当代首饰艺术家将浓缩经历、沉淀情感通过个人化首饰语言凝练成分享给佩戴者的“礼物”。与此同时，佩戴者又将自己的经历与感受注入作品，以自己的想象和理解重新诠释作品，并用佩戴行为将自身的精神参与其中。这种表达、感知、接收和最终完成的过程，也就成为佩戴者对于艺术家“礼物”的回馈。这种“礼物”的交换更强调个体以及群体参与和对意义的共享，这种“给予、接受和回报”的过程与古式社会礼物交换的一般过程极其相似。如法国社会学家莫斯所描述的：“他给我的这份价值 (taonga) 是你给我而我又转赠与他的那份价值 (taonga) 的灵力 (hau)。我应该把因为你给我的价值 (taonge) 而得到的价值 (taonge) 还给你。我要是留下了这份 taonga，那将是不‘公正的’(tika)，这份 taonga 会很糟糕 (rawe)，会令人难受 (kino)。我必须得把它们给你，因为它们是你给我的价值 (taonge) 的灵力 (hau)。”[1]

当代首饰艺术承载了这种礼物的属性，首饰艺术家将自己的灵力（精神）注入作品，这种灵力伴随着作品转赠于佩戴者，而佩戴者又以自身的佩戴和演绎将这种灵力还给艺术家。最终完成价值灵力的转化。

这种灵力（精神）间的给予、接受和回报的模式使得集体意识和共同的感受通过交换产生，也融于交换之中。它将首饰传统的财富与权威的符号进一步消减，不再是浮于表面的符号消费。这种灵力（精神）间的交换形式也就确立了当代首饰的“礼物观”。因此，当代首饰作为协调人与人关系的珍贵礼物也就具有双重属性。它既是馈赠之物，同时也会为赠予者赢得相应的回赠。

当代首饰的“礼物观”使得艺术家将灵力（精神）留在作品之中，佩戴者在与艺术家分享精神的同时，体验艺术家的创作过程，动态的佩戴行为进一步延展了艺术家的创作，就此，艺术家和佩戴者成为作品的共同创作者[2]。泰德·诺顿 (Ted Noten) 就曾在其作品《圣·詹姆斯徽章》中，复制了当地的圣·詹姆斯小红胸针，将其切割成 1500 个透明的亚克力胸针。让每第七位访客领取它，之后需要将访客回国后佩戴胸针的照片回传给诺顿。这

[1] 马塞尔·莫斯. 礼物：古式社会中交换的形式与理由. 上海人民出版社. 2005.

[2] 尼古拉斯·伯瑞奥德. 关系美学. 金城出版社. 2013.

是一种传递式的创作方式，和因传递而产生的回忆、情感都汇集于作品之中，馈赠与回赠在这一过程中得到进一步的放大。

泰德·诺顿是极乐意于去向访客发放“礼物”的，比如发包装和绿箭一模一样的口香糖。口香糖的标示被印成《咀嚼你自己的胸针》。诺顿在口香糖背面清晰印有示范方式，按步骤访客可以随自己的心情，用自己的牙齿为自己塑造胸针的造型。之后再将由自己有意无意创作的“礼物”发还给诺顿，最终浇铸成属于访客也属于诺顿的胸针。这种做法更直接将馈赠与回赠结合在同一件作品上，比刻意的人工雕琢更具意味。

结语

就此而言，当代首饰的创作已成为一种连接人与人、人与世界的关系纽带。当代首饰已不再是身份地位的象征符号，也不再是艺术家、设计师简单的单向思想输出，而是在当代语境下，由艺术家、设计师和佩戴者合力创作的时代注脚。从这个层面上来说，当代首饰更多地成为一种灵力（精神）传递的物质载体。首饰的创作已不只是艺术家的自身创作，同时也是佩戴者的创作。因此，这种佩戴者与艺术家在不同时空上的共同创作过程，也就为当代首饰艺术的“礼物观”的确立奠定了创作基础。

对话过去、现在与未来：
从首饰艺术维度诠释中国

□ **（南非）Gussie van der Merwe**

南非旅华首饰艺术家

如果想知道你的过去式，看一看你现在的状况；
如果想知道你的未来世，看一看你目前的行为。

《中国人想要什么》一书引用了这句中国谚语，意思是通过自我反思，我们可以认清自己的过去、现在和未来[1]。自我反思有助于我们重新评估并明确自己的价值观、目标以及个体和文化身份的本质。

反思个体身份的过去、现在和未来，便不难发现，本质而言我们都拥有多重身份。加拿大理论家Linda Hutcheon在《后现代主义》一文中写道："对大多数后现代艺术家和理论家而言，任何看似连贯的整体（比如自我）在（自身）内部都存在可解构自身的蛛丝马迹（在'自我'的情况下，指另一个自我）"[2]。因此，我认为相反的情况也成立，即我们可以通过观察另一个自我来发现自我。

艺术家不可避免地受到周围环境的影响，他们接触的人和浸染的文化将塑造他们创作的艺术。而当接触到与自身所处文化截然不同的新文化时，这种影响会更具吸引力。艺术家不得不找寻自己的方式来适应这种新文化，与此同时，也不可避免地对原生文化产生新的认识。

艺术是反映社会的一面镜子，还可增进理解，架起跨文化交流的桥梁。与其他艺术形式一样，首饰艺术也是一种可以增进理解的语言。在制作首饰的过程中，艺术家得以了解世界以及自身在时间、空间中的位置。首饰作为一种艺术，可帮助受众品味和了解自身在过去、现在和未来所处的位置，为我们展现日益复杂的世界。

---

[1] Doctoroff, T. 中国人想要什么 . 圣马丁出版社，2012.

[2] Hutcheon, L. 后现代主义：劳特利奇批评理论指南 . 劳特利奇出版社，2006: 115-126.

作为一位在上海生活了四年多的南非首饰艺术家，我清楚地看到旅居国外对我的艺术创作产生了怎样的影响。中国为探究艺术提供了一方充满无限可能的广阔天地。中国历史悠久，有四大发明[1]，为世界发展做出重要贡献，通过商品和文化贸易建立了丝绸之路，还是玉石、陶瓷和丝绸等珍贵材料的代名词，拥有大量文物珍宝。我们赞美、诠释或重新诠释这一古老文明，而事实上，中国也在不断重新诠释和重塑自我。

多年来，上海一直是外国人进入中国的港口和门户。这个城市拥有多重身份且一直在变化，它是新与旧、现代与传统、东方与西方的交融。正是在如此鲜明的对比中，尤其是看到前法租界[2]内，竹编篱笆与现代钢筋水泥墙体并行不悖，我找到了创作灵感。

竹编篱笆，中国上海前法租界

这种质朴的美让我深深着迷，模仿竹编篱笆，我试着切割铜板，并沿对角线编织，于是便有了《未命名领饰》(2017) 这件作品。虽然这件作品的

[1] 维基百科：关键词“四大发明”. 载于：https://en.wikipedia.org/wiki/Four_Great_Inventions [2018 年 4 月 14 日].

[2] Mauss. 礼物，礼物 . 礼物的逻辑：论慷慨的伦理道德 . Schrift, A.D. 劳特利奇出版社，1924.

灵感来自中国建筑元素，但运用的新材料铜及其变体，使这件雕塑作品成为一件融合不同文化的工艺品，让人联想到粗犷的部落装饰。从竹篱笆开始，我逐渐被身边的其他编织品所吸引，如篮子、扇子和编椅。我的研究随之又扩展到其他国家的编织技艺，因为我意识到，尽管形式和材料不同，编织这门艺术存在于世界上大多数文化中。

Gussie van der Merwe，未命名领饰，铜 2017 年

Gussie van der Merwe，红包，铜、仿金箔 2017 年

作品《红包》是信封形状的容器，将金箔放在中国古钱币和汉字形状的铜板上，然后把铜板切成条状，编织成容器。盖子已编织完整，但容器口处未收，任由金属条向四面散开。这件作品的灵感来自中国传统习俗。在中国，庆祝农历新年时，亲友之间会互送装着钱的红色信封，这些红色信封叫作“红包”。红包的意义不仅仅在于里面实际装有多少钱，更多的在于写在信封上的美好祝愿，以及通过互发红包这一举动传达的祝福。（Shinn-Morris ［网络来源］）

中国红包，1998 年，大英博物馆藏品

法国社会学家 Marcel Mauss 认为，礼物是建构社会的一方基石。他在题为《礼物，礼物》的论文中写道：“这些互相交换的礼物将人们联系在一起，在这一共同理念下发挥作用：作为礼物收到的物品通常可以神奇地将赠礼者和受赠者，从宗教、道德甚至法律上联系在一起”[1]。作品《红包》阐释了个人如何通过赠礼习俗融入社会。尽管赠礼存在于世界大多数文化中，

[1] Shinn-Morris, L. 关于红包你必须知道的 8 件事：红包的故事 . Google 艺术与文化 . 载于：https://artsandculture.google.com/theme/PwKiICEFJXMOJg [2018 年 7 月 10 日].

但礼物经济的细微差别非常复杂。礼物的意义以及是否必须回礼会因送礼双方宗教和文化背景的不同而有所差异。作为旁观这些习俗的局外人，人们可能永远无法完全理解这些礼物形成的情感纽带。

这两件作品可以说是一个缩影，部分展现了我在华生活四年和旅居其他国家的经历，当然还有我的南非根源。作为出生在南非的高加索白人，在南非这片欧洲殖民主义留下的土地上，我体验了不同文化的交织与碰撞。通过作品，我探索着一个日益全球化的世界对个体的文化影响，并在此过程中形成了一种新的文化身份——全球公民。

我曾在上海三 W 艺术机构驻场三个月，当时意大利首饰艺术家 Lavinia Rossetti 也在那里。她在驻场期间完成了名为《食品安全邻里共享》的一系列作品，作品名称直接借用了外卖筷子包装上的汉字，字对字直译而来。这种直译一般是错误的，令人费解，荒谬至极，与中国和其他国家的中餐厅里的翻译如出一辙。Rossetti 在驻场期间完成的作品在展览“在之间”上展出，在展品目录上，她如是说：“吃是探索一个新国家的自然方式。来到中国后，筷子成为我适应新环境的第一个‘工具’。这些器具成为我探索新口味和新文化的钥匙。”[1]

在《食品安全邻里共享》系列作品中，Rossetti 采用了竹筷和丝绸这两种与中国和中国文化密切相关的材料。她从中国传统服饰中汲取灵感，设计作品结构。Rossetti 还表示：“筷子的象征意义及其美学价值和本质属性让我深深着迷。我从新环境中汲取灵感，通过切割、交织和压印等方式，将这一常见的日用品改造成可穿戴的饰品。这件作品体现了我对中国及中国风味的直观感受，是我对驻场期间所有视觉输入的快速消化。”Rossetti 将一次性日用品用于创作中，旨在反映当下的过度消费现象。“作品的主体使用了 157 双一次性筷子，均由每顿外卖收集而来，我要求画廊的工作人员使用清洗后可重复使用的筷子。”[2]Rossetti 的作品促使我们思考自身的决定对环境的影响，让我们开始质疑自己的消费方式和浪费行为。

---

[1] Rossetti, L.“在之间”展览目录，2017 年 12 月 2—16 日 . 中国上海：三 W 艺术机构，2017.

[2] Schrijer, M. Moniek Schrijer. 2014. 载于：http://thenational.co.nz/artists/moniek-schrijer/ [2018 年 4 月 7 日].

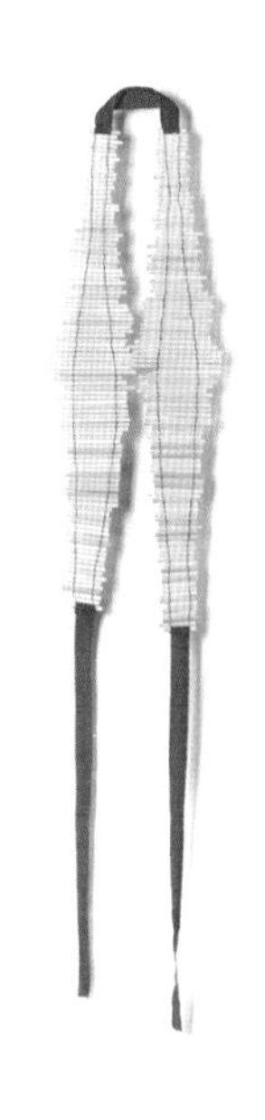

Lavinia Rossetti，食品安全邻里共享，竹筷、丝绸和线，2017 年

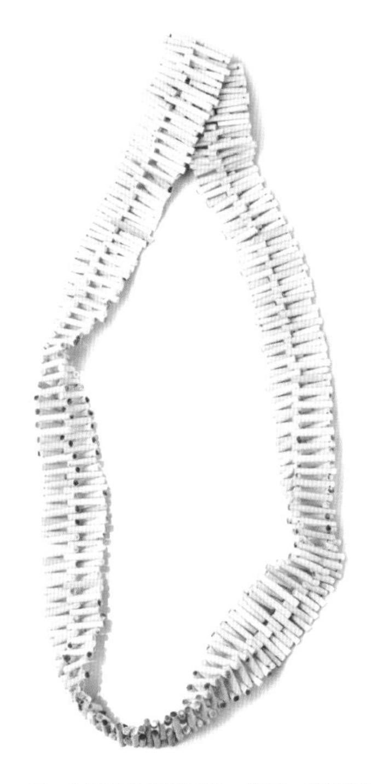

Lavinia Rossetti，食品安全邻里共享，竹筷、丝绸和线，2017 年

新西兰首饰艺术家 Moniek Schrijer 也将她对空间和时间的感悟转化为设计作品。2017 年，Schrijer 在中国厦门的中国欧洲艺术中心担任驻馆艺术家，其间从周围环境中获得灵感，创作出耐人寻味的作品。她的作品构思看似毫不费力，实则经过一番仔细思量，是对中国的过去、现在和未来的写照。她在作品中使用此前用作不同用途的现成品，创作出具有附加意义的新物件，从而在物品的旧功能与其可穿戴的新功能之间建立起持续对话。关于现成品对她的吸引力，Schrijer 也在 Thenational.co.nz 网站上的作品说明中如此解释道："我被那些反映过去、想象未来、庆祝当下的美好事物所深深吸引。"

Moniek Schrijer，添加到购物车，铬钢和银，2017 年

Schrijer 的作品《添加到购物车》是一款由银和微型镀铬钢购物车制成的领饰。可以说，这件作品直接反映的是中国经济快速发展以及重点拉动消

费以推动经济持续增长。20世纪中国的经济主要依靠制造业和工业，而如今，中国决心转型为消费驱动型经济体。中国正在迅速壮大其不断增长的中产阶层群体，摆脱对制造业和廉价出口的依赖，中国的淘宝网和京东商城已成为全球网购平台的领跑者。具有讽刺意味的是，Schrijer 主要利用现成品创作了这件作品，而这些现成品很可能就是她自己或零售中间商从这些网购平台上购得。

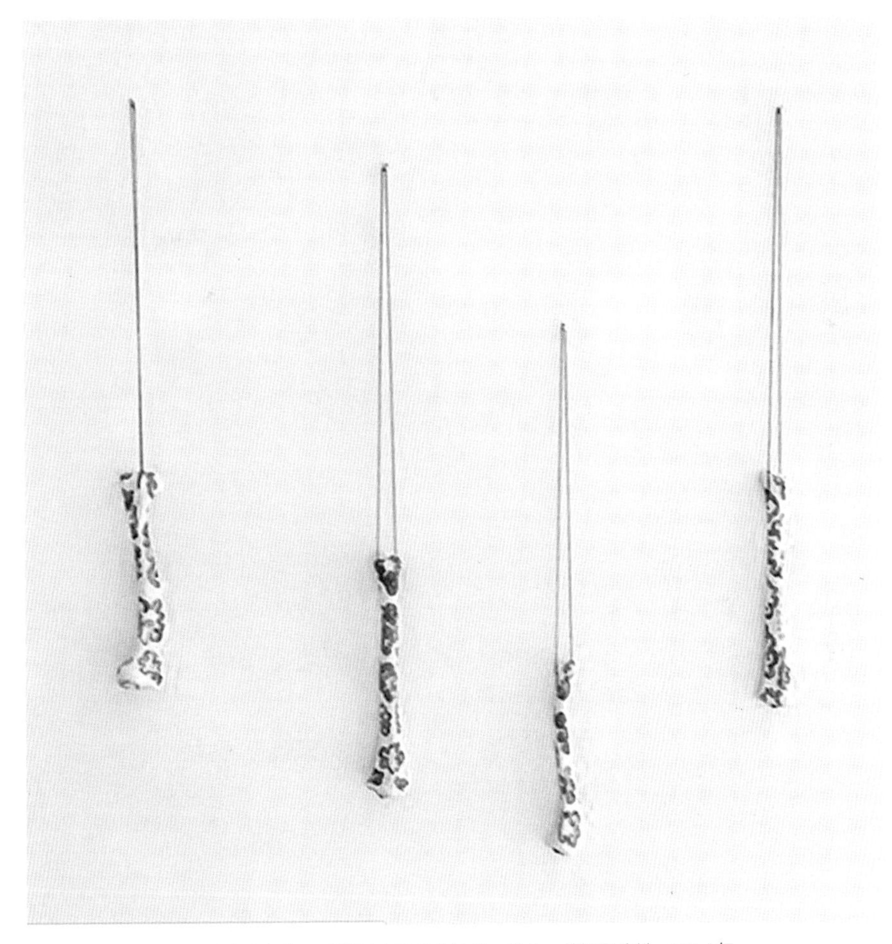

Moniek Schrijer，骨瓷 / 中国骨头吊坠，骨头、丝绸和涂料，2017 年

在《骨瓷 / 中国骨头吊坠》系列的作品名称中，Schrijer玩了一把文字游戏。英文标题中的 "Bone China" 既可以理解为“骨瓷”，即中国标志性的蓝白陶瓷，曾经是中国向欧洲出口最多的商品之一；也可以理解为“在中国发现的骨头”，即用于制作这些蓝白吊坠的材料。正如在中国出土的许多甲骨文物一样，这些吊坠的外形也具备一种仪式性的迷信色彩。英国大英博物馆的

"古代中国"网站 (Ancientchina.co.uk) 对这些历史文物有如下说明："甲骨文是中国古代最早的书写范例之一，为研究商朝的历史学家提供了有用信息。甲骨通常由牛的肩胛骨制成，有时也使用龟壳制成，用于占卜未来。"[1] 这些互文性参考让人不禁猜想，Schrijer 的骨质吊坠又对未来有着怎样的预测。

综观历史，货币的形式经历了从贝壳和骨头到金属货币和纸币的演变。如今，货币作为一种价值贮藏手段，还在继续变化。随着货币的不断发展，我们进入了以比特币和以太币为代表的加密货币新时代，当然还有无数其他货币争先恐后地加入新时代的货币竞争。随着这些加密货币的出现，地理界限也在发生变化，现有货币形式未来会如何演变变得更加不确定。Schrijer 的作品《记忆硬币吊坠》正是以中国古代硬币的形状为蓝本，不过它是由计算机硬件制作而成。可以说，这件作品反映了虚拟货币的无形性以及价值和财富的不稳定性，而此前价值和财富更有形、更可预测。与世界上许多其他文明一样，在中国古代，为了安全起见，硬币往往被串在一起随身携带，就像可穿戴的装饰品一样。同样，Schrijer 的《记忆硬币吊坠》作品也是一件可挂于颈间的饰品，象征着财富。不过，这件作品暗指在计算机模拟空间中通过代码生成的虚拟价值。

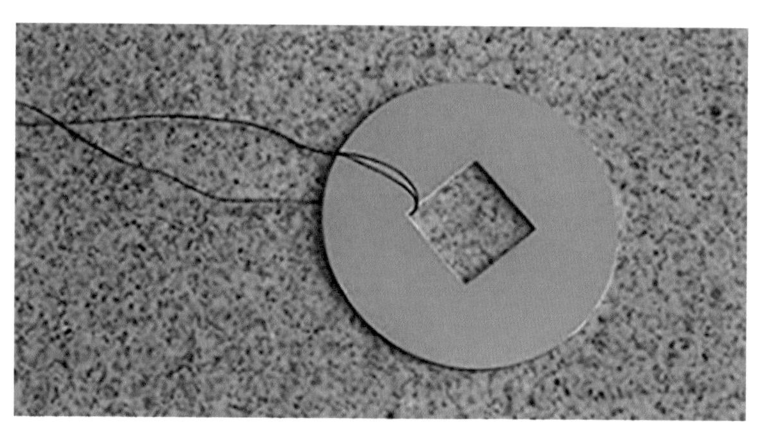

Moniek Schrijer，记忆硬币吊坠，铂铝合金（电脑硬盘），2017 年

[1] 古代中国：大英博物馆网站古代中国版块，关键词："甲骨文". 载于：http://www.ancientchina.co.uk/writing/explore/oraclebone.html [2018 年 4 月 8 日].

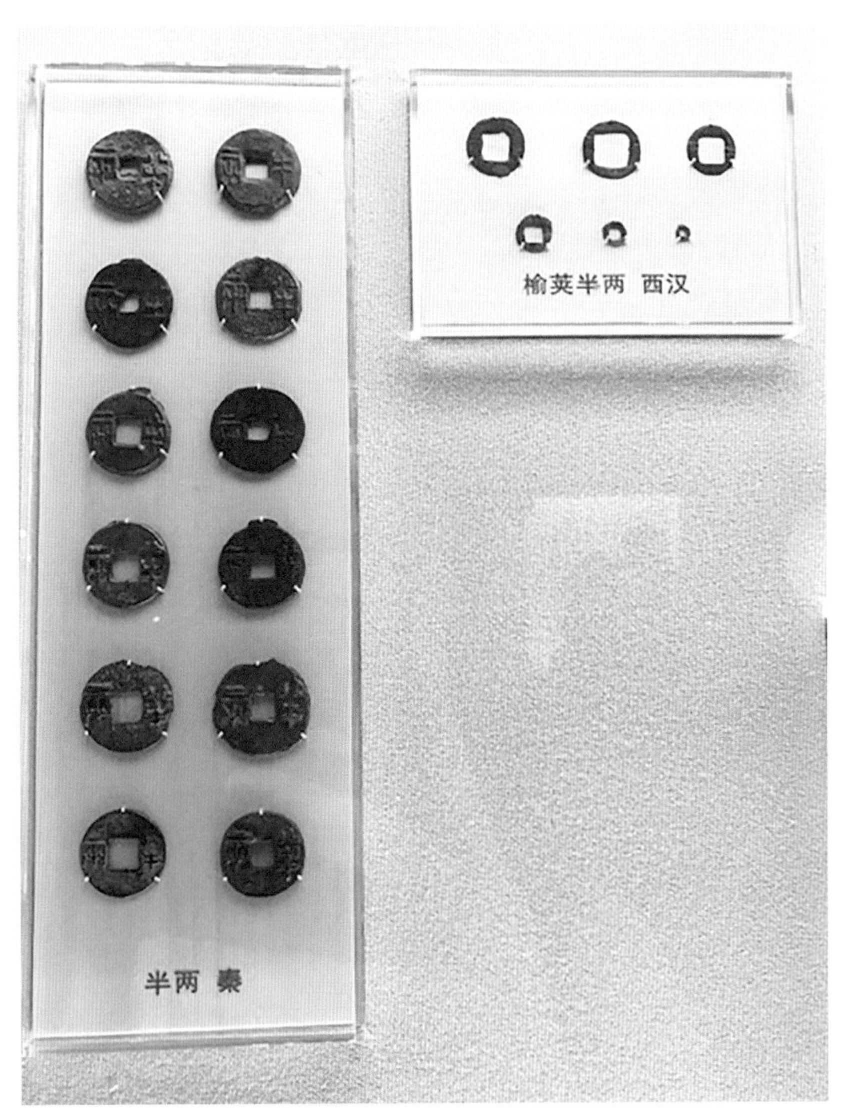

中国古代硬币，上海博物馆

从这些作品可以清楚地看出，沉浸在新的或不断变化的文化中可以激发艺术探究。置身新的空间或不同于自身文化的新文化中时，一个人的感官会变得更加敏锐，开始注意到平时会下意识忽略的细节。此外，和空间一样，时间也可以改变一个人的视角。通过探讨艺术作品，我们将自己置身于时间这条长河，这也不可避免地促使我们探究当前的现代文化。

以上作品反映了全球背景下中国及中国文化的不断发展。事实上，在后现代哲学中，我们已经发现身份和文化并非一成不变，而是不断变化，并与过去、现在和未来开展对话。关于一个国家或文化面临不断变化的多重身份问题，法国作家 Pierre Daninos 在他的著作《汤姆森少校》中作了最好的诠释："那些声称完全了解一个国家的人，不过是在这个国家短暂停留了两周，带走的只是不加思考的现成观点。而生活在那里的人每天都清楚地认识到，他们对这个国家一无所知，即使他们了解一些，也可能和这个国家的实际相反……"[1]

借由艺术，我们得以呈现个体和文化身份、跨文化冲突以及创新性的全球参照。我们创作的这些新作品，以及有时对它们的大胆诠释，共同创造出充满活力的全球竞技场。Rossetti、Schrijer 和我都希望通过作品，滋养一方促进文化理解的土壤。正如我们在上文讨论的那些作品，艺术首饰有助于培养文化移情和理解空间。在跨文化谈判和全球化导致互动交流复杂化的当下，可以说我们尤为需要这样的空间。这些作品植根于对时间、空间和文化的感知，是将亲身感悟转化为实际作品。这些作品为我们打开一扇窗，让我们感知过去、了解现在、憧憬美好未来。当下创作的这些作品，也将在未来用于诠释现在。

图片来源：

1. 竹编篱笆，中国上海前法租界（G van der Merwe，摄于 2017 年 8 月 21 日）
2. Gussie van der Merwe，《未命名领饰》（2017），铜
（图片来源：http://gussievanderMerwe.yolasite.com/work.php）
3. Gussie van der Merwe，《红包》（2017），铜、仿金箔
（图片来源 http://gussievanderMerwe.yolasite.com/work.php）
4. 中国红包，1998 年，大英博物馆藏品
（图片来源：https://artsandculture.google.com/asset/red-money-envelope/yAFQ2i7Xhe3tGg）
5. Lavinia Rossetti，《食品安全邻里共享》（2017），竹筷、丝绸和线。
（图片来源：http://laviniarossetti.com/Safe-food-neighbourhood-sharing）
6. Lavinia Rossetti，《食品安全邻里共享》（2017），竹筷、丝绸和线。
（图片来源：http://laviniarossetti.com/Safe-food-neighbourhood-sharing）
7. Lavinia Rossetti，《食品安全邻里共享》（2017），竹筷、丝绸和线。
（图片来源：http://laviniarossetti.com/Safe-food-neighbourhood-sharing）
8. Moniek Schrijer，《添加到购物车》（2017），铬钢和银。
（图片来源：https://www.instagram.com/p/BhLDQ--nlY9/?taken-by=moniek_schrijer）
9. Moniek Schrijer，《骨瓷 / 中国骨头吊坠》（2017），骨头、丝绸和涂料。
（图片来源：https://www.instagram.com/p/BcYZHGwAwOo/?taken-by=moniek_schrijer）
10. Moniek Schrijer，《记忆硬币吊坠》（2017），铂铝合金（电脑硬盘）。
（图片来源：https://www.instagram.com/p/BZhoXM1gpoJ/?taken-by=moniek_schrijer）
11. 中国古代硬币，上海博物馆。（G van der Merwe，摄于 2018 年 2 月 3 日）

---

[1] Daninos, P. 汤姆森少校 . 克诺夫出版社，1955.

悦饰心裁
——“创生观”在当代艺术首饰中的探索与实践

□ 张凡

中央美术学院设计学院副教授

当代艺术首饰的概念受后现代艺术思潮而催生，一直在传承与创新中变换着模样。中国当代的艺术首饰如同其他的艺术形式一样，脉络也受到了全球化发展的影响，多元的思想和观点在本土孕育生发，日益呈现出当代东方文化语境下的“百花齐放”。以首饰为自身艺术观念的表现形式，艺术家、设计师们也在不断摸索自己的创作思想与方法，进行当代性探索的同时，力求确立自己在这个时代的坐标。中国传统文化思想如何在当代的艺术首饰中得以传承并创新？也一直是我本人多年在研究的重要课题，本文以我对“创生观”的研究性解读在当代艺术首饰实践中的应用为例，尝试探索了从传统到当代的转译和创新性表现。

一、“创生性”的溯源与寻流

中国历代艺术中特有的“创生性”，在当代艺术首饰的实践中彰显出独有的优势。“创生性”，是儒家理想人格路径中对于“性”和“命”的含义以及相互关系的探讨，是儒家思考宇宙人生的重点。[1]《礼记·中庸》：“唯天地至，为能尽其性。能尽其性，则能尽人之性；能尽人之性则能尽物之性；能尽物之性则可以赞天地之化育；能赞天地之化育则可以与天地参矣。”《礼记》作者认为在“参”天地万物之“性”以后就能有所“为”。中华文化悠久的历史一脉相承得益于这种人格路径是创生性的。《周易》所言“天地之大德曰生”中的“生”。这就意味着，任何德行，如果离开了“生”，就是小德，或者说，与“生”割裂的任何德，充其量也只能是德的分枝末节。同样，任何“创造”“创新”，一旦与“生”割裂，必定沦为下乘的“制造”。在美学中，一度得宠的“创造”概念，受到当今世界的冲击，开始转向“创生观”。华夏传统中的这种创生不同于来自西方文化的创造。创造是一种中

[1] 徐宝锋 .《礼记》的创生性理想人格路径 [J]. 殷都学刊 , 2011(01).

性的行为，所创造之物仅仅是新颖，但不一定具有生命力。[1] 不是更替带来的浪费，回到阴阳交合生育万物的根本、重新把创生作为本能的必由之路。“两极交融创生”，也是中国文化在漫长的历史长河中不断交融，既没有被其他文明所覆盖，同时又兼容并包地吸收外来文化，才会生发出，洋为中用，古为今用。

如果说以前人们认定的创造是“无中生有”，现在创造就成为“有中生有”，就是通过强化已有的东西之间的交流和联系，促动一种新生。[2]“创生”与我们今天说的“可持续发展”的概念是相吻合的。“可持续发展”是社会和人的可持续，人要可持续发展需要造就可持续的心态，不同要素相互作用。在共生共存的今天，我们最需要的已经不再是西方哲学中单一维度上的“创造”，而是东方哲学和语境中强调的“创生”。[3] 人有了创生的基本素质，不时得出新的见解和看法，不断进入新的精神境界。这种异质要素或性质不断交会，并生成的过程，正是中华传统文化中所说的“生生不息”，亦即《周易》中的变易——生生之谓易。

二、“悦饰”与当代艺术首饰

艺术作品具有一种“目的”，能为人们提供一种美好的经验。扬之水先生在给笔者“好金主义”展览画册的文章中写道：“名士悦倾城”张凡首饰作品始终在此“悦”意中焕发光彩。“倾城”在古代意指女主擅权，倾覆邦国的典故，后形容女子美丽或花色艳丽，又有全城出动之意。出自《北方有佳人》“北方有佳人，绝世而独立。一顾倾人城，再顾倾人国”。这里的“悦”是真心的愉悦，是一个人的内心感受或心境的外化，不是用语言可以表达的。

“哲学在讨论生命意义及人类的究竟时，把自然给我们的一种表示忽略过去。自然用一种明确的符号指示人，使人知道已经达到他的目的。这种符号，就是‘愉悦’。所谓与逸乐不同，逸乐能使生物保存生命，但决不能指示生命所行进的方向。愉悦常常表示生命的成功、得意、战胜，凡愉悦都有一种胜利的意味。无论在何处，若有愉悦，一定有创造，创造越丰富，人格越增长。

[1] 滕守尧．创生性艺术教育引论．贵州社会科学，2018(08).

[2] 滕守尧．艺术与创生．陕西师范大学出版社，2002: 308.

[3] 滕守尧．艺术与创生．陕西师范大学出版社，2002: 58.

这种愉悦唤起人类共登真善美的乐土，对于社会有着极大的联合力量。”[1]雷圭元在 1947 年出版的《新图案学》一书中，引用了哲学家伯格森的这样一段话并加以诠释，描述了“愉悦”在艺术设计中的非凡作用。

艺术不止于技巧、更不止于将自然物象的再现，而是必须将想见的再生出来，加入我们的意见、我们的感情、我们的情绪。[2] 倘若，给视觉感官得到莫可名言的愉悦之情，且是有诗意。如“采菊东篱下，悠然见南山”，陶渊明不为五斗米折腰，安贫乐道，抱真守朴。对菊的联想和高人的风度，令人追慕敬仰，菊花也因此奠定了特殊的地位。这是中国人的创生观对艺术的诠释，所谓触景生情。

2020 年岁末，“悦饰心裁——张凡艺术首饰展”在迄今已有三百五十年历史的老字号文化场所——北京荣宝斋美术馆开幕。展名“悦饰心裁”由中国美术家协会主席、中央美术学院院长范迪安题写。他高度盛赞了此次展览，指出：“早在丝绸之路出现之前，就有一条通往世界的玉石之路。中国珠宝玉石的历史渊源和历史积累都十分丰沛，由此构成了中国传统文化博大精深的内涵。对这份传统，既有珠宝玉石领域的专家在不断地进行深化和研究，也需要更多属于艺术类和设计类的专家来投入心力，进行新的激活、点化。对优秀传统文化的创造性转换和创新性发展，在这方面，张凡老师可以说是非常自觉、用心和沉潜到这个领域来。”国家珠宝玉石质量监督检验中心党委书记、主任，中国珠宝玉石首饰行业协会会长叶志斌看完展览后表示：“张凡将珠宝设计与传统文化相结合，呈现出首饰设计崭新样貌。既体现材质之美，比如玉石有玉石的特质，又很有新意，别出心裁。”荣宝斋有限公司执行董事、党委书记赵东先生肯定了此次个展的举办：“‘传统文化创新性转化、创新发展’，从张凡的作品可以看到这种阐释，非常精彩。”著名书画家李燕先生看过展览并题写：“悦由心生”。他讲道，佛像要表现的是“悦”，“喜”是一种表情，也可以流于表面，“悦”是由心而发的，佛是要“悦”的，张凡艺术首饰作品传递的也是“悦”的。著名美术史学家、美术评论家薛永年先生展观后奉题：“精金美玉匠意文心，时代风采传统出新”。北京荣宝斋，自清代光绪年间秉承“以文会友，荣名为宝”之意创立。“诗朋文友”

[1] 雷圭元．新图案学．国立编译馆出版、商务印刷馆发行，1947: 5.

[2] 雷圭元．新图案学．国立编译馆出版、商务印刷馆发行，1947: 76.

是中国传统艺术发展中极为重要的推动力。中国自宋以来的大量艺术品，是中国社会关系中“人”的缩影。

巫鸿曾说：“中国当代艺术面临的一个永恒话题是其与中国传统文化的关系，而其面临的一个不间断的挑战是如何创造出既具有当代性又具有中国特色的艺术。”艺术首饰媒介同样具备着这一潜质，通过其自身的物质与非物质文化属性，呈现具有中国特色的当代性创生观。笔者将当代艺术首饰的创生性从“悦”出发，从心出发，以“悦饰”传递“生”的信息。

唐代诗人白居易《长恨歌》中“云鬓花颜金步摇”依然给人们带来深深的美感，“名士悦倾城”，随着时代变迁，有些审美亘古不变，首饰始终在此“悦”意中焕发光彩，但审美的载体形式语言当随时代有所更新。在当代艺术首饰创生性实践中，笔者将荣宝斋美术馆的“悦饰心裁”展作为一次尝试，去实现一次自我超越。

三、“悦饰心裁”的萌生

“化工溥至仁，生机运不停。荣观遍原野，宇宙一丹青。”宋代卫宗武用诗句抒发了对生命的赞颂：这天地至大至仁生成万物，万物生生不息，一派欣欣向荣的景象如一幅美丽丹青画卷。笔者在北京荣宝斋饱览书画名家之作，感受到中国的诗词、书画贵在将人间烟火的精气神刻画出时代的共享与众，抒情感发于自然平常之物，塑造人的心灵通达高瞻远瞩之精神。古人对生命的态度，对艺术的追求，这种创生观滋养笔者用心去感悟时代，启发笔者将传统与当代、工艺与艺术自然而然地生长到一起。如同爱情，遇见便融合了。

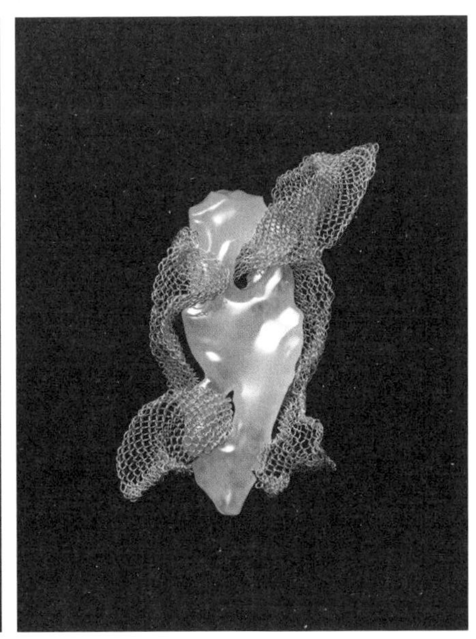

礼赞——祖国万岁

此次“悦饰心裁——张凡艺术首饰展”展出的当代艺术首饰作品，正如老子所说“顺情达性”。2019 年是新中国 70 华诞，在这个特殊的年份，和全国人民一样，笔者满怀激动的心情观看了国庆 70 周年大阅兵和群众游行的电视转播，威武雄壮的阅兵方阵和新式装备在屏幕中次第展现，各界群众组成的游行队伍方阵形成的欢乐海洋气氛扑面而来。笔者心潮澎湃，眼前是电视画面中的滚动图像，内心翻腾着自己近些年来走过的祖国的万水千山，以及自己触摸过的历史中的首饰佳作，还有那些跟自己合作过的手艺匠人，图像重重叠叠，笔者情不自禁被蓬勃的爱国之情推动着，绘制出多幅草图，急切地想要通过艺术首饰存留这一时刻身为中国人的自豪感和幸福感。“祖国万岁”——这一宏大的主题与心中的澎湃并不容易落笔于一件首饰作品的设计稿，这种情愫久久萦绕于心，不得其解。适逢友人邀约同观荣宝斋举办的“祖国万岁——庆祝建国 70 周年荣宝斋木版水印专题展”。一入展厅，极具新时代气息、又极具珠宝感的一幅画作跃入眼帘。画面一棵红色果实累累的万年青茁壮挺拔，加上“祖国万岁”四个篆书大字，一派欣欣向荣之感。这幅画是 1955 年国庆时，年过九十的齐白石老人以真挚的感情创作的。六十多年过去了，画面涌动的激昂情绪依然感动着观者。这不正是一件新时代的艺术首饰吗？齐白石的作品再度触发了笔者想要创作《礼赞——祖国万岁》艺术首饰的灵感，运用自己擅长的中国传统花丝镶嵌与玉雕的工艺手法来表达爱国感怀的造型形象，笔者将自己个人的爱国情感与七十年国庆当天感受到游行人群的爱国情感叠加于齐白石老人的绘画意象中，将代表万年青浆果果实的珊瑚珠以颤珠技艺连缀组成，设计手稿一气呵成，小中见大，动人心魄。通过这件作品笔者完成了对于中国传统花丝镶嵌创新性的转化，也将自己的作品意境推至新的高度。创作的过程如同一次畅游，于是写下了这样的感悟：“源自祖国海洋馈赠的红珊瑚珠是中国古代首饰中吉祥题材常用的珍贵宝石，红珊瑚珠酷似万年青单棵种子的浆果球形，以古代凤冠多用的弹簧状金丝连接每粒珊瑚果实。连接珊瑚果实的这一金丝工艺，是中国古代细金花丝的代表性工艺，通常表现蝴蝶的触角、花蕊等赋予自然之感的灵动效果。细金花丝工艺让珊瑚珠饱含果实的丰厚感，在不经意的颤动间展现出生命的活泼。和田玉料是祖国山川精粹，其雕刻艺术在我国历史悠久，新疆和田玉的青花料是表现万年青叶片墨色抹淡的绝佳载体。金丝编织的绸带萦绕其间，这一工艺效果在古代首饰中常用于制作冠饰，以明代万历帝翼善金冠'最具代表性。金丝绸带表达国庆的喜悦之情舞动心弦，于是，情景交融的意向诞生了。”

中国古代艺术品有两种功能：一种是“载道”，是对群体的，有其认识客观世界和道德教化的作用；还有一种是“畅神”，是对个体的，帮助陶冶性情，实现精神超越，精神提升。这两种功能都是以人为本的终极关怀，而且很多的时候，都是结合起来的，所谓寓教于乐。[1]《礼赞——祖国万岁》完成了对于中国传统文化、世界人类文明遗产、中国近现代革命浪漫主义优秀传统的融合，在艺术首饰这类小件作品中，体现了宏阔的气象。[2]

一方面，意大利哲学家克罗齐认为心理直觉到一种情趣饱和的意象，便已算是完成一件作品。中国美学家朱光潜反思了克罗齐的“表现说”，他认

[1] 薛永年.《中国画之美》载中央文史馆书画院编《中国书画讲座》，人民美术出版社，2014: 22.

[2] 岳洁琼.采金为丝，悦饰心裁.光明日报，2021.

为语言与思想是有连贯性并且同时生成的。“传达媒介”是“表现”所必需的工具，语言和情趣意象是同时发展的。

然而，中国人是含蓄的，光芒是隐含的，追求耐人寻味的品读。笔者在荣宝斋四合院中看到的石榴结满硕果，晶莹石榴籽紧密结合露出红色的宝石光芒。意境先于材料被感知，情景交融的意象诞生了《籽籽如一》这件作品。采用南红玛瑙的皮色，正如中国文人喜爱的石榴：朴素的外表包裹着满满的晶红。这件作品恰如其分地运用了南红玛瑙的红色，沉稳而不张扬，雕刻的宝石刻面状的石榴籽跃出皮壳，吐露着时代的喜气。金丝编织的绸带朝气蓬勃地萦绕在石榴周围，欢腾的气氛营造出一派生机。

另一方面，物为道之成，道为物之行，天地之艺，物之道。中国艺术的“道”是一种境界。“道法自然”要求艺术家的心灵和大自然融为一体，和天地融为一体，真正用自己的心灵倾听体悟天地自然生命的心声。古往今来中国人独珍爱石文化，石的品格、石的精神。石中瑰宝太湖石的风骨又是文人最爱。荣宝斋藏陈洪绶绘画的“石”，最具特点是太湖石的透，就犹如人的七窍通一样，如此“气”方能在内部毫无凝滞地运行。《周易·系辞下》曰：穷则变，变则通，通则久。这句话正是笔者古代朴素唯物主义思想的表现，其意是指事物在时间里是不以人的意志为转移而发生变化的。通透活络，不断吸收、融合以及借鉴外来文化，顺天而变，顺势而生，正所谓“艺道贯通”，如计成所说石之“瘦漏生奇，玲珑生巧”。这份石之境，促使笔者将一块清雅滋润的翡翠雕刻出陈洪绶笔下的“石”，金丝编织穿过石之透空中，创作出《生易玲珑》这件作品。“生生之为易”灵气贯通，交融贯彻，生成盎然的生命空间，象征着文人的思想、情操、修养及处世为人之道。

因此，“悦饰心裁”这一主题的萌生，正是通过“饱含深意、文心可鉴”的作品以及深思熟虑的场域搭建，向公众展现出当代艺术首饰作为一种“小体量”物体所蕴含的博大文化价值。展览特别采用了“自然主义”的展示方式，将艺术首饰布置在由地衣、剪裁的树枝自然植物环境中，营造了清新的观展意境。每件作品的名字由笔墨书写，每一件作品如一幅画卷，将中国画之中的山水花卉立体化，形成移步换景的别样情怀。作品与展场之间的外在与内在联系以及创新价值，体现了策展人岳洁琼女士和笔者对展览细致入微的把控。将以视觉文化中外部符号与内部符号的角度来讨论本次展览的用心之处，以及为文化产业与观者贡献的启发性价值。在展览的展陈设计中，策展人与艺术家特别采用了“自然主义”的展示方式，将艺术首饰布置在由地衣、剪裁的树枝等构成的自然植物环境中。这可以引导人们追溯，中国传统工艺的特征源自农耕社会的生活方式。不论“男耕女织”还是“日出而作，日落而息”，所有的造物行为都与农业文明的智慧相关。正如早期的宫廷工艺和文人工艺中，其装饰风格是自然的，山水、动物、植物及行为是装饰的主体。“巧法造化”的造物方式，都透露着造物者与自然相和谐的精神诉求。因此，这种“自然主义”的展陈方式，既使首饰成为自然与文化之间的枢纽，又展现了两者对于中国首饰精神文化的影响，向观者映射了文化与自然之间生生不息的共鸣，也预示着每一个佩戴者所认同的文化内涵。[1]

除此之外，在“悦饰心裁”展览中，展场外部符号与内部符号的层次交叠，能够更加展现当代艺术首饰与历史、文化、社会、自然之间的多重关联，引导人们沉浸式的体验这“悦饰心裁”。

中国当代艺术首饰如何在东方语境下创生出打破时间、空间、文化的隔膜，点亮观者和佩戴者的生活感知、唤起他们对世界好感的首饰作品，是需要更多艺术实践者们从不同维度去思考和探索的课题。引发当代创作者思考，如何“温和”地植入多种艺术语言，将阴阳交合生育万物的根本与首饰相连，促使“恰如其分”地将首饰作为一种艺术的表现语言，创作出的首饰自然也便是留存世间、生生不息的艺术。

[1] 时翀．张凡，“悦饰心裁”对当代首饰的启示．白瑞空间，2021.

“物的回归”
——消费文化下的手工艺价值探究

□ **任开**

中国地质大学（武汉）珠宝学院，首饰系副主任

人类对于世界的认识和改造是从“手”开始的，新的“物”被创造出来，不断刺激和丰富人们的精神世界。高消耗，低效率，重复性的工艺技术在历史洪流中或不断更新或消亡，现代社会生产中以人为主导的手工业几乎绝迹，“手工艺”在当今社会何去何从？许多现代工艺的仿品，即使材质没有不同，工艺总是一眼便可识破，也许是因为现代已经没有古人所在时代的特殊社会环境？工具不够精准？还是因为物品缺少了来自制作者的痕迹，人的气息？[1]

我们正处在科技大爆发的时代，一百多年前的日本明治维新，当时的西方列强在技术和文化方面表现出来的优势震撼和动摇着日本整个社会体系，也引发了广泛的社会讨论，从而涌现出众多民艺大师来梳理和挽救日本本土的传统工艺文化。其中民艺大师柳宗悦对于工艺作出自己论断：工艺是屹立于强大的个人之上，是以“用”为重点，工艺的美是“用”之美。

目前，全球疫情不仅给我们的健康敲响了警钟，更让我们开始反思在不断学习西方先进技术、经济和文化的同时如何树立我们自己的文化特色和价值观念。通过吸取其他国家以往的经验基础上，追本溯源探寻和创造属于我们中华民族特有的文化精神和民族意志。习近平总书记在主持十九届中央政治局考古为主题的集体学习时指出，要运用科学技术提供的新手段新工具，提高考古工作发现和分析能力，提高历史文化遗产保护能力。[2] 中国当前的手工艺生产正处于由轻工业向文化产业和文化事业的双重社会属性的转变过程，这是手工艺历史上首次出现的重大转型挑战。[3] 新时期该如何挖掘和展现手工艺新的价值。

---

[1] 孔艳菊 . 修复的几件首饰谈清代宫廷首饰工艺 . 紫禁城 . 2016(7).

[2] 求是网 . 学而时习工作室“习近平总书记‘考古公开课’的 15 个要点”. (2020.1). [2021. 7].

[3] 邱春林 . 手工艺的当前机遇与挑战 . 艺术评论 .2018. 3. 19.

一、“工艺”的定义与演变

最初所有的工艺都是手工艺，它经历了迄今为止的种种过程而发展着，它的生产与经历是任何人都应该具备的常识。[1] 工艺不断进步和发展的动机来自人们内在的对丰富物质和美好生活的本能追求。因此，不断提高生产效率和解放生产力成为早期工艺发展的原动力。这其中呈现了一个有趣的现象，即当物质、技术、人的精神追求发展到一定水平，现代化的生产则展现了去双手化的过程。最让现代艺术家和匠人感到困惑的是机器。它到底是好的工具，还是代替人手的仇敌？在手工技能的经济史上，其最初是朋友，最后往往变成敌人。[2] 工艺技术的进步从表象上看就是复杂多样的工具接替双手劳作的过程。以工具作为媒介参与劳动，是一种动作思维，是真正思维（语言思维）的基础。[3] 在现代社会中，不管是从成本考虑，还是消费者的需求，手工艺和机械工艺之间的融合越来越成熟和自然。威廉·莫里斯 (William Morris) 认为：“手工艺和机器加工并不需要对立，相反，工厂主雇用了大量的工匠，并认识到他们的技能优于非熟练工人。”在资本与经济的催生下，大规模的机器工艺 (technology) 代替手工作业 (artisanry，artisanship)，工艺明显地形成两个范畴。即以机器大生产的资本的工艺和强调独特、稀缺、精湛技艺的手工艺。田自秉认为，工艺并不限指手工，它的“总体含义：它既有工，也有美；既包括生活日用品制作，也包括装饰欣赏品创作；既有手工过程，也有机器生产过程；既有传统产品的制作，也包括现代产品的生产；既有设计过程，也有制作过程”。[4] 当资本经济迫使传统手工业退出历史舞台，现代消费文化价值观也促使传统工艺人不断调整生存法则：第一，在工艺的关键步骤上保留手工的痕迹，目的是看起来像手工制品。比如玉雕、木雕、银器等加工行业中，简单几何的形制会用数控多轴机床或冲压模具，在复杂技术或者细节处理上，由专业的工人手工完成。第二，工艺步骤基本保持传统工艺流程并且手工制作，只是在工具或加工辅料方面运用现代技术来提高效率和制作精度。比如玉雕、金属工艺、乐器制作等，传统的琢玉使用的是手动砣机和解玉沙，现代琢玉运用到的是横机，电子机和金刚砂针等。花丝

---

[1] 柳宗悦．译徐艺乙．工艺文化．广西师范大学出版社出版的图书．2006: 56.

[2] Richard Sennett. 译李继宏．匠人．上海译文出版社．2016 第四次印刷．89.

[3] 杭间．中国工艺美学史．人民美术出版社．2018 第三版．12.

[4] 田自秉．中国工艺美术史．东方出版社．1985 第一版，11.

工艺中的金银细丝都运用现代技术快速加工出不同型号的金银细丝。运用现代技术辅助手工艺在很大程度上也降低了传统工艺的学习门槛。第三，针对某件经典器形，尽可能从材料、工序和方法上都保留其工艺在历史中的最高水平，这些独特、稀缺、精湛技艺特点的工艺步骤依赖于经验老到的工匠制作完成，在当下社会它们是带有人的气息和温度的艺术品。孔燕茹认为，“手”作为前提，体现工之精巧、艺之高超，这样的“工艺”才能称为“手工艺”。总体来说，社会的发展拓展了手工艺的边界，通过灵巧的双“手”不仅表现具象的美，更是传递造物者内在精神追求。

由此可见，手工艺与机械工艺在当下的融合带来了诸多好处和利益，那是否这就是我们所希望得到的？当物质追求和消费文化成为当下技术快速革新的有力推手，在这个过程中手工艺自身不适合的特质被不断地剔除，最终剩下的只是那“惊鸿一瞥”。殊不知为了这“点睛之笔”，无数的手工艺匠人在社会的大变革时代中仍遵循较为固定的社会价值理念，并且经历了常人没有的孤寂和常年的技艺磨炼所得到的。现在我们还可以瞻仰老一辈工艺大师精湛的技艺，但几十年之后，在商品经济价值观和快节奏生活中熏陶成长的后辈，那样的“惊鸿一瞥”会是什么？

二、现代技术与手工艺

传统的工艺研究往往运用拍照调研，理论梳理，但这永远比不上亲身制作所能体悟和感受到工艺器物中每一处细节所散发出来的工艺之道。虽然现代科技对于文化保护起到了重要的作用，但在工艺复原的过程中，一些关键的步骤和特殊的细节处理仍然离不开精湛的手艺与匠人的经验，以及特殊情境下的具体工艺处理方法。一名具有良好工艺技术的研究员，亲历工艺过程，通过感悟和总结并使之理论化，一定能无限拓展和丰富目前文物保护与工艺研究的知识领域。笔者习惯于临摹古代经典器型，将两个时代的工艺技术作用在一件器形的仿制中进行比对研究，在这个过程中经常可以感受到明显的技术异化——现代技术导致人的主体性缺失，或者说在资本市场下传统手工业必须瘦身向“个性化市场”迈进才有出路。

仿制清·伽南香福寿十八子手串

在消费文化背景下，“物”成为一种消费的符号。消费者不再看重“物”的物质性，而是其表现出来的其他社会价值，如及时行乐、购物消愁、情趣品位。商业资本通过一个个口号、广告等方式刺激消费者的购物体验，一只无形的利益大手正快速代替我们本应灵巧的双手。马克思谈到劳动异化的问题时认为：劳动为富人生产了珍品，却为劳动者产生了赤贫。劳动创造了宫殿，却为劳动者创造了贫民窟……劳动生产了智慧，却注定了劳动者的愚昧、痴呆。[1] 在今天，很多劳动者在资本和利益面前连劳动的机会都没有了，社会两极分化越来越严重。看看今天的印度，高种姓的富人阶层和有体面工作的程序员维护着印度的文明和科技。杭间在总结庄子对于技术异化认知时说：“最大的阻碍在于人时时刻刻离不开外物的控制，受外物的折磨，终身处在身不由己的苦劳奔波之中。虽然物是比人卑贱的东西，但却‘不可不任’而要‘与物为春’，‘与物有宜而莫知其极’，应该‘物物而不物于物’，即不抛弃物，又不被物所支配。”[2]“丧己于物”不仅存在于现代，古已有之。道家在技术异

[1] 马克思.《1844年经济学哲学手稿》.人民出版社.1985. 46-17.

[2] 杭间.中国工艺美学史.人民美术出版社.2018. 第三版.66.

化的问题上主张人的重要性同时看重顺应自然，与自然和谐相处才能不迷失自我。所以当在不断提升技术，追求效益最大化，标榜实用主义的社会氛围，还有什么能让人们真正体会到存在的满足和价值。

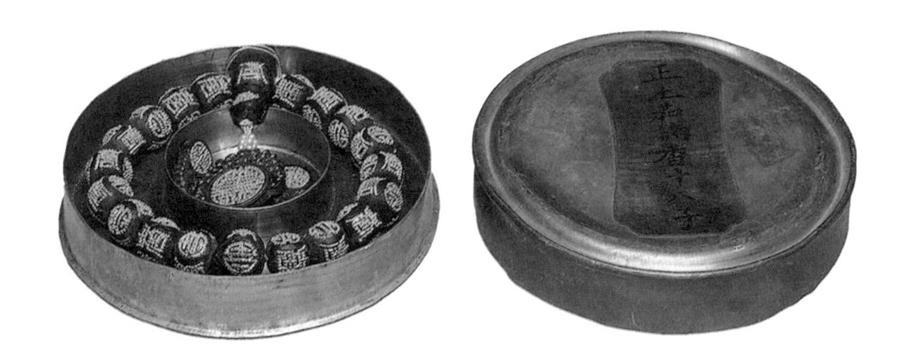

清·茄楠木嵌金手串附锡盒

三、消费文化下的手工艺的价值

法国启蒙思想家卢梭曾在《爱弥儿》中说："工艺的功用最大，从视觉、触觉、听觉和语言四者合力从事自我活动，由此可以得到'自然'的发展，获得事物的直观，确定知识和陶冶道德的基础。"在这里他不仅肯定了工艺对于人类文明发展最本质的作用，更清晰表达了工艺对于人自身的紧密关系。在中国近代史上，蔡元培号召：科学救国，美育救国。对于"美育"不仅是艺术教育和审美引导，更是寻找一种开发人内在个性潜质的钥匙。在艺术课程中，手工艺被视为在道德和精神上都是自我完善的工具和尺度。[1] 北欧自然简约的设计在中国家装行业一直备受青睐。记得曾经去一个北欧的朋友家做客，女主人很开心地指着客厅中一把不太起眼但又可爱的小摇椅，摇椅是用最一般的木头和布制作的，当她说这是她女儿小学四年级时亲手制作的，她要一直保存下去时，声音和眼神中充满了自豪和骄傲。这一瞬间忽然明白为什么很多西方家庭大多都有一个或大或小的工具房，通常是木工或者金工。尽管他们发达的经济与科技是我们追赶的目标，但大多民众周末却喜欢和家人，朋友去旧货市场淘宝，还有非常多的人喜欢翻新百年的老物件。除了他

[1] Nicholas Houghon. Craft education: what it is, where it comes from, where it's going. *Making Futures*. 2013. Vol 2. 176.

们个人经历和情结外，也认同手工艺教育是可以激发人潜能，磨炼人内在的品性和价值观的塑造，并且在潜移默化的教育小孩子从小树立起坚韧的性格，精益求精的理念，平稳的处事心态，观察世界的方法和热爱生活的心。在手工艺的劳作中，人们更重视质量而不是数量；欣赏和留存自己创造的生活物件，而不是被资本文化所宣扬的消费与丢弃的价值观所侵染。在以往所有的文明中，能够在一代一代人之后存在下来的是物，是经久不衰的工具或建筑物，而今天，看到物的产生和消亡的却是我们自己[1]。

传统手工艺的学习与现代院校通识教育不同，当技艺的学习深入到一定阶段，是不可用言语来传达的。正如波兰尼提出的“默会知识”，手工艺的传承不是客观描述和定义式教授，它是一种不言而喻，需要人与人之间产生默契的传授方式，是情感的共鸣和信任。它体现的是人与人、人与造物、人与社会之间的关系。一直以来，不管中西方文明有多么的不同，手工艺的传承基本都是相似的师徒制，即使在现代社会，真正技艺的传承也是人与人在多年的交往中所确定下不可割舍的情感后才能完成。一项精湛的手工技艺是手工艺人多年的苦修和顿悟所的，它是社会文化组成的重要基石之一。手工创造的不仅是精美的器物，也塑造着人心。我们从一件器物中得到的不只是物品的实用性，更看到作者的世界观和人生感悟。真正的回归物的美——工艺之美，这种“工艺之美”正是因为以人主导，每一处细节都拥有人的气息，它们在满足人们物质需要的同时，也感染人的品性。

四、结论

工艺不只是技术，进步不意味完美。工艺的进步也是相对而言，过去它是不断细化和开发手工劳作的过程，而现在又成了去手工化的过程。在这个过程中，人类千百年流传下来的工艺方法和经验是消亡，还是演进，又或是重生？当“大巧若拙”成为当代人的行事的一种准则与状态，“造物之道”将给我们的生活带来“和谐之美”。

备注：

1. 仿制清·伽南香福寿十八子手串，图片来源：任开拍摄。
2. 清·伽南香福寿十八子手串，图片来源：台北故宫博物院官网。

[1] 让·鲍德里亚译 刘成富、全志钢：消费社会，南京大学出版社 . 2000.

当代多元价值语境中的首饰艺术

□ **胡俊**

北京服装学院副教授

专制时期，所谓“价值”，更多的是神权和王权的体现。而从人本主义诞生之日起，人的价值，才真正成了最高的价值。人既是价值的发现者，也是价值的重估者；是自然存在的价值判断者，也是社会存在的价值判断者。然而，人的价值判断的依据，其本身就是多元化的，因为，每个人都有不同的价值评判的出发点，人们从各种不同的视角和主体出发，获得了精神方面的、物质实体方面的价值，这些价值既有真的价值、善的价值，也有美的价值。而价值多元化，是价值主体凸显的结果，因为，人在社会生活当中，本身就存在多种意义，而社会终究可以接受和容纳不同的价值标准与追求。但社会价值观从一元到多元化的发展过程，的确说明人们不再膜拜统一的神，专制制度应该被废除，价值的多元化就是时代与个体发展的必然趋势和结果。

进入 21 世纪，价值体系由物质价值转向了精神价值和文化价值，信息文明、网络文化的发展给人类带来了价值观、时间观和未来观的转型，突出了个人的自主选择性和人与人之间的互动性，同时强调开放竞争和多元兼容，强调非中心化。一方面，精神价值和文化价值的丰富性决定了当今价值体系的内涵空前地扩张，另一方面，一元价值体系的瓦解改变了人们的行动准则，也增加了行为准则的可选择性。

艺术的他律性，是指社会系统中的其他因素对于艺术发展的影响，包括经济、政治、道德、科技、意识形态对艺术的影响，这种影响有时是不得不服从的。而艺术的自律性是指艺术系统自身的发展规律。要使自己成为一门艺术，就必须要不断对自己革新。从 20 世纪五十年代现代首饰艺术的萌芽开始，社会因素对首饰艺术的制约仅仅限制在外部因素，而当代首饰艺术的发展具有自身相对的独立性，这意味着，当代首饰艺术已然从“他律”走向“自律”。那么，当代首饰艺术首先面对的就是创作价值的定位。当然，首饰艺术的创作实践与创作理论并非形同陌路，不过，价值的多元化态势却实实在在地先于首饰创作理论的建立，并为首饰创作实践埋下了多元化的伏笔。

何云昌，项饰《一根肋骨》，材料：肋骨、银

一、人性价值的回归

历史上，权贵阶层在相当长的时期内不但是首饰制作的约束力量，也是传统首饰为之服务的主要对象之一。随着德国哲学家弗里德里希·威廉·尼采(Friedrich Wilhelm Nietzsche 1844—1900) 的一声“上帝已死”[1]，犹如一声霹雳，这是对神性的蔑视和对人性回归的呼唤。应该说，古往今来，有谁能像尼采这样“渎神”呢？从此，神灵再也无法成为人类社会道德的衡量标准与终极目标，这不仅说明人对宇宙或物质秩序失去信心，更重要的是否定了绝对价值——不再相信一种客观而且普世地存在的道德法律。这种绝对道德观的失去，就是人类基本价值的重估，就是人性价值的回归。

神性的消亡也意味着人性价值的凸显。现代首饰艺术的创作主题从神性向世俗转化也就不可避免，在当代首饰艺术作品中，更多的是艺术家对社会

[1] 尼采，尼采：欢悦的智慧，崔崇实译，中国画报出版社，2012 年 06 月版 .

历史以及人性的理性审视。另外，来自艺术家身外的约束力一旦崩溃，长久以来在艺术家内心积聚的力量就会爆发，此时，艺术家的创作个性和冲动无论怎样地被激发都显得不足为奇，因为，个性、创新就是一切。

费尔巴哈曾一语道破了客观物质世界与主观神灵世界的矛盾："永恒排斥生命，生命排斥永恒。"[1] 而神性的丧失自然就会导致永恒信念的丧失，艺术不再追求永恒，艺术作品本身也失去了永恒的固有价值，原先以稀有金属作为主要创作媒介的首饰艺术，如今不再考虑创作媒介的耐久性，廉价材质粉墨登场，譬如纸张、橡胶、塑料、黏土、布料、绒线等等。更有甚者，以毛发、生活垃圾、医疗废品以及人体骨骼等材料作为首饰创作的材质，以此引发大众对于恐惧、抑郁、狂躁、色情、暴力的联想。这种做法体现出艺术家更加关注当下的现实世界，以及对记忆碎片、短暂的快感和玩世不恭的生活态度的追求。

二、多元审美价值的类型化

审美价值本身呈现多元的格局，而实现审美价值的途径也是多种多样。关于什么是美？什么是艺术？仁者见仁，智者见智。自古以来，美便与真、善紧密相连，可到了现代，美的传统标准一变再变，直至面目全非。然而旧的标准被打破之后却没有树立新的标准，如果不得不确立一个新标准的话，那就是：多元。

首饰艺术虽然不能脱离固有的物质属性，但随着精神方面的审美价值的日趋明确而从属于纯艺术的一个分支。作为新时期的艺术，帕克指出："艺术提供的不是有种种职责难以完成、费尽心机才达到自己志向——而且只能部分达到——的现实生活，而是一种想象中的生活，这种生活虽然模仿现实生活，因而能满足现实生活的兴趣，但却免除了它的危险和负担。"[2] 换言之，艺术世界是虚幻的、想象的，蕴含着人类的理想和热情。在当代首饰艺术家的大部分作品中，折射出的正是这种人类对现世无穷无尽的反思和对理想社会、和谐观念的憧憬。

---

[1] 费尔巴哈，宗教的本质，王太庆译，人民出版社，1999:24.

[2] H. 帕克，美学原理 . 张今译 . 广西师范大学出版社，2001:38

除了对现实做出纯粹感性的镜像，创作观念的革新和艺术形式的突破也蜕变为一种新的审美价值，既然想象力不需要约束，也不可能约束，那么，创造性就是与生俱来的要求。米盖尔·杜夫海纳一语中的：“创造审美价值，就是生产带有新意义、开创新风格和传达新世界的信息的新作品。”[1] 应该说，首饰艺术的创新是十分彻底的，从创作观念到创作手段和媒介、从内容到形式，新的表现层出不穷，首饰艺术的审美价值作为一个不稳定的因素徘徊于主体与客体之间，大量反功能、反审美的首饰作品相继出现，这股风潮至今方兴未艾。显然，在这里，传统的艺术创作依据和审美标准已然发生了巨大的改变，甚至是被颠覆了。曾几何时，我们可以从经典艺术作品中体验到形式美的愉悦，那种轻松自如的、无须思考和诠释的审美多么令人惬意。要知道，这种令人愉悦的审美的背后，蕴含着多少长年累月的训练和努力。不过，到了当下，观念对首饰艺术的渗透已经深入骨髓，首饰艺术的创作早已过了依赖于“勤奋”的时期，对“创新”的要求不断提升。首饰艺术家都在快速地求“变”、求“新”，一时间，“新”成了首饰艺术的评价标准。艺术家为了求“新”，或者说，为了尽快获得关注与成功，而不断突破底线。胆子越来越大，勇气越来越足，似乎是，当代首饰艺术的创作只需凭借“勇气”就可以了。这种现象值得警惕与反思。

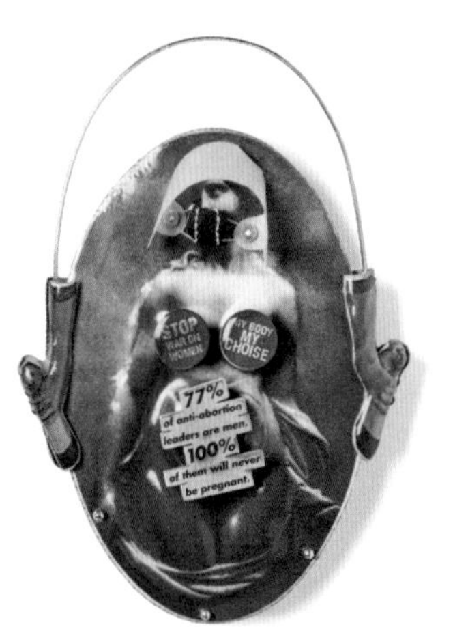

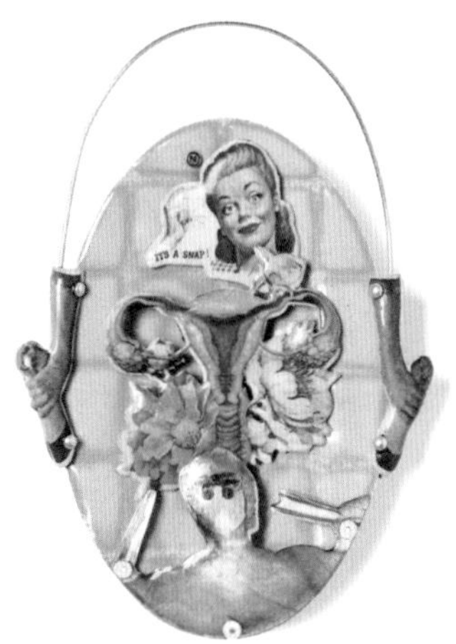

Nanna Obel，胸针《小事一桩》，材质：银、珐琅、照片、树脂、皮革、丝绸

[1] 米盖尔·杜夫海纳著，美学与哲学，孙非译. 中国社会科学出版社，1985 :27.

当然，客观来看，由于当代审美文化多元共生的语境，各种艺术文本呈现低幼化、粗鄙化、欲望化和平面化表征，也会促使我们反思这种审美文化的多元。不得不说，极端多元化的当代审美文化有堕落的危险。由于当代审美文化的堕落趋向与大众首饰消费者的精神病变之间有互为因果的关系，当代首饰艺术因而有“类型化”之虞。因此，“类型化”的审美大量产生，“类型化”的首饰艺术也就不可避免地落入“消费”的陷阱而无法自救。诚然，首饰艺术的表现内容和艺术语言都有一定的局限性，相较于传统的、经典的文学艺术门类，比如文学、戏剧、电影等，首饰并没有表现情节性的、史诗性的宏大主题的天然优势，但如果处理得当，首饰艺术的这种局限性也可以转换为某种“特点”。总之，局限性也好、特点也好，都不能成为“类型化“的借口。例如，叙事性首饰就是一种试图突破首饰创作窠臼与限制的大胆尝试，事实证明，这种迎难而上的大胆尝试也的确是有益的。曾几何时，国际国内的首饰艺术界，掀起了一股叙事性首饰的创作与研究热潮，取得了一定的成果。这些叙事性首饰兼具情节性与视觉感，令人耳目一新。不过，倘若观众对这一类首饰想要有进一步的理解，首饰艺术家就不得不对自己的叙事性首饰作品进行细致的解说，否则，观众难以进入叙事性首饰作品的情境。这也恰好体现了当代艺术的一大特点：解读性。换言之，当代艺术作品需要解释，因其内在的思想和观念的复杂性、隐晦性，没有解释，自然就没有理解。也难怪在光怪陆离的现代艺术品面前，绝大部分观众都是面面相觑、一头雾水。

三、时尚对首饰艺术的消解

艺术家实现个人价值的首选途径就是艺术与生活方式的结合，也就是生活的艺术化，或者艺术的生活化。艺术与生活的界限在当下有日趋模糊的势头，甚至，艺术演变为一种时尚，而时尚正是生活前沿化、观念先锋化的标志。如尹吉男在描绘“798 艺术村落现象”时所言：“‘艺术是一种生活’的概念在淡化，‘艺术是一种时尚’的概念在强化。”[1] 对于首饰艺术家来说，艺术可以激起对生活重新加以肯定或否定，是不以任何关于世界的信念或信仰为转移的，首饰艺术的产生从审美创造和欣赏中借来了一种精神和态度，并应用到生活的对象和事件中去。首饰艺术把审美观点加以推广，使之不但

---

[1] 尹吉男. 798 是文化动物园吗？，读书，2005(2).

包括艺术，而且包括生活，而艺术家也借此实现了自己的个人价值，兑现了创作过程中主观意识的隐性承诺。

相比而言，当代首饰艺术家更为关注自身的个人身份，这是一种个人意识觉醒之后必然要寻求的文化定位活动，也是个人价值转化为社会价值的一个必不可少的前提。正如德国现代物理学家沃纳·卡尔·海森堡 (Werner Karl Heisenberg, 1901—1976) 所言，“我们所观察到的并不是自然本身，而是用我们提问的方法所揭示的自然”。也就是说，在某种程度上，是观察者决定了被观察者的性质。足见个体意识在认知中的重要性。当代首饰艺术作品表现出来的艺术家的个人意识和身份是一件较为复杂的综合体，它不但涉及作者的意识形态、价值观念，甚至还牵涉作者的生理因素和设计制作条件等。当代首饰艺术评论家海伦·杜拉特 (Helen Drutt) 在评价这种个人身份时说：“所谓身份，也即我们评价物质、思想或者行为时的依据，身份与精神的、道德的存在息息相关，而不仅仅是某个镜像中人物的阶层或文化等级划分。”[1] 也就是说，首饰艺术家通过其首饰作品，运用审美的方式，在想象中改造生活，完成对社会活动的参与，艺术家的自然属性和社会属性在具体作品中达到有机结合，并面向公众、社会传达了自身的价值取向和善恶标准。

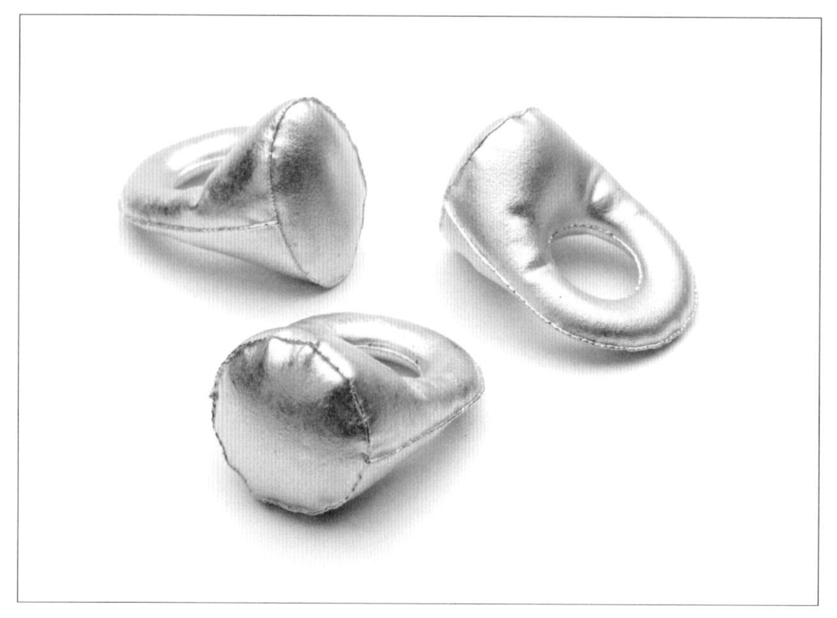

Kim Buck，图章戒指《膨胀》，材质：18K 金

[1] Helen W. Drutt English & Peter Dormer. *Jewelry of Our Time*, Thames and Hudson, 1995: 162.

所谓时尚，是“时”与“尚”的结合体。“时”，指时间、时下，即一定的时期或时间段；“尚”，则有崇尚、高尚、高品位、领先之意。时尚，在当下多元化的时代里，不只是为了装饰，而已经演化成了一种观念意识，是人们在情感或思维模式上的变化与流行。这种意识与艺术精神高度同源，可以说，时尚就是艺术的时效性。由于生活节奏的不断加快，时尚潮流的更迭也在加速，艺术的时效性也就越来越短了。这种加快和缩短是被动的，在政治、经济与科技的裹挟下，时尚深深地融入了我们的生活方式之中，被我们消费的同时，我们也被时尚所消费。可以说，一切尽在消费之中。于是，首饰艺术被时尚所消解，而呈现更多的消费时代的特征，比如模块化、标准化与复制性等。这便意味着，我们的个人意识和价值，也在当代首饰艺术的创作中被消解。

虽说时尚是一种大众行为方式的流行现象，但这种一定时期内大众对特定趣味、语言、思想和行为等模型与标本的跟随与追求，对个人价值和个体生活方式的消解与同化却是有目共睹的。在资讯与自媒体十分发达的今天，时尚经由大众传媒传播到我们生活的各个角落，而随着我们生活方式的被动变换，艺术与艺术语言也在不断变换，由此带来的一个必然的结果就是：艺术边界的破除。如今，变化多端的当代首饰艺术观念或形式，不断地挑战首饰艺术的底线，打破首饰艺术与其他艺术门类的边界，对此，我们褒贬不一、莫衷一是。1985 年 7 月的《江苏画刊》刊登了李小山的《当代中国画之我见》一文，文中称：“中国画已到了穷途末日的时候。”一石激起千层浪，举国上下展开了关于绘画艺术创新的大讨论。现在看来，李小山关于“艺术的实质就是不断地创造，否认这一点，就将使艺术变成手工技艺和糊口的职业”的论调，依然具有理论和实践意义。可以说，“创造性”是艺术的灵魂，是题中应有之义，也是当代艺术最主要的特征。然而，随着时间的推移，“创新”将会变得越来越难，许多艺术家开始尝试跨界，首饰艺术家亦然。于是，许多“边界”模糊的“首饰”作品大量出现，不知道这些作品到底是首饰，还是雕塑、装置、多媒体、行为等艺术。所有这些，都是建立在一个前提之上，这个前提就是：所有的艺术门类都有界限，而底线就是这个界限的最基本的衡量尺度。不过，目前，从当代首饰艺术的创作态势来看，首饰艺术的所谓“边界”和“底线”，显然是不存在的（道德底线不在讨论之列），这就意味着，当代首饰艺术的评价标准也是不存在的，因为，已有的评价标准随时都有可能被改变，一如时尚潮流的无常与多变。

四、结语

一元化的艺术创作时代早已一去不复返，而多元的创作时代并不意味着艺术创作丧失了标准和规律。可以说，首饰艺术价值的最终实现关系到首饰艺术自身的生死存亡，纯艺术的创作底线同时也是首饰艺术的创作底线，尽管首饰艺术并未承担也不可能完全承担醒世、救世的社会职责，但首饰艺术的自律已经赋予当代首饰艺术家一定的社会责任和使命感。尽管是否选择政治、宗教、种族或者其他针砭时弊的敏感题材来进行创作，这完全取决于艺术家的兴趣和责任心，但总的来说，即便是把当代首饰艺术家等同于一种不含任何“杂质”的纯装饰艺术家，他们亦有义务和权利来维系当代首饰艺术的生存底线，这个底线就是艺术之为艺术的根本，就是艺术与实际生活最起码的差别，失去了真与善的衡量标准，失去了个人价值与社会价值的有机结合，当代首饰艺术必将被彻底地边缘化，最终无人问津！

也即，多元并不代表无序，而多元化，是对多元创作态度的肯定！

短篇小说：展览首日

□ （德）Matthias Becher

德国 Arnoldsche Art Publishers 出版社高级编辑

展览开幕当晚，一位参观者站在画廊里看着聚集的观众。他的目光扫过衣着光鲜亮丽的人群，定睛于他们的面部表情，想象着是什么驱使他们来到这里。

艺术家和人群站得有点远，等待着正式介绍，和其他人一样，她知道这是自己的最后一次展览。实际上，这更像是告别仪式，她全程要靠防水妆容撑着。房间内只有一个陈列柜，里面放着她的两件首饰作品：戒指和胸针。这两件作品并排而放，好像它们之间没有间隔艺术家个人成长和艺术发展的50年，好像这两件姐妹作品根本不在意彼此之间的“不平等”。过去、现在以及这之间的一切都凝集在这几立方厘米中。

画廊的一位年轻工作人员站在人群中，准备引导服务员送上香槟。下午她看到艺术家反复微调这两件作品的位置，以求达到最好的照明效果。对她来说，戒指的样式太过时了，但她喜欢这枚胸针，思忖它今天能否卖出去。她的个人收藏还在起步阶段，通常在这类场合，她会从画廊的珍藏中挑选一件佩戴，避免因别人关注她的身份而引起不愉快。

一位收藏家站在展品旁，他对艺术家的作品了如指掌，心里明白这两件作品之间并无差距。他的面前是天平的两端，上面衡量过数十件作品。他看着这些作品的发展，由点串成线，让它们互相对话。在他心里，这些作品自有其逻辑顺序，他能重新发现哪里有进步，哪里有断裂，哪里受到了何种因素的影响。他在心里玩味地想着如何把首饰取出来。

前门缓缓打开，一名男子从外面进来，环顾四周后发现自己来早了，有点恼火。画廊老板还在演讲，自助餐环节还没开始，他的肚子饿得直叫。这位只想贪便宜的参观者扫了一眼陈列柜，然后移开目光环顾整个房间，他问自己，艺术在哪里。

一位文化记者记了几点笔记，开始思考自己的文章主题：艺术家对首饰艺术民主化做出的卓越贡献……偶被嘲笑的近期系列作品……她那些与工艺和高雅艺术对立的先锋作品……对珍贵材料的讽刺性运用……装饰和艺术主张……她留下的艺术财富和空白。很多内容都可以写成一篇短评。

画廊老板在演讲中回顾了他与艺术家的合作种种，包括展览、博览会、出版物，以及在国内外宣传她的作品。今晚，一切尘埃落定，艺术家艺术生涯的开始和结束都放置在房间中间。这一篇章已然结束，如果画廊的未来不是那么飘摇不定，想必他还要畅想一下艺术家如果不再做艺术家了会变成什么样。

一名学生在陈列柜前弯下身，仔细观察戒指的包镶工艺和胸针的焊接方式。她用手机拍了照，思绪已经回到工作台前，因为她现在知道了如何进一步完善自己的作品。她在记事本上潦草又快速地画了几笔，是她未来要创作的作品。她看着艺术家，思考着向她寻求建议的最佳方式。

陈列柜中的两件作品，戒指与胸针

陈列柜中的两件作品：一件是艺术家经过金饰工艺培训后的杰作精品，采用传统工艺切割的宝石镶嵌在戒指上，光彩夺目，而黄金也熠熠闪光，一如问世之初一般耀眼；另一件胸针则仅完成于一周前。尽管有母材，但铸造用的材料成分不均匀，再加上锐利的边缘和明显的重量，令人怀疑它是否适合佩戴。锈和金争相吸引人们的注意力。

这两件作品因其无形的价格标签，仍被“束缚”在陈列柜里的方寸世界中。然而，它们渴望被解放、被取出、被展示、被关心、被讨论；渴望展现自己的故事，与观众交流，令观众从矛盾、表达、伦理、美学等方面，解读出见仁见智的个人化版本。

跨学科视域下的当代首饰研究

□ 刘骁

中央美术学院设计学院，首饰设计教研室主任

2022 年 2 月 24 日，中华人民共和国教育部公布了 2021 年度普通高等学校本科专业备案和审批结果，“珠宝首饰设计与工艺”进入《普通高等学校本科专业目录》，界定了专业定义与课程体系，对学科专业要求进一步明确与具体。科学技术的发展使当代文化环境日益交织互联，当代首饰的相关研究横跨了社会、经济、科技，需要通过构建更全面的视野来整合对于人类穿戴文化的见解，由此产出新认识、新方法、新产品与新意义。本文从以下几方面展开讨论：如何理解当代首饰的跨学科研究；从首饰的学科属性、价值导向和应用需求等方面探讨当代首饰跨学科研究的驱动力；分析当代首饰跨学科研究的目标与视野；如何进行相关议题的跨学科研究。

一、如何理解当代首饰的跨学科研究

人类知识以学科为单位，可大致分为自然科学、社会科学、人文科学等，各个学科形成了相对明确的知识体系，有既定的获取知识的方法和理论。而今天人类面临的各种复杂问题需要找到新的方法以整理知识，并在知识交流的不同方法之间搭建桥梁以产出新的知识。跨学科研究者艾伦·雷普克 (Allen F. Repko) 认为跨学科中的“跨”是指两种或以上学科之间的争议场所，跨表示依据见解采取行动和整合结果，意味着两门或多门学科之间各种形式的对话和作用，目标致力于应对更加复杂情况的挑战。跨学科是面对时代瞬息万变状况的一种生存方法，具有方法论意义，是一种行动策略。

首饰，本指戴在头上的装饰品，用珠宝玉石和贵金属材料制成，一般用以装饰身体，也具有表现社会地位、显示财富及身份的意义。随着新技术、新观念的不断注入，今天“首饰”的概念内涵明确而稳定，外延扩大并且流动，自 20 世纪 60 年代西方“当代首饰”的概念出现以来，其所展开的研究实践在视野与方法上便具有跨学科特征。“当代”一方面指当下的时间性，同时也包含文化理论中“后现代”等语汇的所指，当代首饰的研究以首饰（不仅指实体的具体的首饰，更是指作为社会的，抽象的首饰概念）为媒介和视

角，是当代观念影响下的一种创造性实践活动，对当代社会生活中敏感问题和做出积极回应，对我们所处的时代保持着审视、反思、实验、探索和表达。当代首饰是基于不同文化地域性产生的创造性语言，是理论见解与研究方法的交织，是具有共识性的讨论范围，它横跨社会、经济、科技、艺术，是人类穿戴文化的重要议题，需要结合多学科方法与视野进行首饰及相关领域的研究和应用，由此产出新知识、新方法、新产品与新意义。

当代首饰的跨学科研究明确以学科为依托，借用现有学科的方法与资源，通过整合超越学科知识，不只是将学科黏在一起制造一个产品，而是依赖多学科的原始资料，强化分析深度，强调相关学科理论与方法、并归入其自身的研究进程，形成可辨识的研究进程和研究模式。是思想与方法的整合，为特定的现实关注提供新的见解，推动认知进步。

二、当代首饰跨学科研究的驱动力

1. 首饰在学科中的位置与特征决定了其天然的学科交叉属性。在实体物质层面关联着自然科学如矿物学、宝石学，以及材料学有关的固体物理学、材料化学、电子材料、结构材料和生物材料等；在人文艺术学科中关联着产品设计、时尚设计、工艺美术、实验艺术等范畴；在社会学语境与首饰有关的文化研究关联着社会学、人类学、心理学等。以至于当代首饰所面对的议题在研究维度、方法以及呈现方式日益综合和拓展。随着研究范畴的不断拓展，研究议题的日益丰富，紧密关联着自然科学、人文社会学科，汇集了彼此迥异而丰富的理论、研究方法和学科基础。因此它并不指代一种定义清晰的学术学科，而是一个开放的、日益国际化的讨论范围，逐步形成富于创造力的跨学科、跨文化、视角与方法多样和即将到来的理论多样性等特质。

2. 当代首饰的跨学科研究是人类天然的好奇心驱使，是激活创造力、挖掘新价值的持续性需求。首饰通过跨领域的方式拓展自身边界，从原本属性中创造出与首饰有关的新内涵、新价值。这个行为本身便充满了冒险、刺激、新鲜，包含了从对首饰本身的探索与突破，再到创造性发展，它不断被塑造、强化和发展，而变成具有社会、经济、文化多重内涵的概念。跨学科研究者贾尔斯·冈恩 (Giles Gunn) 指出，人类经验和认知的重要层面位于尚未考察的学科交界之处或学科交叉、重叠、分隔、消失之处，有价值的课题常常处于学科间的间隙。[1] 以全域学科的视野，敏锐地捕捉和观察社会状况与需求，以首饰为基点向外伸出多学科研究方法的探针去触碰不同学科的边缘，那里更容易产生新的知识，生成革命性见解，并更利于知识的扩散。

3. 应对社会经济发展的新变化、解决新问题，需要跨学科思维。与穿戴与生活有关的社会需求日益多元和复杂：量身定制的高级珠宝、个性化的时尚穿搭、哲学思辨式的艺术实验、日益智能化的穿戴设备，乃至与社交和生活起居息息相关的服务设计、体验设计、情境设计等，都呈现出对设计师多学科素养的要求。孤立地看待首饰设计无法满足创造社会需求的需要，单一化的技能只会越来越快地被科学技术的发展和成熟所取代。另外，万众创业的趋势对设计师各方面素养例如艺术素养、媒介素养、商业素养等要求越来越全面。复杂变化的社会需求和工作场景的快速变化凸显了整合思维的重要性。跨学科思维帮助研究者与实践者提供整合信息和综合解决方案的能力，而不仅仅是提供狭窄的程式化的知识流程。这都需要开阔原有学科视野、整合多学科知识，提升综合技能与素质，有强大的适应能力，提出创造性想法，形成新系统、新产品。

三、当代首饰跨学科研究的目标与视野

跨学科的行为本身并不重要，重要的是以跨学科作为路径，以所要达到的目的为宗旨，以应对社会经济发展变革情境中的面临的复杂挑战和问题，为未来可能出现的需求和变化作准备，这里的目标通常指的是对经济或社会层面能够产生的效用。另一种关于当代首饰跨学科研究的目标则是：以批判性思维为主要方式，对首饰及穿戴物相关的社会与文化现象进行审视、思考、讨论，以创作实践的方式提出问题、作出假设、引发行动，提供新鲜视角，不把既定的“首饰”概念视为理所当然，保持清醒和怀疑的态度，以哲学思辨的方式挖掘首饰在文化与科技层面的新内涵、新价值。

当代首饰在各个语境交织中面对各类机遇与挑战，在艺术实验、工艺美术、大众与时尚文化、科技穿戴等不同语境下，首饰及相关穿戴领域的理论及实践研究可以包含以下几方面。

---

[1] [美] 艾伦·雷普克．如何进行跨学科研究．傅存良译．北京大学出版社．2016: 45.

1. 艺术实验语境下的当代首饰研究关注首饰本体属性及内部的问题进行反思性的观念探索。首饰在人类社会历史发展过程中所形成了约定俗成的对于首饰本身属性与特征的认知，例如首饰彰显、吸引或区别于他者的装饰性；与身体之间发生关联的佩戴属性；关于崇拜、财富、荣誉、身份、情感等意涵的象征性；首饰特有的材料、工艺、技术等要素，即制作性；将首饰本体有关的概念、习俗、和文化作为讨论议题和研究对象，形成以“首饰”作为话题的思辨脉络，以创作实践的方式反思性地审视并拓展对首饰的认知与边界。这是一种视觉化的思想实验，不给观众某种封闭的结尾或者唯一答案，通过摆脱视觉上的陈词滥调，搅动观众的习惯性的思维与观念，促进和观众的心理互动过程。[1] 在此语境下的当代首饰研究打破以资本与商业逻辑为轴心的单一价值观，重新拥抱不确定性与模糊性，打开想象与讨论辩论的空间，以批判反思与人文关怀为导向，以发现新问题、建构新认识、实验新方法为特点。这样的实践研究被称之为“实验艺术”或是“思辨设计”并不是最重要的，重要的是如何使得这门实践产出最“混合“和”奇异”的创造。

李一平《虚构想象的道具——人与物品》2018 年

[1] [英] 安东尼 · 邓恩、菲奥娜 · 雷比 . 思辨一切：设计虚构与社会梦想 . 张黎译 . 江苏凤凰美术出版社 . 2019: 108.

2. 大众与时尚文化语境下的当代首饰研究探索应当从价值导向、审美多元以及绿色可持续等多个层面综合展开。广义的时尚，通常指一个时期的流行风气与社会环境，某种程度上是流行文化的表现，有着敏锐、年轻、多变、公众认同与效仿等特点。不同的历史时期和社会人群对时尚有着不同的理解，“尚”指的是一种高度，说明时尚绝不仅是流行、模仿、从众，而是带给人们的高雅的志趣与气质，体现多元的生活品味。在时尚语境下的当代首饰设计应该从萃取时尚的本质和真义，引导人们正向的价值观和健康的人生观。基于社会生活与习俗中的各类消费情境提供良好的产品体验与人文关怀，如社会交往有关赠礼和礼仪需要、婚嫁习俗的需要、私人纪念需要、身心健康需要，以及集体归属的需要。同时，快时尚产品的过度生产与消耗给生态环境带来的压力与负面影响早已被广为诟病，考虑设计的环境属性，减少环境污染和能源消耗，在材料与加工环节的可循环和可持续性也应当作为设计的重要目标之一。

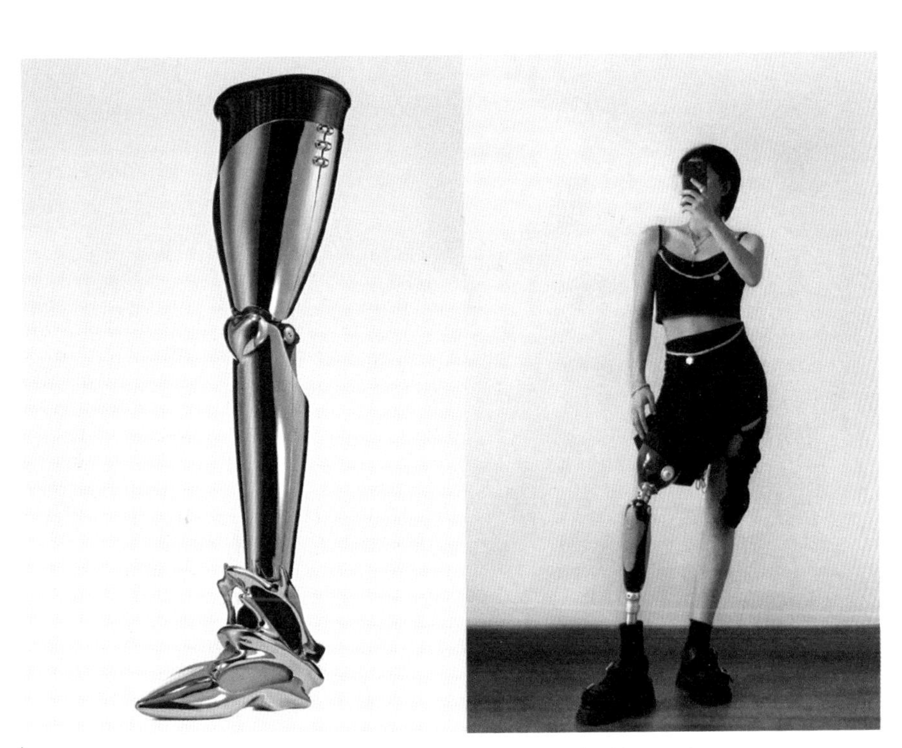

时尚品牌“尤目 YVMIN”为残障人士的义肢配饰设计 2021 年

3. 工艺美术语境下的首饰设计研究挖掘传统文化和技艺与现代化生产方式的新关系，融通人类造物的各种工艺技术，建构具有中华民族的精神气质文化形态。工艺美术因人们的实际生活要求而产生，兼具实用性和精神性，蕴含着一个民族的造物智慧、精神气质和文化素养。随着时代发展，以手工艺为起点的工艺美术结合着工业化、数字化制造方式不断呈现出新面貌，正如马克思所说：“工艺揭示出人对自然的能动关系，人的生活的直接生产过程，以及人的社会生活条件和由此产生的精神观念的直接生产过程。”首饰的发展变化也必然体现了人类的审美、崇拜、信仰等精神观念的生产过程。应当深入珠宝首饰本身的材料、工艺的实验性应用研究，探寻其区别于绘画、装置、雕塑等其他艺术语言的特殊性；尝试在人类学、社会学等学科视角下挖掘工艺美术与社会生活关系与状况，不仅是对传统习俗与文化的收集、记录与整理，也不只是对技艺的传习与继承，而是借助跨学科的方法与资源优势寻找新的研究视角、方法和技术手段，通过探索新的设计理念、构建新的体验情境，让传统焕发新的活力；研究世界范围内不同地区的传统技艺的创新应用，以及各个工艺美术门类与首饰语言的融合创新，探寻社会与个体物质层面的实用需求与精神层面的心理需求之间的创新关系，体现时代特征和民族气质。

李安琪《泡泡它 ~ 吹吹它 ~》2019 年

4. 在科技穿戴语境下的当代首饰研究则面向数字化技术与精神情感体验之间的共生与博弈，挖掘东方哲学内涵，以多元的方式诠释人文、科技、自然之间的和谐关系。数字技术日益渗入人们的穿戴行为中，首饰的数字化与智能化发展趋势成为必然，除了它原有的审美和精神属性，会越来越多地被赋予各种应用功能以满足佩戴者各种需求，从身心健康、人身安全、社交互动、情感满足或个性实现等层面挖掘新技术应用情境。目前的珠宝企业或是新兴科技企业所推出的智能珠宝在外观设计以及智能程度都有待提升。将科学技术注入人文关怀与精神理念，推动人文精神与科技革新的交叉融合。同样值得关注的是新科技影响下穿戴有关的未来生活方式的研究，通过对当下社会和环境信号的思考和分析，敏锐关注科技发展动态趋势，畅想未来的首饰及穿戴方式和相关产业的图景。

事实上，许多新问题会随着社会发展变化层出不穷，当代首饰所面对的研究对象与范畴存在很多不确定性，其动态变化的特征意味着问题解决并无固定模式，需要在不同语境下灵活针对问题、资源、机遇与挑战进行研究与设计实践，在实践过程中不断探索调整、日臻完善。

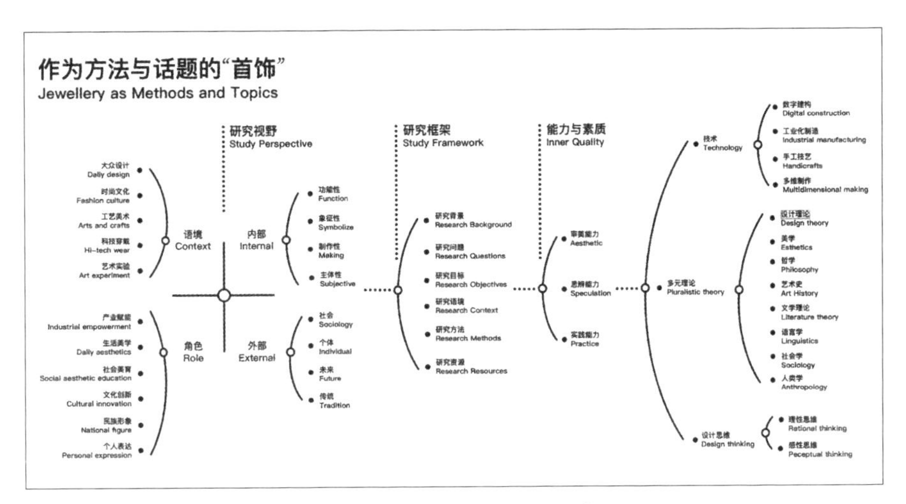

当代首饰研究的维度与逻辑 2022 年

四、如何进行当代首饰的跨学科研究

1. 界定研究对象与范围。包含研究缘起与研究现状的分析，思考为何会选定此现象和范畴，有何特别看法。梳理选定研究范围内现今研究的相关情况，如前人研究的成果、目前的研究状况，对前人的研究成果和看法有何异议或者是有何更深入的观点，研究有哪些不足值得你再加以研究等等，从中找出差异化的或者可以更加深化的切入点，形成明确的研究问题。

2. 提出研究问题。将试图探究的问题用清晰的疑问句式表述出来，而非陈述句。尽量以开放式问句提出关于该主题的问题（如何、为什么等）。在这个过程中要不断地反思该问题，以确定哪些是相关需要解决或讨论的子课题，哪些适合进一步研究。

3. 明确研究目的与目标。根据所确定的研究问题反思和审视研究目的，即为什么要做这个研究，问题提出的意义与理由。研究目标是指具体的要达到的效果和影响，直接对应着研究问题的解决或讨论。如通过建构某种视觉状态或体验方式以解决所提出的研究问题，或通过视觉形式或其他多种形式表达某种观点、态度，或揭示某种机理等。

Hilde De Decker，《致果农和园艺师》罐头包装，1999 年

4. 熟识本学科并识别关联学科。熟识首饰学科有关的理论与实践方法。例如珠宝首饰的观念与习俗、视觉表现、工艺制作、材料特性等。尽可能阐明问题和方向，根据问题与目标搜罗所涉猎的相关学科，分析不同学科的知识与方法在何种程度上能帮助该研究课题，在课题的哪些部分可以产生什么样的作用。例如瑞士首饰艺术家希尔德·德·德克 (Hilde De Decker) 的艺术

项目《致果农和园艺师》，风趣地提出“20年后婚戒长出了个西红柿”的设想，这是想象对现实的挑衅，是对身体、物质与婚姻的隐喻。艺术家亲自动手建造温室，培育瓜果植物，翻阅大量资料学习如何种茄子、西红柿，如何防病治病，如何搭架绑蔓等。向专业园艺师请教好的建议，克服意料之外的困难（比如小绿皮南瓜被不知哪来的小虫吃掉，甜瓜移植不适应新的土壤，西红柿被过烈的阳光灼坏等），让植物生长成期待的样子。最终这些首饰长进了这些植物中，植物跟贵重金属形成了有趣的关系。

5. 构建研究方法与路径，多学科研究方法创造性整合。当代首饰的跨学科研究更多的是在人文与社会科学语境下对于研究材料与方法的灵活转化运用，要借鉴相关学科理论与方法，如历史学探索历史来源的能力，文学在处理虚构文本方面的能力，心理学探究人的心理现象及其影响下的精神和行为的能力等。[1] 最终目的是为了挖掘或者创造新的价值和意义，以视觉的方式呈现。

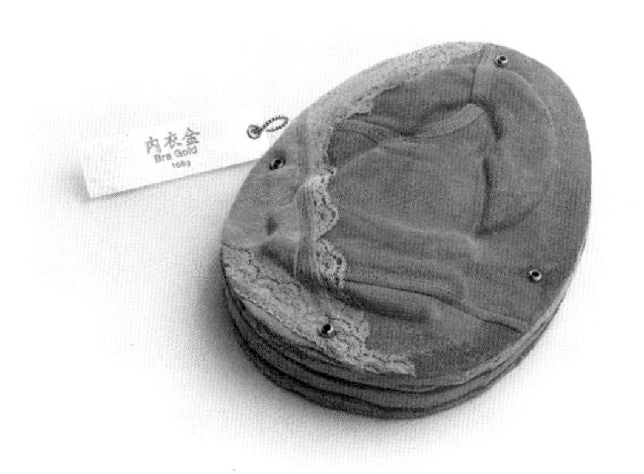

吴冕《金吊坠—首饰工厂女工使用过的内衣含金 0.07 克》2015 年

6. 明确研究资源。明确列举出可以展开观察和研究以得到相关资源的对象或场所，如具体的工厂、作坊、村寨、商业体、档案馆、网络媒体等，为你的研究课题提供切实资源。例如设计师吴冕的课题《金首饰》关注的对象是国内最普遍接受的黄金饰品的加工制造的回收产业链，深入工厂一线，

[1] ［日］茂木健一郎．通识：学问的门类．杨晓钟，张阿敏译．江西人民出版社．2019: 48.

获取一手资料。工人们小心翼翼地回收着破旧不堪却竟能提炼出数以百万的黄金的地毯、手套、工服和内衣，它们与被生产的、被抢购的金首饰毫无差别，都是承载黄金价值的容器。无论是在加工厂里还是在的首饰盒里，还是无所不用其极的回收，人们做的所有事只关于一件事，那就是黄金本身。

结语

毋庸置疑，我们处在一个多维度知识框架和不断变化的世界，创新性是当代首饰研究的基本特征，通过探索相关学科的交叉融合，寻求在人文社会科学领域新的突破，针对人类精神追求与物质现实关注为导向，将首饰作为学科交叉的焦点与话题，挖掘首饰的社会、经济、科技与文化价值，以继承创新、交叉融合、协同共享为主要途径，以此探索中华文化与中华精神新内涵和新需求，构建国家文化新形态。

参考文献：

李健：《跨学科视域中的当代艺术理论》，北京大学出版社，2018.

[日]茂木健一郎：《通识：学问的门类》，杨晓钟、张阿敏译，江西人民出版社，2019.

[美]罗杰·盖格：《大学与市场的悖论》，郭建如译，北京大学出版社，2020.

[美]詹姆斯·杜德斯达：《21 世纪的大学》，刘彤译，北京大学出版社，2020.

[美]杰罗姆凯根：《三种文化：21 世纪的自然科学、社会科学和人文学科》，王加丰、宋严萍译，格致出版社，2014.

[美]艾伦·雷普克：《如何进行跨学科研究》，傅存良译，北京大学出版社，2016.

[德]马克斯·韦伯：《社会科学方法论》，商务印书馆，2013.

[德]安斯加·纽宁、维拉·纽宁 主编：《文化学研究导论》，闵志荣译，南京大学出版社，2018.

[德]弗里德里希·尼采：《论我们教育机构的未来》，周国平译，商务印书馆，2019.

[英]安·格雷：《文化研究：民族志方法与生活文化》，许梦云译，重庆大学出版社，2009.

[瑞士]德·索绪尔：《普通语言学教程》，商务印书馆，2019.

当代首饰中多元化材料的创新应用与可持续设计

□ **赵世笺**

同济大学设计创意学院首饰实验室负责人

“进入本世纪已经二十余年，我们现在可以自豪地说，设计史的全新篇章正在被改写，以可持续设计和社会创新为核心，设计有能力改变我们所知道的世界，新一代的设计师正在重塑他们的实践并开发新的设计实践。”正如伦敦中央圣马丁学院的 Carole Collet 教授在《为可持续的未来重新思考材料》[1] 一书中所言，材料的创新成为当代设计发展的重要议题，谈论可持续设计，又不得不谈论材料对设计的影响。[2] 当代的首饰设计与创作实践当然也对此趋势有所响应，设计师与艺术家对首饰材料的多元化创新运用，极大地推动了珠宝首饰行业的发展，极大地促进了首饰的创作思路以及设计方法。[3]

一方面，随着全球化与信息化的发展，社会需求的变更，城市消费者审美意识的提高，对创意创新的个性化珠宝首饰的需求也在不断提升，拥有个性化的表达方式与别出心裁的新型材料应用的首饰获得更多的市场与关注，相较于传统的珠宝首饰保守的表达形式与其常见的材料而言，现当代首饰的设计与创作显得大放异彩。[4] 另一方面，随着现代艺术与科学的发展与交叉互动，艺术跨界的现象也在不断拓宽首饰表达的边界。当代首饰创作不再强调以基本材料的物质价值来衡量作品本身，相反，别出心裁的材料创意、首饰创作背后表达的情感故事、蕴含的人文精神内核、艺术表达、多元的价值呈现等等，都成为当代首饰作品的重要附加值，材料的物质价值变得弱化。事实上，在“元宇宙”爆发的当下，当代首饰的表现形式并不局限于物理意义上的实体，甚至也可以是互联网时代下虚拟的可穿戴影像。[5] 设计师和创作者是社会与行业变革的推动者，设计师们正在寻求解决这个世纪我们需要

---

[1] K.Franklin, C.Till. *Radical Matter: Rethinking Materials for a Sustainable Future*, Thames & Hudson, 2020.

[2] Design-Ma-Ma 设计工作室 . 当代首饰艺术：材料与美学的革新 . 中国青年出版社，2011. 9.

[3] 方琳 . 可降解材料对流行首饰材料替代的研究 . 佳木斯职业学院学报，2016(06): 488-489.

[4] 尤梦宁，张晓燕 . 垃圾与首饰——现代首饰设计中的可持续发展 . 戏剧之家 , 2020(11): 118+120.

[5] 李嵇扬 . 可持续发展视域下植鞣革零料再利用的设计研究 . 设计，2017(18): 142-143.

面对的问题。设计师抑或是艺术家们，对材料的深入拓展以及如何将其进行创新性的表现的思考，同时又在艺术、科技、环境之间寻找着平衡，本文正是基于材料创新对首饰设计创作的积极影响为背景，讨论和剖析了现当代首饰的一些经典设计案例，希望为读者和行业的发展带来一些灵感和思考。

一、首饰创作中的多元化材料应用

1. 材料创新应用在当代首饰发展中的影响

当代首饰起源于二战后的欧洲与美国[1]，与当代艺术一同经历了现代派的艺术启蒙以及后现代艺术思潮的推动，在反复不断的碰撞与摩擦中，从一开始以炫耀、装饰为主要目的的传统首饰逐渐演变为我们今天所见到的选材丰富以及故事性极富创意的当代首饰艺术作品。作为当代艺术的表达门类之一，它从可佩戴的角度补充了人与艺术、人与商品、人与文化等之间研究所引发的独特而有趣味性的思考，并反馈给大众从而推动新一轮的反思与表达。艺术家 Otto Künzli 代表作 “*Gold Makes You Blind*” 其名字就极具批判性，且首饰的设计无比巧妙，它是一个纯金的球在黑色的橡胶管里面，我们只能看到凸起的小球，但从外表上看，无法得知其实那是一粒纯金球。首当其冲的调侃了贵金属在珠宝首饰领域审美方面的误导作用。可以说，在当代首饰特有的设计方法以及选材多元化思路，与其所携带的实验性特征一起，打破了首饰与哲学、人文、社会、材料、化学等学科间的隔阂。

Otto Künzli, Gold Makes You Blind 手镯首饰

[1] 孙士尧，杨漫．材料在当代首饰中的运用与解析．美术教育研究，2022: 89-91.

2. 多元化材料在首饰创作中的表现形式

我们所俗知的传统首饰[1]，其选材较为纯粹，比如金、银、玉石、宝石等硬质天然材料，而在综合材料中，由于它们材质间不同的肌理、色彩、软硬等各天然属性的不同，会给人在视觉及触觉上带来不同的审美韵味。综合材料有的来自大自然，比如天然大漆，具备着天然的色泽，每次打磨的不同便会呈现出不同的肌理效果，给人以古朴典雅的高贵之感；天然木料，在视觉、触感，嗅觉上更能带来不同于金玉的亲近温暖之感。有的综合材料则来自于现代工艺，如陶瓷温润光洁，脱离了器皿专用的漫长历史，在首饰艺术家的微妙演绎之下，凸显其东方韵味的清雅以及传统首饰无所比拟的典雅质感。当然综合材料也包含“人造”材料，许多当代的首饰艺术家尝试使用自行研发的有机材料比如蛋壳、天然树脂、建筑回收材料、水泥、纸、回收再生皮革等，通过自研的材料加工工艺，制作成独一无二的首饰艺术作品。

多元化的材料不仅仅是人造的“漂亮”材料，多元化的材料有时也是出于意料的“臭”，它们可能来自垃圾、粪便、建筑废料、海洋植物，甚至是我们的头发，因此在当代首饰的材料选择上，我们早已冲破了基于贵金属的固定选择，而是向大自然汲取原料，向现代过剩的垃圾汲取灵感，艺术家 Maria Constanza Bielsa 运用一系列的回收织物进行镭射切割，通过巧妙的排列组合以及上色，创作了一件件前卫且充满美感的当代首饰艺术作品（图2）。21 世纪的我们正处于材料革命的边缘，过往我们一直依赖于天然原材料的供应，我们把这些原材料运输到大型工厂，并制成产品。然后我们将这些产品运往世界各地，在那里我们短暂地享受它们，当我们不再需要时就丢弃它们。这种模式正在达到它的物理极限。地球上的自然原材料正在耗尽，并产生了大量的浪费。我们不能继续消耗地球有限的资源，无可厚非的是，我们需要一种更好、更聪明、更循环的方法，而不是当前我们与材料的线性“取即弃”关系。多亏了一大批激动人心的设计师和制造商，他们正在培育颠覆性的方法，我们开始看到替代的生产和消费系统是可能的，我们也开始认识到物质创新将是实现这一目标的关键。旅德华裔材料艺术家 Song YouYang 用水果皮制成了一系列的生活用品，不仅材料出乎意料的新颖，其制作以及

[1] 段燕俪. 浅谈当代艺术首饰材料的多元化特征. 艺术教育，2020(11): 173-176.

加工方式也遵循了极简的处理方式，巧妙得变废为宝，时尚美观的同时融入了物理化学等科学智慧。

Maria Constanza Bielsa, 项链首饰

食物回收时尚手袋，Song YouYang

二、多元化材料在艺术与设计方面的应用

1. 探究环保方向的多元化材料及其应用趋势

一种材料之所以环保，主要体现在两个方面，其一是材料生产方式环保，生产过程无环境污染或者是相比传统材料产生的要少。其二是应用过程环保，使用的过程中基本不产生污染或者是污染比较少。基于这些属性，有一些当

代时尚品牌已经开始针对环保材料的探索以及运用。我们熟悉的 ZARA 品牌在西班牙的可持续实验室总部也设计了非常严谨的可持续工作守则，从原材料到加工方式都摈弃了以往传统的方式，更多地用循环经济的战略部署重新配置的能源的使用以及供应链的整合[1]。

因为预见到了自然资源的萎缩趋势，有社会责任的设计师以及科学家开始使用生命系统的副产品作为设计材料。对可持续性和设计模型的生态方法的追求正引导我们走向生物制造取代工业制造的场景，生物实体被设计用来生长材料和产品。设计师和材料革新者正在模仿自然界中发现的闭环循环系统，以便从真菌和细菌中生产可生物降解的材料[2]。有环保意识的建筑设计师们正在重新思考基本的建筑材料，考虑到我们面临资源威胁的未来，他们在利用仿生学和工程性质来寻找合成材料的可持续替代品。由生物生产的新型复合材料可以完全降解或融入循环经济，这是可持续设计的新元素。比如服装产业最为核心的棉花产业，由于用水量过大，设计师们开始尝试使用大麻纤维、刺荨麻纤维或者是莲花纤维替代。瑞士品牌 Bananatex 经过多年先期探索和实验，研究员们最终用菲律宾的香蕉叶纤维制成了背包。Bananatex 品牌背包就是可持续发展林业经济的产物。设计师、建筑师和材料工程师正在与大自然合作，开发新的技术来种植和制作消费品、产品和包装。材料技术的高科技进步正在为闭环和零遗留的未来探索前所未有的路线。

2. 探究影响多元化材料应用的社会因素与材料应用的情感诉求

在当代社会，农业副产品因其可再生性和丰富的可用性而受到人们的青睐，也许我们从未想到过使用粪便来生产产品，设计师们正在探索将粪便作为可持续能源和材料的创新方法，如生物纺织品、塑料和建筑砖。还有我们人类的头发，也是一种丰富的资源，它具有较高的抗拉强度，是一种良好的绝缘体，可制成绳、绳、网等功能性产品。它还可以作为设计工具，用于制作油墨、图案和精致的表面效果，或制作精美的工艺品和物品。在历史上，粪便长期被用作燃料和建筑材料；动物毛也被广泛应用于，例如，马毛石膏、毛布和室内装饰。灰尘是人类和动物的皮肤细胞和毛发、花粉、纺织品和纸张火灾以及矿物颗粒的混合物，除了与灰尘和死亡有关外，它从未与任何

[1] 网页：The Secret of Zara's Success: A Culture of Customer Co-creation | Martin Roll.

[2] 朱艳彬，夏露，李珊，刘振鸿.新型生物材料细菌纤维素在环境领域中的应用进展.2010 中国环境科学学会学术年会论文集（第四卷），2010: 965-968.

其他东西联系在一起。然而，如今的设计师们寻找到这种最不起眼的材料，把它作为一种设计工具来创造家具和家居用品的新复合材料，甚至作为珠宝的组成部分。当代首饰艺术家 Carla Castiajo、Lore Langendries 和 Marie Masson，擅长使用人类毛发以及动物毛发制作当代艺术以及艺术首饰，打开了我们对毛发废弃物的固有想象。可以说当代多元化材料的运用，促进了我们与我们所产生的废物所建立的新型的且更健康的共生关系。到 2050 年，世界人口预计将超过 90 亿[1]，设计师、艺术家和科学家们都在重新评估粪便和生物废物的所有外观，改造那些廉价的材料，不仅创造出功能性产品，而且创造出超越其卑微起源的美丽产品。

Pilosities

Inauguração 16 de Abril · 14h00 às 20h00

patente até 8 de Maio

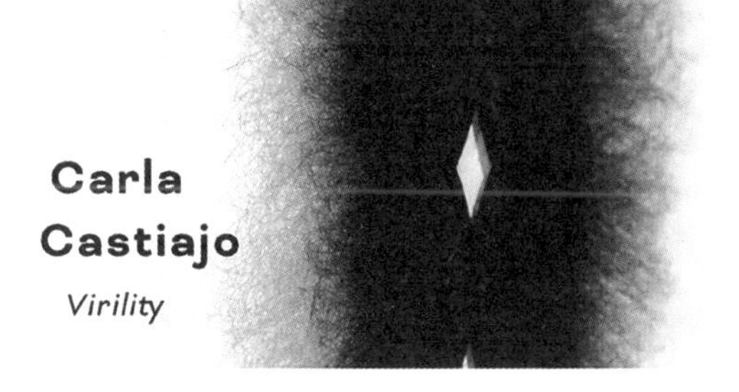

三位艺术家展览名为“PILOSITIES”

[1] 求实 . 二〇七〇年世界人口将达九十亿 . 科学新闻 , 2002: 32.

3. 环保材料对首饰设计在方法上的影响和意义

环保材料以及环保概念由来已久，并且在欧洲已经广泛融入到了各大时尚品牌。自 20 世纪中期以来，部分产品已脱离工业设计为大众服务的本质，而转向消费主义。在此影响下，产品更新换代与产品功能和质量脱钩，工业发展速度加速环境负担。对此，罗马俱乐部早已给出警告，随之而来的 recycling、upcycling、cradle to cradle 和 circular economy 等设计和商业的方法和实践也孕育而生。当奢侈品品牌开始关注可持续发展，如何让可持续的消费欲与可持续发展的环境协调统一，如何让建立在消费主义基础上的奢侈品产品和品牌具有可持续发展的环境属性，社会责任以及审美观念？针对这些问题，同济大学设计创意学院大三年级课题从象征着消费欲望的奢侈品包装入手，聚焦应变下的创新策略，通过革新设计 (Radical Innovation & Incremental Design) 切入传统领域，以创新思维方法和产品设计专业能力，催生革新产品及应用场景。希望通过旧料的物理改型、物质复合、化学改性等方法设计而成的产品和艺术装置，激发大众反思生活习惯、改善生活方式，倡导人与自然和谐共存的生态模式和绿色可持续的设计态度。

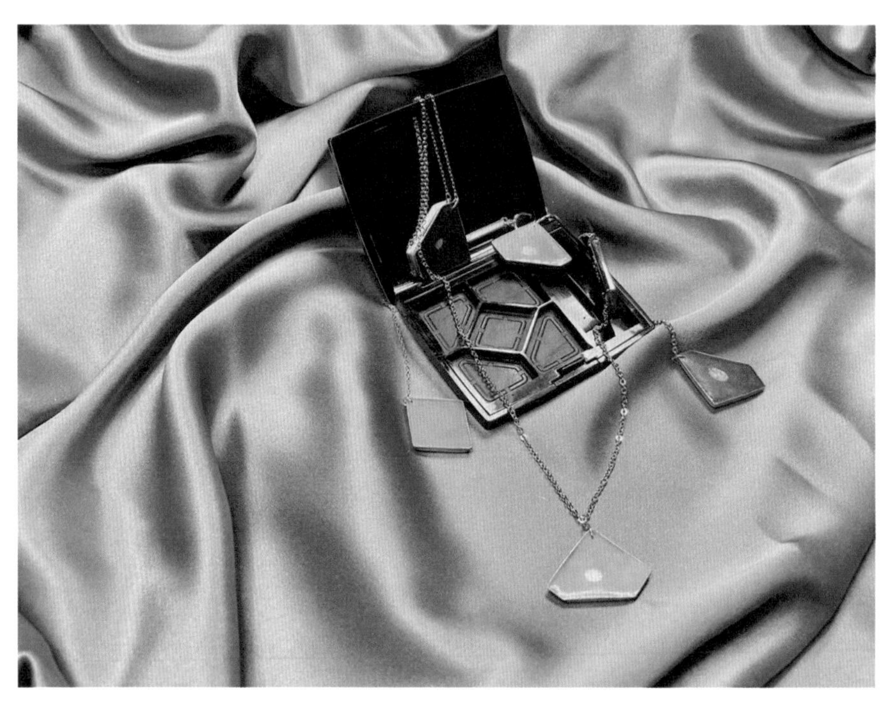

俞晰涵，首饰系列

1947 年，奢侈品品牌拉开了时尚史的新纪元，二战后百废待兴，殖民地消湮，新技术异军突起，无不给世界带来了天覆地的变化。放眼时尚界，合金等新材料的运用如同利刃，打破了稀少、昂贵的旧材料在业内的绝对统治地位。“可持续时尚”大行其道的当下，循环的、再造的、升级的材料成为时尚奢侈品行业在社会话语体系中的新声音——同济大学的俞晰涵选取香水化妆品可持续消费中高频出现的形象“铁皮”作为设计对象，采用有机树脂将使用完毕的眼影封层，处理完毕的眼影“铁皮”仍可以完好安放在原生的粉盒中，由此生成一系列首饰，在设计升级中被赋予首饰的新面貌 (NEW LOOK)。

蒙田大道 30 号“新面貌”时装展，1947 年

可持续的生产方式推动者我们使用创新的材料，创新材料的一些加工方式则引导着我们使用新型的加工技术，新型的加工技术则推动者设计师使用更符合实际情况的设计方法。因此，我们的设计也因为材料的演变而发生了翻天覆地的变化。包括人工智能、机器人技术和纳米技术在内的新兴技术已经从实验室渗透到工业世界，这种新的制造业灵活性已经开始改变我们的经济以及生产者和人民之间的关系。功能强大、价格较低的工业级 3D 打印机、NC 路由器和激光切割机使人们能够在当地自行设计、建模和设计他们的作品。在私人作坊、家庭、创客空间、黑客空间和 Fab Labs，这些新技术通过改变我们制造和分销商品的方式，正在颠覆自上而下的商业模式。数字化

制造承诺了一个无浪费、更可持续、更便宜、更合作、更全面的消费体系。因此当代的设计可以实现更精准的定制化设计，同时能在智能制造的协助下高效的完成生产。

三、当代首饰的新型材料探究在审美上的影响和价值

传统的原材料是有限的和昂贵的，而多元化材料是丰富的和廉价的，通过使用智能、敏感、吸引人的设计，多元化材料的使用正在开发令人兴奋和创新的方式，变废为宝，把以前不需要的东西变成各种各样的希望。这些实验性的创举所实现的美学超越了材料回收的本身，提升了材料的质感，并且将其寿命在更美的旅程上延续起来。当代首饰设计师和艺术家可以说是最为先锋的试验者们，他们首当其冲的测试着前所未有的多元材料，这些丰富的新材料不仅丰盈了首饰艺术的表现范围，其不同搭配运用的层次感也突破了人们以往对传统首饰的理解。西方在首饰艺术中对综合材料的运用先于中国数十年，发展至今已形成独特的当代首饰艺术文化。而当下，我们完全可以将我国非物质文化遗产中使用到的综合材料和技艺运用在首饰艺术之中，如大漆、琉璃烧制、刺绣、螺钿、窗花剪纸等。这样不仅可以唤醒人们对于民族技艺文化的保护传承意识，还可以对多元化的首饰艺术发展起到相当大的促进作用。多元化材料的运用不仅在制作工艺、材料制备以及细节塑造上革新了当代首饰以及时尚产品，多元化材料的运用也在审美上对大众进行一次极富教育意义的洗礼。过往我们认为亮晶晶的宝石才是美丽的，如今有艺术家用糖、盐、回收玻璃替代了昔日亮闪闪的璀璨宝石，让我们从不同的角度欣赏了珠宝传达的美丽，它的美丽来自线条，来自质朴材料中透射出来的闪亮，也让我们抛开了珠宝首饰附加的鉴定价值，回归到了其本质的美上。在工业化生产的时代，我们被吸引回到物体的本质，并且让物体本身的属性成为它们丰盛故事和叙述的载体。泰国当代首饰艺术家 Khajornsak Nakpan 运用生物黑色素纤维创作的一系列作品，表达女性线条与几何结构碰撞之美的同时，也传达着零浪费的物质观念。

Khajornsak Nakpan，振幅面体：生物黑色素纤维的合成，用土壤细菌设计创新零废物车身装饰品

四、可持续设计驱动着当代首饰的创作与革新

首饰的艺术和设计创作不仅是作为一件人们日常佩戴的装饰品来提供装饰作用和艺术文化的表达，它也同时承载着人文精神的内核，将以人为本的价值观微妙地呈现在我们的衣着外观上，让佩戴者、观赏者以及创作者形成一个微妙的无声的沟通，建立起了欣赏的桥梁，它是这个世界沟通交流的一种特殊语言[1][2]。这不仅可以让一件首饰作品的创作理念得以延伸，更可以在人们对于首饰艺术不同的文化解读中，赋予它价值上全新的可能性，也无声地传播了未来的可持续发展趋势以及重要价值观。笔者希望通过本文的分析与鼓励，能够唤起人们对于首饰材料方面探索与创新的兴趣，不断探索首

[1] 朱悦．解构主义对当代首饰设计的影响．中国宝玉石，2021: 21-25.

[2] Bai-hui Gong,Rong Yuan. Study of Contemporary Jewelry Design Emotional Expression Skills[J]. *Journal of Arts and Humanities*, 2017, 6(2).

饰的边界。提高人们审美价值的同时，也让首饰艺术在材料的选择应用上更加多元化、环保以及对多元材料更为包容，而非仅停留在贵金属的价值上。

图 8. Daan Roosegaarde, 雾霾戒指

建筑师 Anders Lendager 认为，对于建筑师和设计师来说，从看起来丑陋和设计糟糕的东西中创造出美丽的东西的机会，要比他们拿一块有 400 年历史的橡木来尝试添加美要大得多。珍贵的自然材料可能被过度耕种，导致自然生态系统的极度枯竭和副产品污染物的增加。设计师们承认地球的自然资产是一个不断变化的景观，今天丰富的资源将来可能就不存在了。自 20 世纪 50 年代塑料泛滥以来，人造和合成材料一直主导着设计和产品景观。为了满足我们对既自然又无害的材料的需求，设计师和制造者正在寻找新的资源系统，探索替代原材料，并重新审视地球的自然资源。建筑师 Daan Roosegaarde 则是一个很好的案例，他通过空气过滤装置，收集了空气中的雾霾粒子，将收集来的垃圾雾霾压缩制成了一枚枚戒指，不仅变废为宝，更引起了我们对当代美的认知和反思。我们也会看到设计师与艺术家正在用海藻和牦牛纤维羊毛等以前未曾想到的替代品取代棉花和羊绒等传统自然资源，通过实验与迭代，这些新的资源被转化为可行的环境友好的替代品，用于设计世界中新的和现有的应用。

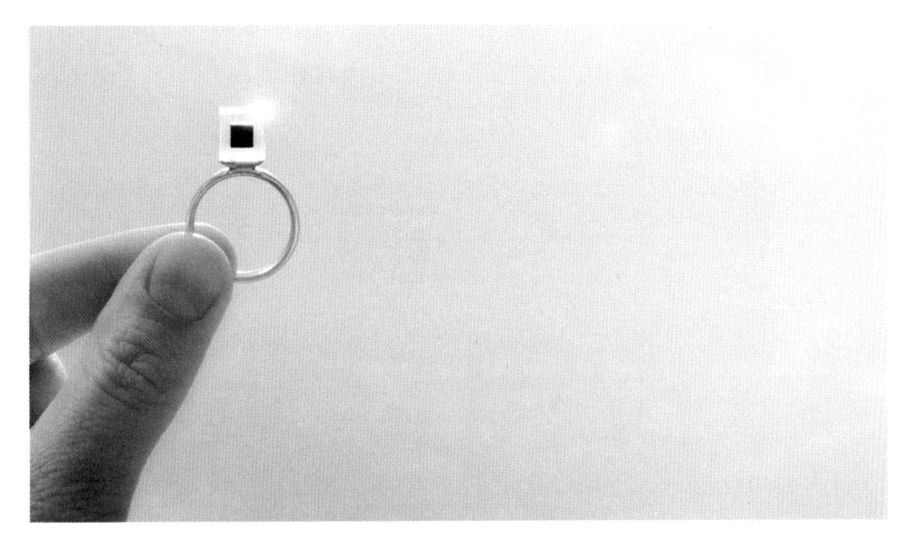

Daan Roosegaarde, 雾霾戒指

为了向前设计，设计师越来越多地向后看。为了开发当代合成材料的有机替代品，制造商们重新审视了这个星球上被遗忘的自然资产，重新评估了替代丰产和无处不在的原材料，如海藻和藻类的价值。另一些人则重游大自然，寻找非传统的收获，从自然丰富的生态环境中汲取养分。为了追求与材料更好的未来关系，设计师并没有创造新的材料产业，而是搭上了创造可持续循环材料的便车，努力使现有的系统在经济上、环境上和社会上更加健康，向循环农业、零浪费和 100% 资源优化的自然生态以及和谐未来迈进。

图片来源：

1. 1980 Gold Macht Blind (Gold Makes You Blind) by Otto Künzli 图自：klimt02.net
2. 2021 Necklace Organic Imaginary by Maria Constanza Bielsa 图自：Klimt02.net
3. Fashion made of recycled food waste by Song YouYang 图自：peelsphere.com
4. 展览 Pilosities by Carla Castiajo, Lore Langendries and Marie Masson 图自：Klimt02.net
5. Re-collier 眼影盘再生首饰 图自：设计师俞晰涵
6. 蒙田大道 30 号“新风貌“时装展”图自：Charlotte Sinclair: Vogue on Christian Dior, Harry N. Abram, 2015-2-10
7. Amplituhedron: Bio-Melanin Fibre Synthesised from Soil Bacteria to Design Innovative Zero Waste Body Adornmen 图自：Klimt02.net

8.9. Daan Roosegaard Smog Ring 图自：studioroosegaarde.net

第三章
对话与思考

CHAPTER 3
DIALOGUE
&
REFLECTION

这个时代的特征是对新价值的发掘和创造

□ **受访者：（荷）Gijs Bakker**

荷兰国宝级设计大师

□ **采访者：（捷）Karolina Vrankova**

捷克 RESPEKT 设计杂志主编

采访地点：捷克布拉格

（以下采访中 Gijs Bakker 简称 GB；Karolina Vrankova 简称 KV）

Gijs Bakker（汉斯·巴克，生于 1942 年），是荷兰国宝级的设计师，也是后现代主义设计思潮的全球推动者。他是荷兰设计的传奇，“楚格设计”(Droog Design) 的创立者，带领荷兰设计享誉国际的大师。Bakker 以激进的方式重新想象首饰，用创意和观念而不是贵重材料和手工艺，把首饰设计提升到一种新锐艺术形式。他以珠宝首饰设计起家，并跨界到了产品设计、家居饰品、家用电器、家具、室内设计，甚至公共空间的设计和展览设计，等等。Bakker 在不同的设计学校里春风化雨后辈超过 40 年，曾在享誉全球的荷兰埃因霍芬设计学院 (Design Academy Eindhoven) 担任研究院院长。

四十年前，Gijs Bakker 使用人造材料和金属铝创造的首饰设计，重新定义了首饰的概念。二十年前，他成立了 Droog 设计集团，首开奢侈品设计的先河。荷兰设计师 Gijs Bakker 总是领先众人一步。他预测，人们在未来能够在家中制造专属自己的物品。其余的事情大可全部交由机器人负责打理。Gijs Bakker 在圣诞节前，从不出门购物。

位于荷兰阿姆斯特丹的著名设计集合组织 Droog Design

KV：捷克人在圣诞节前的消费热潮中，人均花费 5000 克朗用于购买圣诞礼物。这是一笔相当可观的开销！作为设计师，您如何看待圣诞节前的大批量新产品生产？

GB：我认为那样的做法特别愚蠢，当然，这个回答也不怎么理想。一方面，问题在于已有的体系在迫使人们出门花钱；另一方面，很多人对于这个体系毫无察觉，他们根本没有意识到自己正被这个体系牵着鼻子走。圣诞节在荷兰甚至就不是什么大日子，我们最重大的节日是 12 月 5 日的圣尼古拉节 (Sinterklaas)。孩子们的礼物不过是传统的杏仁蛋白饼干和一首圣尼古拉的圣诞老人诗。我们努力保持这个传统，成年人购买的每件礼物不超过 5 欧元。我一直都说，我不是消费者，只是用户。这也是我写的书《可持续性手册》(*A Handbook of Sustainability*) 中的一个章节题目。消费者和用户之间最主要的区别就是，消费者是营销和商业广告的受害者，尽管他并不想如此。

KV：所谓的礼物经常是无比丑陋的东西，作为设计师，您是否觉得对此负有责任？

GB：送礼物的人才应该负责。我认为，设计师对于制造业的生态影响，尤其是塑料制品的生态影响，都有所注意，因此对所设计的产品进行了认真思考与反思，我可以举个例子。荷兰家居用品与百货业巨头 HEMA，以低调、高效、美观的产品而著称，他们曾经邀请我设计一款洗碗海绵。我决定设计一个价格低廉的产品，而且不打算在产品模型上投入太多成本。产品模型非常昂贵，要出售很多产品才能弥补建模成本。这也意味着人们被强行推销了很多产品，可是根本没有想过自己是否真的需要它们。所以，我在做这个海绵的产品模型时，只用了钢绒，手柄是用金属丝卷折成的。这个模型很原始，但是能物尽其用。这是个很老的例子了，但我想说明的是，设计师应该以负责任的态度去思考自己的设计，不要助长人们心中的无意义的消费主义。

荷兰家居品牌 HEMA 与 Gijs KAKKER 联名设计

KV：塑料是您比较感兴趣的材质，您曾经设计了一个镀金的塑料吸管编织手镯，名为“塑料汤”(Plastic Soup)。这个设计的灵感源自海洋中漂浮的废弃塑料，这个名字到底有何深意？

GB：在我看来，吸管是塑料污染问题的集大成者，一根吸管的使用时间不过几分钟，然后就被随手丢弃，成为垃圾，但它们存在的时间比一个人的寿命还要长。我不是讲大道理的传教士，我的工作只是设计首饰，吸引顾客。

“Plastic Soup”限量手镯设计，Gijs BAKKKER，2021 年

KV：谁会佩戴这种概念性首饰？

GB：显然不是人人都会佩戴。这个手镯售价 1500 欧元，毕竟外面的镀层是价格不菲的黄金。对“我会花这么多钱去买一堆镀金的吸管吗？”这个问题，能够做出肯定答复的人，就是手镯的目标客户，肯定是很特殊的人。

KV：什么样的人呢？

GB：主要说来，这些人对艺术、文学感兴趣，会思考塑料及其生命周期的问题，并且对这个问题念念不忘。我有一个朋友就买了一只这样的手镯，这是个很好的话题。很多人都注意到了这个手镯。有人对这个手镯大加称赞的时候，我的朋友就会给他们看手镯的内部，能看到层叠的吸管，接下来就会有一场讨论。

“亚当项圈”(Adam Necklace)，Gijs Bakker，永久收藏于美国波士顿美术馆，1987 年

KV：您在家里会用什么样的东西呢？

GB：我很走运，我家在阿姆斯特丹中心的运河边上。前面是工作室，后面是一栋四层的老房子，整个空间都归我支配。我打造了一个我喜欢的空间，里面放上我喜欢的东西，它们展现着我的生活和其他人的生活。这些东西或是我买回来的，或是跟别人交换的。比如，我有几张不同类型的实验性椅子原型，坐着不是很舒服，但却展现了一段历史。所有的东西都被它们的创造者和使用者赋予了独特的精神内涵，这种精神的分量是我对事物的唯一兴趣点。

KV：现在，很多年轻的捷克设计师都在关注一个问题：小国家的设计师怎样才能走向世界。您曾两次大获成功，一次是 20 世纪 60 年代，您的首饰设计成为先锋榜样。另一次是上 20 世纪 90 年代，您成为 Droog 品牌的联合创始人，您是如何做到的？

GB：确实，在荷兰功成名就可能与在布拉格家喻户晓很相似，不过，还是意义不同。我和妻子 Emmy Van Leersum 在 1967 年在阿姆斯特丹市

立博物馆 (Stedelijk Museum) 举办了一场首饰展览。展览大获成功，但我们不断自问：谁真正了解荷兰以及阿姆斯特丹市立博物馆？让自己出名其实很简单，就像我的策展人在 20 世纪 70 年代对我说的那样：如果一个人觉得有话要说，他就得离开熟悉的舒适环境，去另外的地方冒险。我们将此铭记于心，开始整理行囊，带着大大的铝制项链去了巴黎，我们在巴黎的感受就是 "唔……"之后，我们去了伦敦，当时的伦敦聚集了时装界和流行音乐界大批的先锋人物，我们很喜欢那里，而且立即开始尝到了受欢迎和获得成功的滋味。

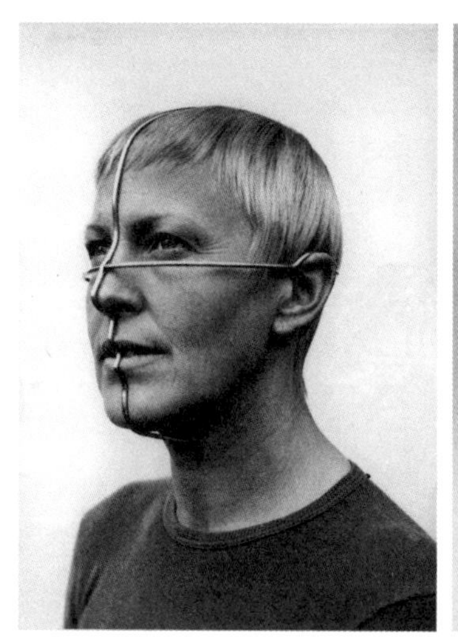
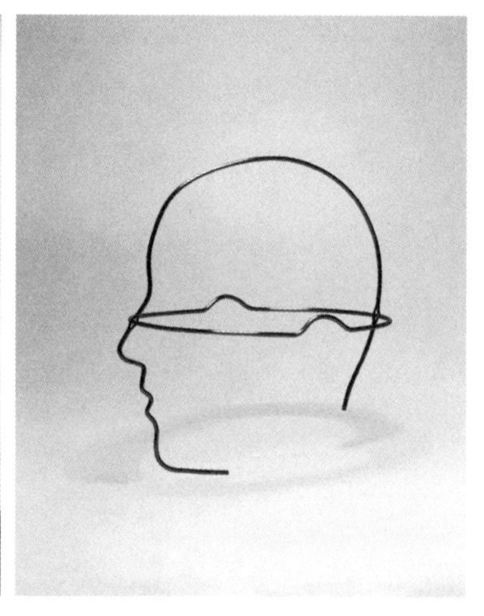

Emmy van Leersum，首饰设计，Gijs Bakker. @ Gijs Bakker Design，1974 年

与 Droog 设计集团的合作也差不多如此，我与同事 Renny Ramakers 组织了一场荷兰年轻设计师的展览。但我们没有只在阿姆斯特丹停留，而是去了米兰的三年展 (Salonedel Mobile)，那里的人对设计的兴趣始终如一。最开始的两天，只有荷兰人过来参观。第三天，我们迎来了意大利设计师、理论家 Andrea Branzi，他很喜欢我们的东西，这就够了，口口相传，于是第四天的时候，我们的展览就人满为患了。

KV：那之后，Droog 设计集团就开始定期举办展览，而且发现了现在已经很知名的一些荷兰设计师。荷兰设计是如何变得如此重要的？

GB：应该是从 20 世纪 70 年代开始的，人们中间产生了对于风格和品位的意识。另外一个事件就是 20 世纪 50 年代的公寓危机，人们要等上好几年，才能得到一套住房。这促成了很多新的建设，国家也邀请优秀的设计师设计社会福利住房，国家住房非常有趣，结果成了旅游景点。这也促使今天的人们对于普通的东西仍然有很高的质量要求，这是深深植根于我们的社会与政治中的。还有一个原因，就是荷兰大众在建筑、设计以及文化艺术方面的教育水平很高，如果没有能够理解、消费艺术的大众，Droog 或是任何的荷兰设计，都很难成功。

KV：荷兰，尤其是阿姆斯特丹，在 Droog 集团形成的时期，具有格外自由开放的社会环境。这对您的设计有何影响？

GB：我们是个小国家，所以我们总是想要首先了解每样事物。在 20 世纪八九十年代，我们对新文化和艺术还很好奇。由于每个人都能够理解我们，我们才能独立地去创造。遗憾的是，这种开放的心态已经渐渐消失了。在新千年开始的时候，出现了首个民粹主义宣传，这是一大打击，此前的开放心态至此消失殆尽。敏感的人甚至能够觉察到空气中的这种气氛。曾经开放的社会，包容各色人等，包括同性恋、穆斯林，等等，这样的社会现在只存在于记忆之中。现在的荷兰受到新一代的影响，他们正是十几岁的年纪，在全球化、消费主义、约束重重的荷兰长大，这些反过来又影响着他们的作品以及他们对于世界的看法。

Gijs Bakker 为美国第 64 任国务卿奥尔布赖特 Madeleine Albright
设计的“自由女神”胸针首饰，1997 年

KV：您在 1968 年首次到访捷克斯洛伐克，参加在亚布洛内茨举行的首饰研讨会。您对此次访问有何感想？

GB：我记忆犹新，当时的布拉格昏暗、脏乱、神秘，巴洛克和新艺术风格布满整个城市。那次，我的妻子和我同行，我们去了一家漂亮的装饰艺术风格餐厅就餐，餐厅的条件非常糟糕，帘子脏兮兮的，桌子排成排。整个地方看上去空空如也。我还记得那些打扮恐怖的女服务员！她们穿着白色的鱼嘴矫正鞋，后跟上钉着楔子。她们穿着白色袜子，露着腿。不管我想要问点儿什么，她们马上就说“不”。我很怕她们，她们实在是高高在上的样子，这就是我对布拉格的第一印象。

KV：您还记得是哪家餐厅吗？

GB: 不太记得了，不过我看到欧洲饭店 (Hotel Evropa) 的时候，我觉得可能就是那里，应该是在市中心，我们开着自己的雷诺汽车去的那里。之后，我们去了亚布洛内茨，捷克的玻璃业产区。那里的氛围完全不一样，人们都很友好，热情地欢迎我们。我们还会见了首饰匠人 Vaclav Cigler，那是很不错的一次经历，当时的捷克首饰匠人真的非常前卫。我在研讨会上看到了一条用曲别针做成的项链！还有很多其他东西，我看到了立体主义的流传，一些非常前卫、非常现代的大型作品。我们不想惺惺作态，所以就带了一个看上去像是在岩石中蜿蜒的管道的手镯，叫作“管道手镯”(Pipe Bracelet)。

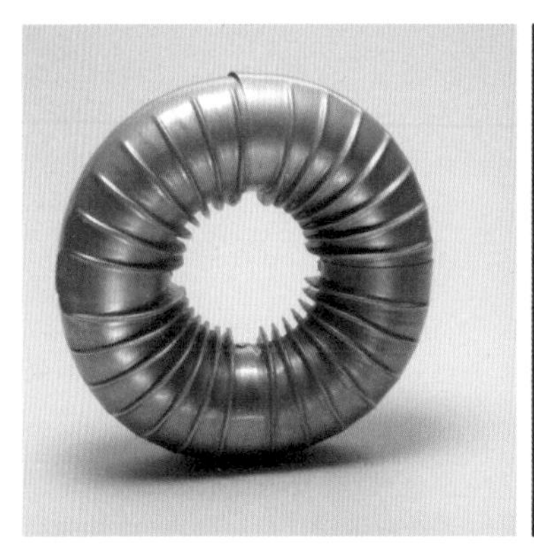

Pipe Bracelet“管道手镯”，Gijs Bakker 首饰设计，1967 年

KV: 您仍有捷克朋友吗？

GB: 我后来开始和 Cigler 接触，我妻子想邀请 Cigler 出席一个首饰展览，但他没能获得批准，所以我只好按照他的图纸，自己动手制作。我们还认识了其他一些年轻艺术家，有些和我们年纪相仿。Cigler 确实是一位有前途的前卫首饰匠人，能够做出漂亮的东西。

KV: 经济危机在世界范围内对设计有何影响？

GB: 当危机愈演愈烈的时候，我对我的学生说，我很羡慕他们能够在经济危机中开始职业之路。在我看来，这是以不同角度思考的好时机，也是寻找新可能的好时机。当危机渐渐缓和的时候，你已经做好准备，迎接新的成长。Droog 集团也是如此。我们成立的时候，恰好是经济情势很糟的时候。不过我仍然觉得那是好事。当经济增长的时候，我们也会一道发展。事实确实如此。我们在过去几年中，一直随着经济增长不断发展。

KV: 设计师的新可能在哪里？您能否指出一些？

GB: 纽约现代艺术博物馆 (MoMA) 购买了一些 3D 打印的枪支。我觉得这是明智之举。3D 打印正是设计的未来所在，不用机器，只是一台打印机，就能做出枪支！不久前我读了克里斯·安德森 (Chris Andersen) 的《创客：新工业革命》(Makers: The New Industrial Revolution)。安德森是《连线》(Wired) 杂志前主编，颇具前瞻眼光。他在书中谈到了桌面上的生产、个性化生产以及未来贸易的重要性要远远高于购买，这也是资本主义的特质之一，我坚信这是未来的发展方向。3D 打印成本高昂，似乎与经济危机不合拍。

现在确实很昂贵，但情况正在快速变化。十二年前，我想打印一条项链的话，只能去比利时的一所大学，而且非常原始。现在，我可以打印出纯金制成的复杂产品。3D 打印在未来会成为居家必备的基本物品，我拭目以待。需要给孩子组织一个聚会，可以打印出有图画的个性杯子。打印机旁边就是粉碎机，可以把旧的东西扔进去，然后新的可用材料信手拈来。我肯定这会实现……不过也不一定。

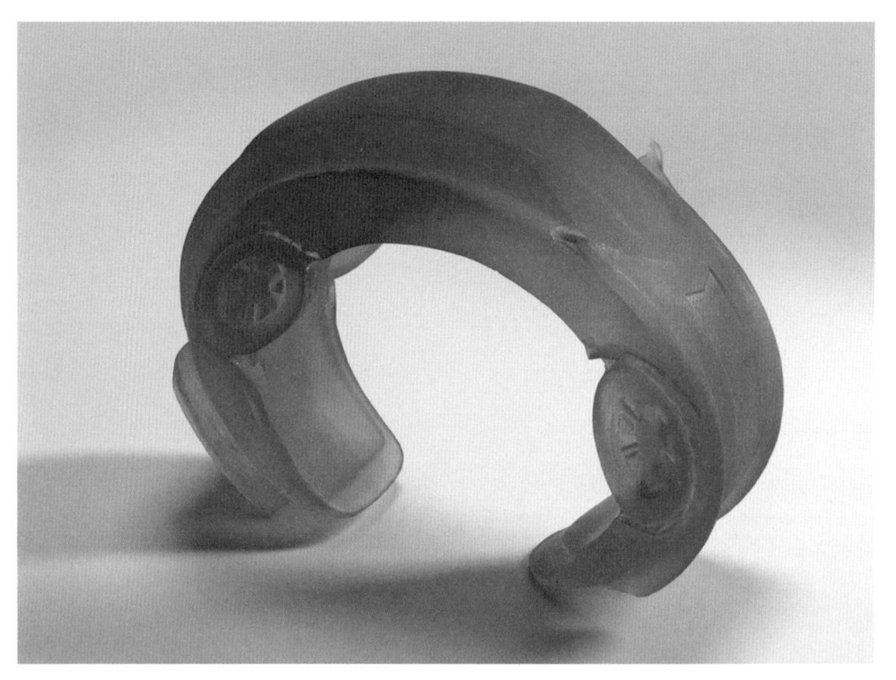

Gijs Bakker, "Chi a Paura ? ..." CHP43 Porsche Bracelet 手镯设计

KV：您怎么看与新材料一同出现的生物技术？

GB：二十五年来，我一直在埃因霍芬设计学院领导研究生项目并在其中授课。两年前我离开了这个项目，但我仍然愿意留在那里，主要是因为我希望聘用年轻的教授，成立专门针对生物技术等新技术领域的院系，要时刻关注社会动向。

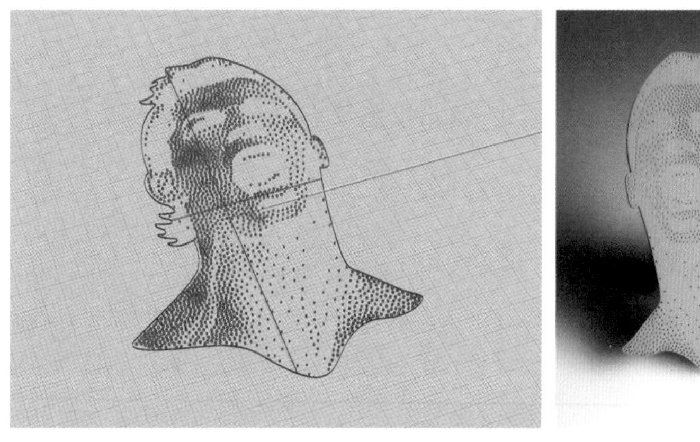

Gijs Bakker, "Ronaldc" 系列首饰之 "Go for Gold" 2013 年

KV：这些教授都来自哪个国家？设计发展最快的领域是哪个？

GB：我现在很多时候在亚洲工作，在中国台湾开办了研究班。不久前，我还与一些来自北京的年轻人一起共事。我真的很喜欢他们，他们非常有活力，有好奇心，精力充沛，对新思想开放包容。我在欧洲完全看不到这样的情形。美国的情况稍微有所不同。亚洲对新事物和机会充满了渴望，我对在亚洲工作始终充满了热情。中国有很多有钱人，他们希望自己的生活有所不同，想要具有吸引力的产品。有需求就有市场，年轻的中国设计师获得了大量机会，他们很快就能够独立工作。与此同时，手工制品越来越贵，中国政府也在努力确保中国的生产水平不断提高，产品具有更高的价值。廉价生产已经过时。所以，我希望机器人都回到欧洲去。尽管新科技不断涌现，还是能够听到“返璞归真”的呼声。

是的，我认为很有必要慢下来，进行思考，这样，产品才能够真正符合人们的需要。年轻的设计师中，已经有人在这样做了。他们回归到手工生产和古老的工艺品质之中。

KV：那也正是您的儿子 Aldo Bakker 的工作方式。他的作品充满了诗情画意，风格严肃，工艺精湛。他怎么看待您的调侃与幽默？

GB: 他从来都不喜欢 Droog 设计，不过倒是很开心 Droog 设计雇用了我，这样我就不会去烦他了。我以前觉得这很不可思议，不过，现在我能理解了。年纪越大，我越能体会到严肃性的意义以及让事情慢下来的必要。

备注：

采访捷克语版本刊登于捷克布拉格国家设计杂志 RESPEKT，中文版首次出版发表于第三届 TRIPLE PARADE 国际当代首饰双年展出版物，感谢 Ewelina Chiu 将采访内容翻译为英文版。

当代首饰的视野：如何当代与如何首饰

□ **受访者：滕菲**

中央美术学院教授，博士生导师，首饰专业创建人

□ **采访者：蒋岳红**

艺术学博士，中央美术学院副教授，四川美术学院特聘研究员

采访地点：北京
（以下采访中“滕菲”简称“滕”“蒋岳红”简称“蒋”）

滕菲，中央美术学院教授、博士生导师、首饰专业创建人。
以当代艺术家身份和视角进入中国当代首饰的教学和实践，开创独树一帜的中国当代首饰教学体系，是当代首饰艺术在中国最具影响力的教育者与实践开拓者之一。她也是首位以当代首饰的表现语言荣获第十届全国美展 (2004) 艺术金奖的得主。学术方面曾策划主持“十年·有声”国际当代首饰展及当代首饰论坛 (2012)，“北京奥运˙首饰艺术展”(2008)，“从前 / 中澳首饰艺术展”(2007)，“未来人类生活方式与首饰”主题研讨会 (2002) 等重要的学术活动。出版发行《寸·光阴》《浮珠 / 滕菲首饰作品集》《生命 / 我们不同我们相同》等多部颇具学术影响力的首饰设计著作与个人作品集。

蒋：“三生万物”中，创作者 creator、佩戴者 wearer 和观看者 viewer，这三个关键词，您个人会如何来体会？

滕：初看这三个词，我来揣度，无非是当你看到一件首饰时，是一个思考者，又是一个制作者。心生思辨之后，这三个词是自在其中的：作为一个

首饰实践者，制作，佩戴，受众或参与或观看，这三者之间存在和滋生的多维交错的关系，也会生成一个场域。

1.“看起来不动声色”

蒋：一个场域。谈话之初，我想作为个人，您是创作者，是观看者，也是佩戴者。您在不同的场合看不同的首饰。什么样的首饰，您会在意？哪一些首饰，会给您触动？

滕：我的兴趣点？

蒋：不同的空间可能有很不一样的兴趣点？

滕：不同语境下出场的首饰，差异是特别显见的。文化学术机构、专业协会和首饰廊的展览中，有的很通俗，但有的就很特别，很少见。少见和特别的是创作切入点的明确选择：有的是材料，有的是主题，有的是思辨。我有兴趣去关注这一类首饰。如果说方方面面都还不错，我可能还愿意去收藏一件。我想这还是自己审美上的主动选择：无论是文字的表达，视觉的传达，还是首饰作为物的招引。

印象中，在巴黎，我有时会看看大品牌的首饰。所谓的“商业”“高端定制”“知名品牌”，这一系列定语已经给出了首饰的一个界定。在这样的语境里，稍微另类一点，更轻松一些，之前不曾见过的，我会多看两眼，但是不爱。有些工艺、材料，主题的构想和用意上有新的突破，会心之处是我比较感兴趣的。创新，在当下不敢妄议。谨慎起见我们不妨先打上引号，那么在“创新”方面，还是有与众不同之处。但如何去解读，可以严谨考察，梳理来龙去脉。无论是哪个方面，有新意，就是有价值的。

蒋：您说的新意，要么是跟传统之间有距离，有变化，要么是跟更广义一点的物件历史之间有差别。Schmuck 的语境里，什么样的作品会触动您，或者说，您会着意去看什么？

滕：在我看来，德国慕尼黑每年一度的 Schmuck 展览和首饰廊的语境类似。真正有积淀的，有自己态度的首饰廊，比如 Gallery Marzee，Gallery Ra 等，相对纯粹，虽涉猎商业，却也极为重视内在品质。

在 Schmuck 展览这个平台上，新的亮点会是我想去捕捉的。亮点很多元，观念特别是一种可能；传统的材料，制作研究方法也非常朴素，但思维方式非常机智，会让人眼前一亮；材料很现代，很日常，通过作者创造性地发挥，捕获并呈现“意外”，也是一个亮点；一旦材料和社会关注点能巧妙融合，浑然一体的表达亮点出现，我会特别兴奋。比如 2003 年 Schmuck 上 Otto Kunzli 的 "change"（注：找零，兑换），零钱硬币上面的形象一点点都被打磨掉，其中的文化指涉，让你欲辨还有余音，蛮有意思。

前些年我和 Schmuck 有些交集，Peter Skubic 曾推荐我参展，但我自己错过了时间。这些年我主张让更多优秀的年轻人去参与类似 Schmuck、Talante 等国际展事。当前已有一些优秀的中国年轻首饰人进入到高水平的国际交流平台中，很是令人欣慰。我也曾与德方负责 Schmuck 展览的 Wolfgang Loeche 先生有过会晤，对 Schmuck 展做过一次全面深入的交流，达成过共同的意向，并邀约我能否为 Schmuck 推向中国做些事。一晃几年过去了，我想是时候为当代首饰在中国更深入细化的推进和传播做些事了。我以为在 20 世纪 80 年代末或 21 世纪初，欧洲的文化、艺术在视觉和精神层面对我的冲击要来得更密集，也更让我过瘾。

图左 滕菲与 Otto Kunzli 谈话，慕尼黑美术学院，2012 年
图右 滕菲与 Schmuck 展主席 Wolfgang Loeche 交谈，慕尼黑，2012 年

蒋：之前的那个时候？

滕：一是 20 世纪 90 年代，我留学德国的时候，一是稍稍往后，我回国任教，还经常去欧洲交流。当然，那时候的生活方式和现在不一样。如今有了微信，图片和信息的获得太轻松了，虽不是那么真实，但似乎又熟悉，似曾相识的错觉和误读成为常态了，冲击力和新鲜感却大打折扣。那个时候，我们看画册，看实物，看展厅里面的一些影像，你会特别安静，闲得下来，

心定。人是要有闲情逸致的。那样一种生活方式让你能闲静下来关注冥思，你体味的感受和感知不是浮光掠影的，而是极度深刻的，深入之后仍保有活力。这种状态不只局限于艺术界，那时整个欧洲的创造思维都处于活跃期，处于上升势头。

现在的情形是真正去做一些没有商业价值的坚持，是需要一股心气的。2014 年我和谭平去欧洲度假，到柏林看看学校，重温彼时的一草一木。一是自己发生了变化。那时候我还是学生，视觉的享受太丰富了，小到一只发卡，应有尽有的形态尺码变化，微妙多变的色彩色系，令人爱不释手，更别说其他林林总总的视觉享受了。二是艺术跳蚤市场在当时也是欣欣向荣的，都是些魅力十足的手工艺术家、手工艺人出没其间。那时欧洲的发展正处上升阶段。年轻的我，就像一块海绵，每天都在自觉不自觉地吸纳，精神上很有满足感。你不会奢望太多，因为已被内心的愉悦和精神的满足占满了。现如今，无论是客观抑或主观有了变化，人的兴奋点和兴趣点肯定也在潜移默化地变换着。

滕菲 1993 年摄于巴黎美术馆前

蒋：作为指导老师，看学生的参展作品和毕业作品，您会看什么？

滕：我看自己辅导的学生作品，可谓是既心在其中又身在其外，或出或入，就不只是看一个结果那么简单。有时候，我也在想，今天真要想能够选出好的作品，就一定要了解作品背后的逻辑以及艺术家创作的过程、理念和结果，要完整全面地去了解。如果想给出一个评判，就不应该仅仅是作品本身了。和作品相关的方方面面都需要了解，去寻求一个多维度的认知，才不会有失偏颇。

我会从三方面的因素去考虑：一是可能会对学生产生的导向。如果推选的只是一种类型，意味着是一个模式，这不大对。相对合理的情形下，会考量同品质多元化。毕竟学生，尤其是本科学生难免有些不成熟的从众心理，单一模式的推举会影响他们的审美倾向，审美的多元引导可以支持学生保持主动性，分享自己的认知和体悟。二是现在学生蕴藏的可能性也很多元，有的在主题上的选择是传统的，但是潜心投入的路径和工作方法自成一体，隐含中有突破，做得到位，我也很欣赏。当然还会着力推进相对更纯粹、更当代的视觉样式和思维方式的尝试或者说实验性。三是对技艺的琢磨和倡导。比如有同学做一个盒子，用精工中的单一工艺——锉来呈现，纹理、花纹、图形就靠一个工具来实现，这也是一种工作方法。

中央美术学院首饰工作室毕业作品布展现场，2015 年

蒋：是探讨技术语言上的潜力，尽其可能的极致？

滕：事实上，还是会更关注每个同学工作方法和研究方法的不同，在不同之处，还能形成自己比较独特的面貌，就得看他 / 她这个人在方法上的创造力和特立独行的把控程度。这些因素都是我看同学作品时刻意去发现和着力去激发的。在专业内部评定的时候，是多元的考量，会考虑到不要面目单一，同时也还需要全面考查学生真正的能力和潜力。今年有一个学生，作品不是特抢眼，但这个学生的执行力，工作方法，自我管理的能力和把事情做到位的态度，都很出色。在看这一类作品的时候，因为了解创作的过程，变化和每一步的成长——无论从首饰本身，还是个人推广，都可以说完美。同学有问题，会主动来找你，问题解决了，明白了，就投入去做。今年我的感触特别深，有几个能力挺强的同学，此时此刻并没能充分体现，但潜质都具备了。

图左 工作室学生和年轻老师在澳洲悉尼美院作展览和交流，2007 年
图右 毕业季与本科硕士毕业生合影，2007 年设计学院大厅

图左 滕菲与恒信钻石机构董事长李厚霖为奖学金获得者焦霏颁奖，2009 年
图右 与本硕毕业生合影，2014 年

图左 滕菲在工作室辅导学生作品，2014 年
图右 展览开幕前工作室成员合影，2014 年

蒋：他们还在成长。您接触的学生也会有一代和一代的差异？

滕：会有差异。看到他们一代一代不同的成长和收获，我的内心感到温暖。现在的学生比我自己的孩子辈还年轻，和他们交流，对我来说也常有新的体会。今年我观察到，有些学生能力很强，不仅仅是对首饰专业本身的学习，在思辨，趣味，作品特质，选择切入点的把控上，每个人也都有自己关注的问题点，有自己相对独立完整的系统，从手艺、文案和展示等综合能力来看都很强。这些方方面面都会涉及审美和观念上的认知。在我看来，学生的气质，作品的特质，都很有当下感，他们就是在这个背景语境里成长起来的，很有时代感，不乏时尚，我相信他们一定会做得很好。

蒋：定义当代首饰，也会有时间段的限定，也是变化中的一个名词。我想，能够打动您的当代首饰的标准有没有变，或者只是触动的点变了？

滕：标准也会变。我自己现在也处在一个看似混沌的阶段。此时此刻，我也还在厘清。身为教师，问题的思考肯定也会带入到教学里，和学生一起来沟通与分享。有些问题，我会坦言相告："我还没有好的建议能给你。"这是严谨也是相互的尊重。有些时候，我还会从他们那里学到和看到一些新的趋向。生活方式、消费态度在变化，审美一样会随行其变的，或许在不露痕迹地变或者是突变，不会不变。这些变化也对我的思考产生影响。所谓标准，通过自身的积累和加持，潜移默化，就会形成一种新的认知。只是当下社会变速在加剧，人的内在需求又会是怎样的情形？标准跟审美的调试也需要学习，它要有过程。变化于我而言，是合理的存在，也意味着多了一些可能，一种修正的可能，至少要认识到这一点，才有新的对话。

蒋：让您心动的当代首饰作品是哪类作品？

滕：总体来说，我喜欢"单纯"，更准确地说是大象无形这样一种气质的作品。

蒋：看起来不动声色？

滕：是，看起来不动声色，特别平静，但暗潮涌动的真意是让你能琢磨出来的。还有看貌似特别随意不修边幅，敢于挑战常态并做到极致的作品。

这类气质确实是特别能抓住我的。我个人的注意力会投放到事物的边缘而非盯住所谓的主流，也乐于去发现一些还未被大众认知认同的有价值的事物。首饰也好，或者其他形式的艺术作品，我都会乐见那些看似不起眼，轻描淡写，但内里的质感很有分量，很值得探讨。

蒋：那比如说，您会对哪件作品，有过这样一种偶遇？

滕：Otto Künzli 的作品，我最早喜欢的是他握在手心里的“水星在我手里”(Mercury in my hand) 和“反光戒指”(Catoptric Ring)，一个是手镜，一个是镜面。最初是在画册里看到的。我能记住的，是类似这些有哲思的作品，禁得起思辨和耐琢磨的作品。那枚握在手里的手镜，抓在手里，就是在跟身体发生关联，是一种携带，携带也是佩戴。看起来不是特别起眼，但可以洞察，有深邃感觉的东西总能让我感受到动人的可能性。比如 Manon van Kouswijk 的“珠制项链计划”，看着很不起眼的一串项链，珠子是用手来捏，但是珠子怎么做出来，为什么是这种形状？Benjamin Lignel 写过相关评论：她的珠制项链系列，遵循一套严格的方法，比如第一串的珠子是用两个手指捏的，第二串是用四个手指，第三串是用六个手指，第四串用八个手指，第五串用十个手指。她这么去做项链，看起来好像特简单的一种事情，实际上是她的工作方法有她的一套系统。

蒋：也有她手控的痕迹和力度。

滕：看似很感性的表象下是理性的脉络。以这种方法的延伸产生许多不同项链系列的作品。如果光看形式表象不去了解内在，作品有趣之处就会被弱化，有损该作品实际创建的研究方法的价值。

蒋：她提供了一个规则，也提供了一个限制。

滕：对。她的规则是与众不同的。设限，是她的一种工作方法，通过建立一套游戏规则来形成创作方式。我喜欢的还不仅仅是她有一个限定，而是她还很克俭。那么简约的一种创作方式，却能呈现出丰富多变的样貌。这本身就是非常有意思的事情。

蒋：通过设定规则，演变出很多不同的结果。

滕：这一类作品，带给我的满足还有源于首饰之外的部分。首饰本身是物件，与之相关联的还会看到她的图册，图册背后的背景资料，透过呈现的背景图像，你能看到她整个思辨的脉络。透过看似不搭界的一堆破土、一棵树、一个门角，诱发观者对其中暗含关系的思考。心智的开启既取决于客体（作品）更源自主体（观者）的段位。这也是我为什么说不能仅从作品本身的表象结果来判断其意味的深远。

蒋：这里面体现了一种通感。

滕：对。如此才能看到一个艺术家作品背后，人的质感的不同。它有厚度，有张力，张力的强弱差别各有不同。应该有意识地培养年轻学生这种可能性。

《对话与独白》在中国美术馆展览现场，2004 年

蒋：当年参加全国美展的首饰作品获得金奖，从您个人来说，只是一次发声而已，但对于整个中国当代首饰当时以及后来的发展状态而言，还是一件标志性的事情。展示，其实也是观看，那个时候您是怎么设想和实现的？我也想知道在那之前您怎么想，在那之后，回过头您会怎么看？

滕：整个事件，无论于我个人，还是对于整个中国的首饰艺术，首饰设计在当代中国，还是全国美展本身，大概都算是投了第一颗激起涟漪的石子和加了一份够剂量的酵母。全国美展是四年一届，我参加那届是第十届2004年开启的，第九届全国美展开始增设了设计类别，让首饰得以被纳入到全国美展。参加全国美展初始动因是时任中央美院的潘公凯院长倡导大家要介入全国美展活动，要求美院老师参加。基于这个背景，我想要去，就要发出当代首饰的声音。

经过好多次不同层级的初选。入选作品和优秀作品先做一次展览，不同的艺术种类分布在不同的城市不同的场馆，分项展后获奖作品再度终审确认，尤其是对金奖作品，之后所有获奖作品汇总中国美术馆展览，展览两次时间跨越了2004至2005年度。我记得先是在上海美术馆分会场。因为作品小，看似无须他人帮助。当时到上海去布展，非常不易，展馆只提供场地，其他一切自己解决。出发前自己设计好了一些既能当盒子又能当展柜的木质装备。力求既方便又不失巧妙。布展时间紧，空间局促，有很大的局限。我选择了没有镜框的卷轴上墙，将佩戴首饰的人物图像，与前方作品展柜发生关联。三个一米见长的有机玻璃罩，内置磨砂有机玻璃盒当展台，作品固定其上面，底下三个支架，把展台展盒一举托至1米三四高度。

获奖作品展是在北京，中国美术馆，被放大了空间，展柜尺度也可以宽松许多，之前的白色变成黑色金属喷漆的支架。展台部分外面是有机玻璃罩，里面我做了一个金属的立体网托，与下面支架同色。我把所有的首饰都焊上了一根细银柱，可以插入看似柔和的网架。银色的首饰像一个个小精灵飞舞在空中，整体效果既灵动又强烈。展览开幕现场，引来许多人的关注，记得有些来自中央戏剧学院的年轻人，问了我许多展示方面的细节，说是对他们做舞台设计特有启发。背景我选了岳敏君、方力钧、刘炜戴着首饰的三张图像，扭头的是方力钧，他的身体这么一扭动作做得很到位像是太极架势；岳敏君，表情比较有戏，颇有以静制动之功效；还有刘炜那张拍出了珍珠的温和感，戴的是珍珠戒指，与一角小茶几相拥，透着些许古韵。展览现场配置了这三张图像，拍摄时还有谭平、叶永青、缪晓春等几位活跃在当代艺术界的艺术家，我请姚璐老师来担任拍摄。

《对话与独白》摄影作品

蒋：当时怎么会想到是男人来佩戴？

滕：作品较传统风格是很夸张、硕大的。佩戴这些首饰的他们，作为艺术家个体，形象鲜明独特。那个时候也是他们最活跃的时期，挺具有代言的一种状态。我需要不拘一格，有叛逆感。这组首饰的体量也正是他们可以承载的了的，所以请他们来做代言，可以诠释出这种新首饰的当代视角。

蒋：叛逆和不拘一格，一出声就是很不一样的选择？

滕：既然做了就要让人家看到，你想给出当代首饰的动静，跟传统、过往的都要有差异。男人戴的首饰，是很清晰的预设和选择。一个新的面目出来肯定也是希望大家真正去关注它。他们作为代言人跟我做这件事情本身要诉说的内在也是相通的。是有一种反叛，有一种不同于传统的表态。当然，该系列作品的核心价值还在于，它改变了对传统金属坚硬冰冷的审美习惯，通过指纹对金属的介入使其变得温暖，赋予金属于温度；同时，也提出了手工劳作所采用指纹要述说的诚信概念。这是对按指纹示诚信的中国传统文化的传承，让传统根脉在当代首饰中得以孕育与衍生。

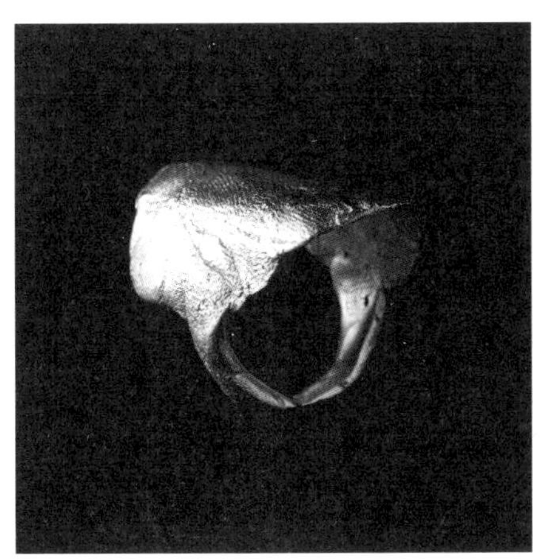
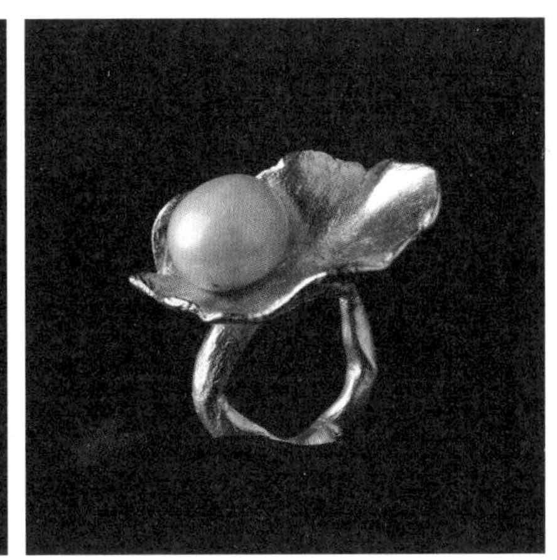

图左 获第十届全国美展金奖作品《对话与独白》二十余件系列作品之 1
图右 获第十届全国美展金奖作品《对话与独白》二十余件系列作品之 2

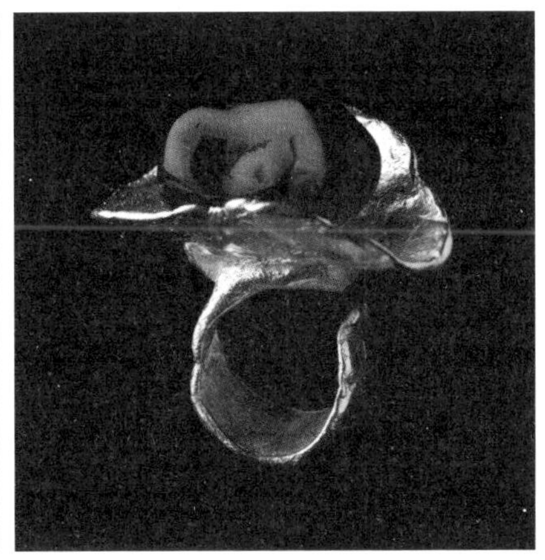

图左 获第十届全国美展金奖作品《对话与独白》二十余件系列作品之 3
图右 获第十届全国美展金奖作品《对话与独白》二十余件系列作品之 4

2. “携带也是佩戴”

蒋：您提到携带也是佩戴，佩戴是物件和身体的一个关系？

滕：如果佩戴作为功能，为的是不影响到正常生活，可能要涉及很多关联的问题，因为它是有限定的。单单提出一个佩戴的概念，我的直觉是只要跟身体发生了关联，和身体发生着关系，佩戴就是成立的。

蒋：无论您的心态是小心翼翼，还是很尴尬，都会发生作用？

滕：是的。没有功能这个前提，我觉得只要跟身体发生关联，都是佩戴。如果有前提，前提一二三，针对前提逐一来提供解决方案。如果从概念本身来思考问题，那会有诸多的可能性。如果说到佩戴的传统，作为佩戴物件本身的媒介，通常是衣服，不是体肤。又或者说戴就是套，只要穿过去，就成立。反之，物件本身不具备任何配件，我通过衣服的空洞来穿插，也还可以考虑物件本身的形态让身体参与进来的可能性。

蒋：比如 Peter Skubic 的 "Jewellery Under the Skin"？

滕：对。那是一件比较极致的首饰行为作品。在 2012 年“十年·有声”的研讨会上，被提及这件作品时，Peter Skubic 表示自己现在都不太愿意提它了，我能理解他的这种态度。年轻时候，他必然是激进的，极端的。年龄大了以后，能够举重若轻，他想做的事情是四两拨千斤的。这是不同年龄状态下人的心理到生理的自然变化。他经历了许多，并得到了历练与积淀。他更加地自信。自信带来的是宽容与随和。年轻的时候是靠本能，靠行动力，用更多物理性的冲击去实现他的想法。他年轻时候，在那个年代很激进，这是他自身的特质。年纪大了之后，他回看时或许会感觉“不必”，我觉得也都是真实的心态。

蒋：您会对那个作品有触动吗？

滕：我会。

蒋：他的行为还是有言说的。

滕：在那个年代，他已经敢于如此彻底，是蛮极端的，至少在态度上，这是探讨何为首饰的一种蕴含思辨的行为，非常前卫。

蒋：单拎出佩戴这个概念，如您所说，可能性有很多。那么，在您的创作中佩戴会作为一个主题词吗？

滕：这要看具体情况。目前，佩戴性还不会作为唯一束缚我的主题词。我还是在追寻自己内心最想去碰触的问题，佩戴在现阶段还不是我最重要的关注点。除非在我的研究课题里，佩戴成为一个不可忽视的绊，那我一定会把它保留在这儿，深入考虑，解决好这个羁绊。我的选择更多还是会遵从一件作品本身的逻辑。首饰是我感知艺术世界和现实世界的一个切入点和入口，出口落在哪里，如果并不是非要放在首饰本身，不妨走得远一点。

蒋：这是您作为创作者面对佩戴作为一个主题词提供可能性的选择。但作为个人，您会在什么场合佩戴首饰？

滕：比如今天因为天热，感觉越简单越好，我什么都没戴。有些场合，作为老师、演讲者，或者是事件的参与者，在一个比较正式的平台，人们势必要关注到你。你的出现和在场是有一定象征性的，戴什么，用什么，它们是身体的一部分，都在言说。这时我会比较在意，有选择地佩戴。

蒋：通常什么时候会戴自己的首饰？

滕：我的首饰作品存放的时间会更多。来看来玩的朋友可能会戴，戴它时也会按各自的方式去演绎，好玩，好看，也挺高兴。好像自己的作品中有一个很简洁的项圈曾经戴得比较多，那是一个很贴合颈项的圆环，两端有开口，项圈由细变粗至中央，嵌有一块蓝莹莹的琉璃，蓝绿，有时变紫，有时变绿。在不知道光线对琉璃会施以魔法改变其色之前，我曾被吓到过，以为自己拿错了项圈。戴首饰一定会考虑装束、色彩和造型的整体关系。我也喜欢戴戒指，方便有效，戴耳饰，一定选很简约的。

蒋：您会在特殊场合戴特殊意义的东西吗？

滕：说起来，我的东西好像都是有特殊意义的？比如说“那个夏天”，别人戴会款款地搭在肩颈处，很有装饰感。我要演绎这件作品肯定就不是这个戴法。这件作品我本人不会在日常生活里去戴它，日常不适合我要演绎它的庄重感。

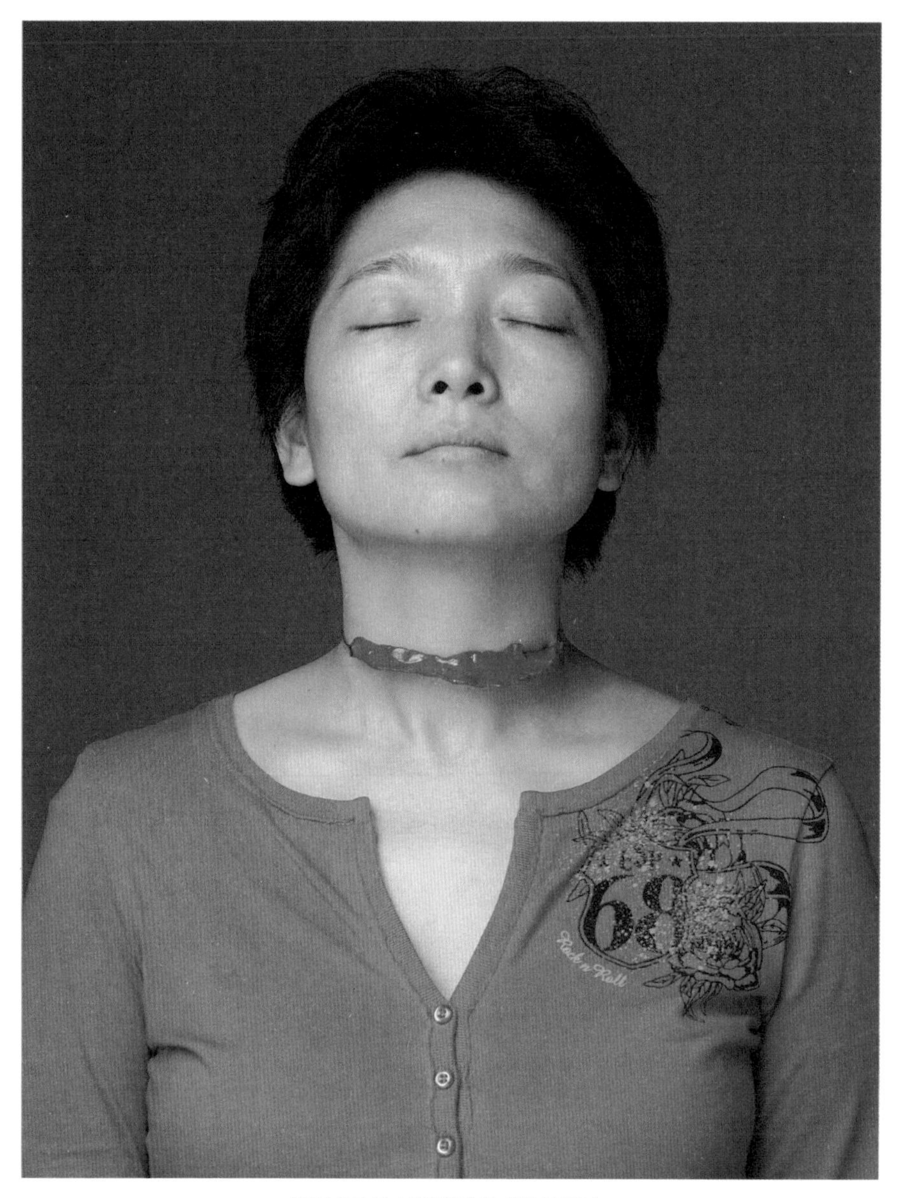

2007 年个展中的首饰作品《那个夏天》

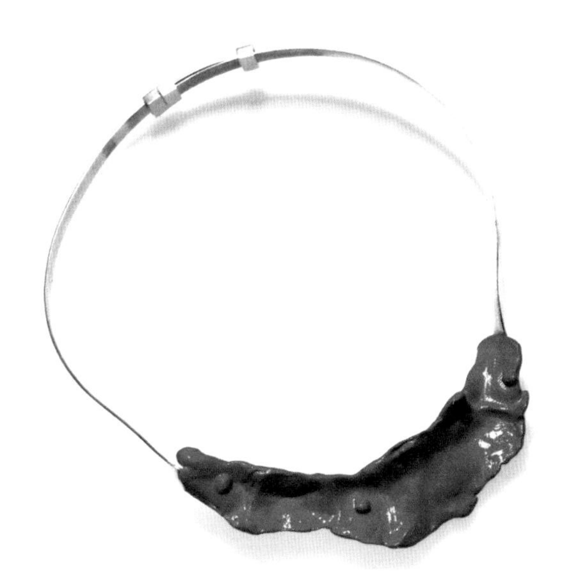

滕菲，首饰作品《那个夏天》，2007 年

蒋：好像戴学生的作品比较多？

滕：是的，学生的作品我戴得比较多。有时候也是从颜色的角度来选择，对它的寓意没有想那么多，毕竟是在日常生活中，会忽略一些东西。

蒋：您寸金寸玉也没戴过？

滕：没戴过。

蒋：说起来，有的作品只是有一个首饰的可戴，但并非是必戴？

滕：是的。我赞同 Peter Skubic 在“十年·有声”的研讨会上的观点，他提出首饰为什么非要戴呢？我不戴它就不是首饰了吗？我这个首饰放在我兜子里，它就不是首饰了？它也还是首饰。

蒋：我记得《寸·光阴》展示的时候，是“背”着的？

滕：在展厅里或者展示现场可以背。但在生活中真要背呢，作品的体量还需加大，它的夸张感还要考量。展示环境里，在挺素雅的一种状态里那个体量我觉得够了。

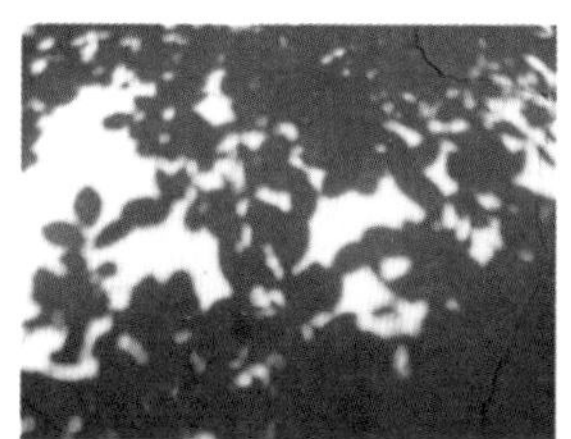
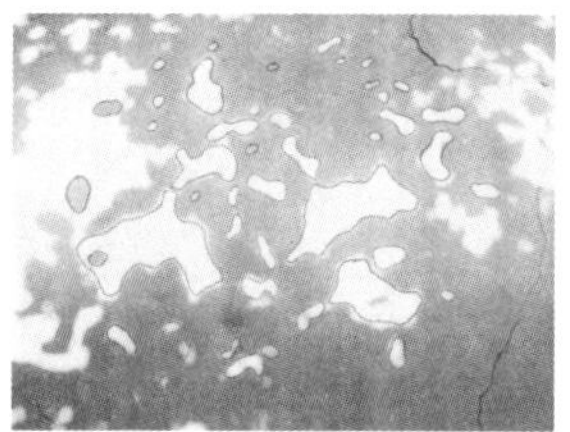
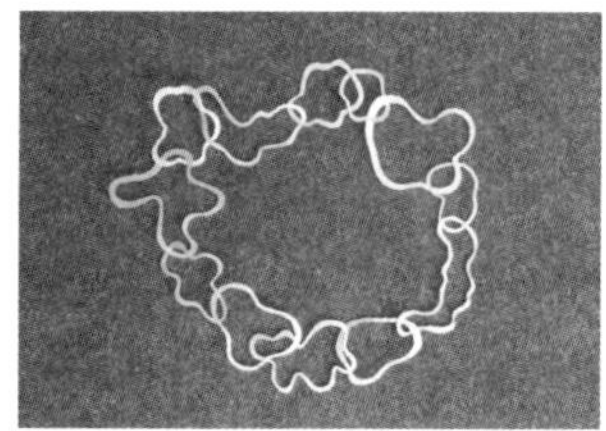

图《寸·光阴》作品的设计思维过程 1、2、3。

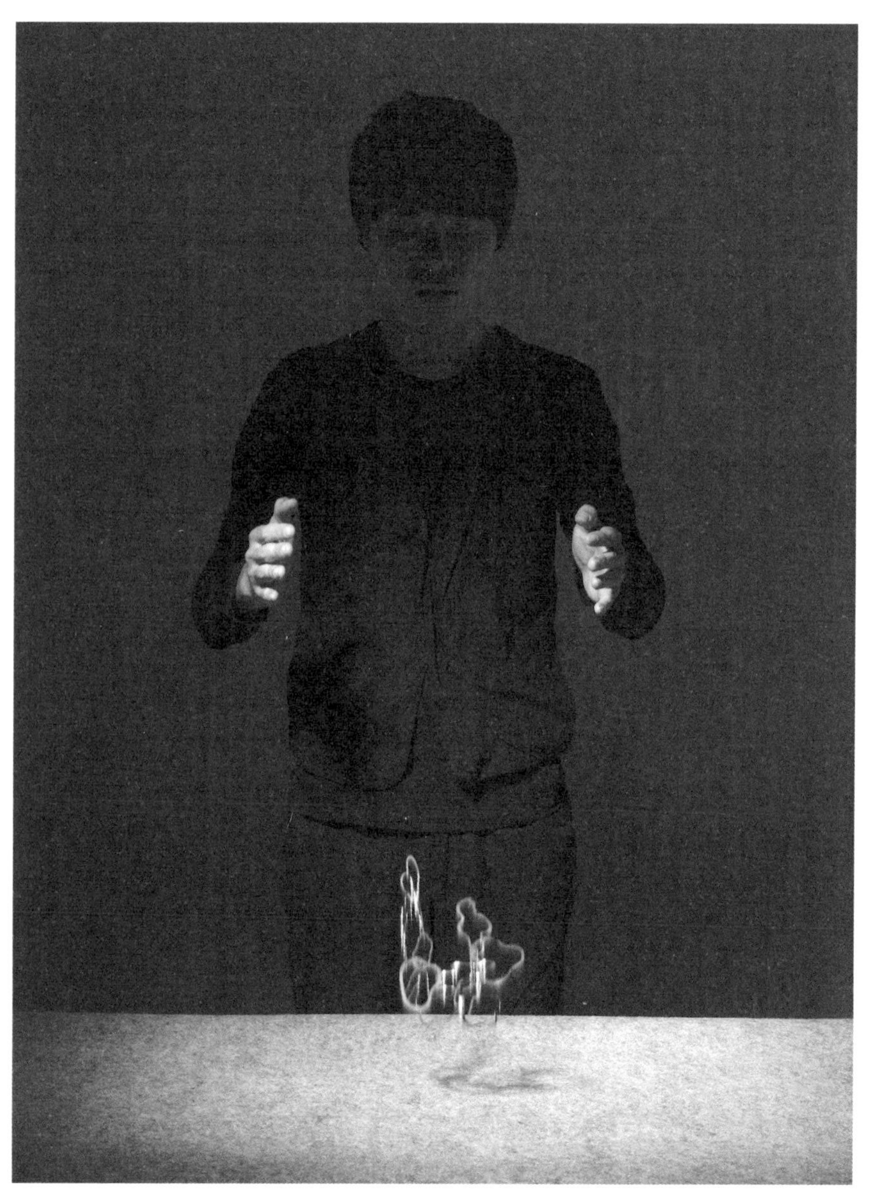

《寸·光阴》作品的过程 6

《寸·光阴》作品的展览现场

首饰《寸·光阴》，材料：银、钛，尺寸：10cm

“太阳是你的玩伴，我在她投来的光影中捕捉精灵。股掌间一捧光的精灵，分分合合、聚聚散散，为每个玩伴凝结出一寸唯你独有的光阴。你从不奢望可以拢住遥不可及的太阳，却意外地在行囊中收纳到一片属于自己的阳光。”

蒋：在您的作品里面，那个被切割的奥运五环，基本上在场的人都要戴，而它的切割本身是以佩戴来标示主体存在的，在那样的语境里面是人人都被要求佩戴的，是用作品预约了观众的佩戴？

滕：对，佩戴是被预约的。这件作品我更着力于如何设计这个圆环，五个圆环，我怎么去切。我当时选择了对环壁做不同角度的切割，90 度，45 度，还有 15 度，同一个对象，同一个动作，表达出很多的不同，大小不一，是有个体和整体，同一个和这一个的设计概念在里面，在场的大家选择佩戴，一方面是解构它原本外显的整体形式，这个语言也因此散落在更大的空间里，成就出另一种隐含的整体形式。

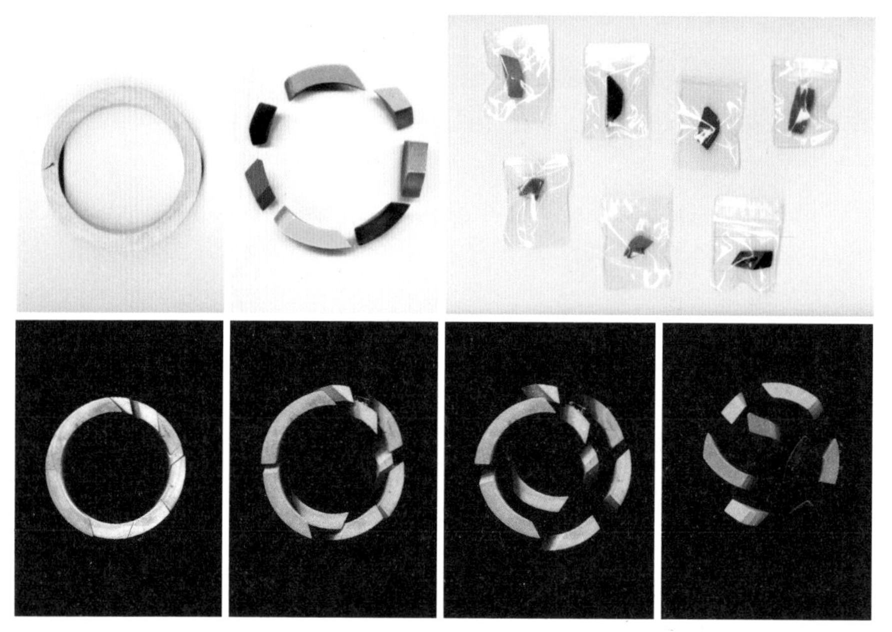

2008 年北京奥运全国设计大展首饰作品《生命》，创作思维过程图

蒋：这个戴也可以解读为一个观念的佩戴，如果没有别针它也是分开，切割本身是一个解构，但最终是要分享的概念。

滕：是分享的概念。冥冥之中这些佩戴者之间又建立了一种关联性。

蒋：有一个隐性的携带在里面。在这件作品里面，我们会发现，比如说无论是观众，还是创作者本人，还是我们说到的佩戴者，其实是一个整体，三者的角色是勾连的。

滕：每一件的不同是由切割角度决定的，单一分开，是独立的小件首饰。现场的佩戴是作品实现的必需。当时现场把十几组五环全都散发掉了。我把它当作一个首饰的行为艺术，也是把它作为一种行为和公益事件在做。

胸针首饰作品《生命》被 2008 年北京奥运全国艺术设计大展开幕现场嘉宾佩戴，北京

胸针首饰作品《生命》被不同的人（“生命”）佩戴，2008 年

蒋：您还记得您自己的第一件首饰吗？

滕：我还记得做的第一件首饰，是用紫铜做的。但我佩戴的，拥有的第一件首饰，不是我做的，是朋友送给我们的，云贵一代的银饰风格的戒指，算是结婚戒指吧，一男一女的对戒，在戒面上有两个 H，也不知道为什么会有那么两个字母。还有一件我外婆留下的连环戒。记得当年有个毕业生毕业设计时借去模拟了一个，想探讨老物件与新仿品的问题。这枚连环戒指，我小时候还拿在手里玩。

蒋：说起来，在中国传统的首饰佩戴中是有一个把玩的意图在。

滕：今天这个时代渐渐平静下来。极速发展过后的归复平静，无论是个体还是整个社会，都在回望。传统里面有的东西，若不经过提炼拿来就用，未免会显得太过累赘。这里不仅指向繁复形制的沉重，也有指涉精神上的负荷。轻装前行才是当下精神需求的匹配。但是传统里面有好多精髓，比如刚才讲的这点，它既可以把玩，又可以佩戴，平时还能用，做工也恰到好处，是不是可以提炼出来为我所用，古为今用。细说起来，还有很多有意思的节点。我个人可能对玉会接触或者关注多一点，无论是新的还是老的，都会关注，去琢磨，去了解更多。

蒋：《寸·光阴》《朵·颐》里面有玉，大家一提到玉，还会想到养玉？

滕：盘玉。玉的特质，我喜欢，内敛、温润、敦厚、祥和。年轻时候会喜欢朋克式的酷形。如今我会更在意随心而为、自然而然。刻意去雕琢，去经营，不是我的诉求。我感兴趣的是那块所谓玉的废料怎么通过我的参与，让它的“废”适得其所，这个理念是我当下自己正在琢磨的。

蒋：我倒是挺好奇的，金、银是大家比较熟悉的一个状态，玉很自然会有文化预设，礼玉？

滕：玉文化本身就丰富而深厚。传统中讲一块好玉，尽可能去保持它的原汁原味，雕琢不够完美的部分，来让它变得完美。这本身是挺好玩的一件事情。首先要觅得自己的路径进入，而后方能对玉无为而治。说到底材质最终透射出来的一定是精神上能感受到的东西。

蒋：您对它的介入体现的是您对它的一个态度。

滕：因为你的介入，它呈现出样貌。也因为你的介入，它就要有变化。

3.“不同的维度”

蒋：我翻看了您的作品集《光阴集》(2008)，文字和作品之间的关系，您会怎么思量？

滕：我之前的基础比较多元，看似多元，内里却始终还是一致的。光阴也是时间、岁月，我始终在围绕这个脉络。写文字思考是它，做作品呈现也围绕它。当时就想要把岁月的碎片化记忆通过作品的方式卸载下来，好多都没有梳理，文集是让我自己做一个梳理，然后可以放下。

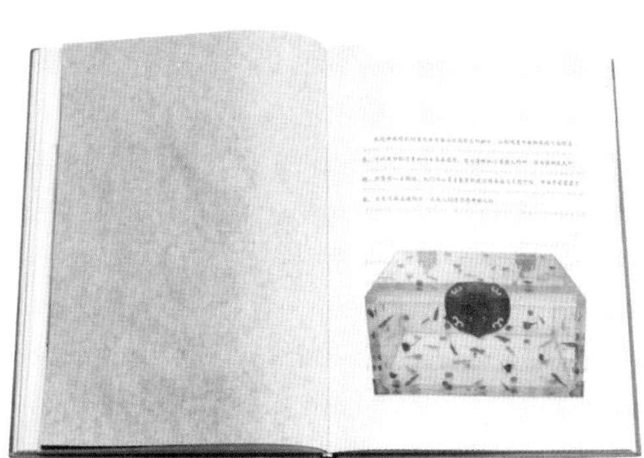

《光阴集》是在 2010 年 6 月出版的文集，里面收纳了选自 20 世纪 90 年代以来自己的随笔，一点散淡的痕迹。它关乎生命与情感，映射着艺术、设计与人生的错综关系。

滕菲当代艺术装置作品《中国匣子》，1996 年

过程中也有一些作品的相关文字。最早是《江苏画刊》请艺术家讲一讲自己在想什么，做什么。我给《天梯》写过一段文字。好多作品都写过一些感想。装置作品，首饰作品，都有些思考的文字记录。零零散散，什么都有。我平时不善于也不喜欢太多的言语交流，似乎通过文字交流更有效。《光阴集》更多是文字，把自己的成长经历和变化，从作品到文字思考，做了薄薄的一册。设计师谌谌对该书的设计可谓用心。他对该书的气质揣摩贴切，对图与文及中英文关系的设计，封面、内页材质与印制细节的把控都非常到位。

蒋：用了透明的纸来叠加。

滕：有的作品是正反面的，因为感觉有时候光看正面好像还不完整，正反互见，薄薄的半透明，很生动、亲切。当时也考虑尺寸，考虑收纳方便。我做这件事情，是梳理自己，给自己建立一个档案。设计师对我的认知，包括文字，整体感受是温馨、舒适、素净。我总觉得越简越少是越贵的，有意无意的，这是天性。无所谓好坏，每个人有自己的想法，受众自己去找共鸣，自然而然就好。

蒋：那文字的表达，在您的作品中，有些时候它承担什么作用，是解释？

滕：对文字跟作品的关系，我以为文字可能还不只是用来解释这个作品，文字是另外一个立面，另外一个维度。文字折射出的是作品本身做不到的另一个维度上的东西。当单一的手段不能很准确地去诠释时，这样的尝试也不失为我的一种追求。

蒋：《浮珠》的作品集，内里的每一页都是打开的。有文字，有图像，会有一个很有趣的关系。作品并不能直接被看见，需要有一个抽出来的动作。很有意地要打造收纳记忆的概念么？

滕：《浮珠》集是我人到中年回顾儿时生活的一段记录。回忆的记录做成这么一个作品，也是一个集子，里面有首饰作品，有文字，还有相关的背景资料。儿时的东西都成了记忆。记忆是要靠收纳来保存的，装帧设计采用了这个方式来收纳作品图片。有些模拟老相册的纸袋，纸插角。用纸很讲究，多层折页是为营建贴切的意境，精装的封套采用盒式收扣，灰绿的绢面微微泛光，恰如作品中的珍珠，透着珍贵和含蓄。装帧细节都为传递内里收纳的珍贵。首饰给人一个固有的认知就是珍贵。虽然当代首饰不是以材质的贵重来定贵贱，但有一点，它受人珍视，因为很珍贵。“珍贵”这个概念，在当下内涵更丰富了，有故事，有纪念性，或者是一段关系的特殊性。真正珍贵的东西值得人珍藏，珍惜，爱惜，呵护。

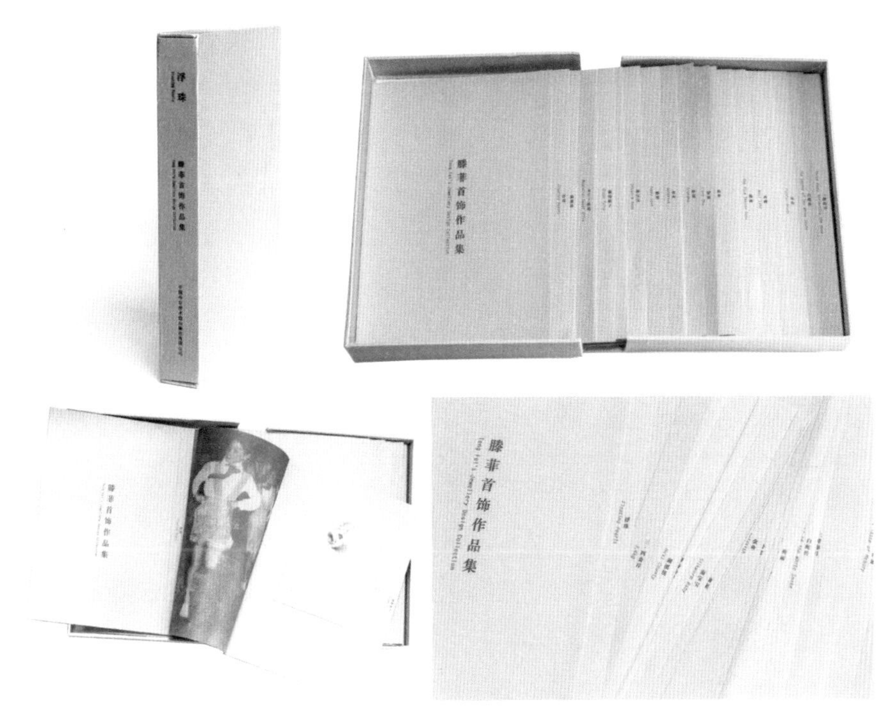

滕菲首饰作品集《浮珠》全集

《浮珠》，既是对已经有距离的这段生活的记忆和回顾，同时又留下了自己人到中年的印记，《浮珠》集中的第一件作品是 3.4kg，自己出生的记录。

在我儿时的那个年代全国最出名的是南京小红花艺术团。杭州也开始学习，便有了这个浙江省的重点文艺小学——杭州市大关小学。十六岁我到北京美院附中，生活另起了一个段落。二十六七岁去了德国留学，三十五六岁再回国任教，有时会感到时光真的在来回穿越。回望抑或前瞻那些人、事和物，在记忆的收纳里有种不很确定的存在，但存在里又有写实的真切。那是一个珍藏岁月的记忆。

蒋：如果说 2004 年的全国美展是您作为当代首饰创作者的一次很特别的发声，那么在您创立美院首饰专业十年之后的“十年·有声”国际当代首饰大展，从 2012 年至今也还在持续发酵中，您个人会觉得这个展览的意义在哪里？

滕:“十年·有声”它不是为自己做,也不是为中央美院这么一个小平台做,它更多的是为中国的同行者,为当代首饰领域打开了一扇窗。作为一个展览,它的意义真不小也不单一。它让我们国内国外在当代首饰专业领域里的耕耘者、教育者、从业者看到在这个时期终于可以建立起高水准的对话了。

2012 年的展览具有历史意义，同期的这个研讨会更是具有极高学术价值，之后也做了梳理和编辑，“十年·有声”国际当代首饰论坛文献于 2013 年末已由中国今日美术馆出版社出版。

这次论坛对与会艺术家同样会有一个很好的体验和记忆。国际杰出代表聚集一堂，深究学术畅谈文化与社会需求。研讨会现场精彩、活跃、激烈、尖锐的情景令人记忆深刻，演讲者当中至少有三分之二的人士在很多专业问题的认知、思考和追究上是有共识的。他们在这个领域都有很高的造诣和各自的建树，虽然年龄时段不同，但在同一个认知水准上的大家相谈甚欢，讨论的焦点，是当代首饰无论在国外还是在中国的现实境况，方方面面都在我们营造的这个场域上做了一个很好的探讨。这件事情本身的意义和价值，让参与的人都感觉非常振奋。

“十年·有声”国际当代首饰论坛 / 展览，2012 年，中央美院美术馆

“十年·有声”国际当代首饰展览出版物画册，2012 年

这个事情本身的发酵意义是对展览和研讨会的放大，意义更是非常大。它呈现了多元，多方面的状态。研讨会是全方位的、批评的、研究的、经营首饰廊的，包括我们的菜百都到场了。Marzee 是欧洲极具代表性的荷兰首饰廊资深廊主，也到会作了报告。之后她向我和 Iris 发出了邀请做一个 CAFA(CHINA) 和 CRANBROOK(USA) 为期三年的展览项目。在这个过程中，我们四五个学生送到她那去实习，对于她们来说影响特别大。去实习两三个月是一种，还有一种是每年毕业季都去。每年毕业的优秀学生推荐过去，现场跟别的国际上各个院校共同来讲述自己的作品，交流之后还评奖，我们 2015 年得了一个 Marzee 奖（李一平）。2016 年又获得 Marzee 大奖（周薇）。李一平现在是研二学生了，近期去哥德堡交流学习去了。我期望学生都能大开眼界，多看，脚踏实地，多干，她会有更多的收获。“十年·有声”展览之后，带来更多的是交流。

MARZEE

Invitation

Please join us on **Sunday 27 March 2016** at **4 pm** for the opening of the latest series of exhibitions at Galerie Marzee.

Cóilín Ó Dubhghaill
Transmutation
objects
Cóilín Ó Dubhghaill's new series of work takes the multi-spout form of the tulipiere vase as its starting point for an investigation of form and a reflection on the relationship between object and value.

Cranbrook Academy of Art (USA) & Central Academy of Fine Art (China)

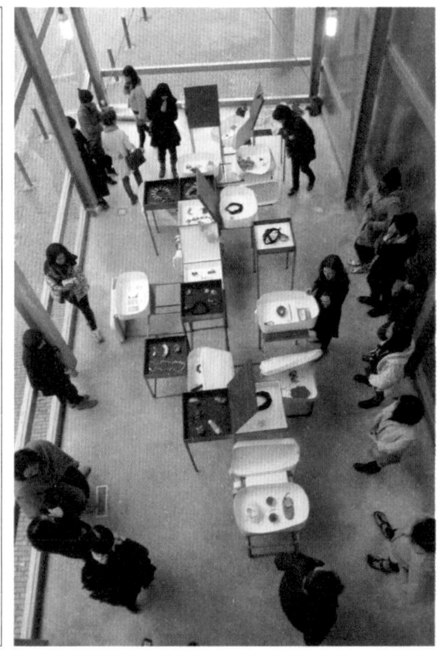

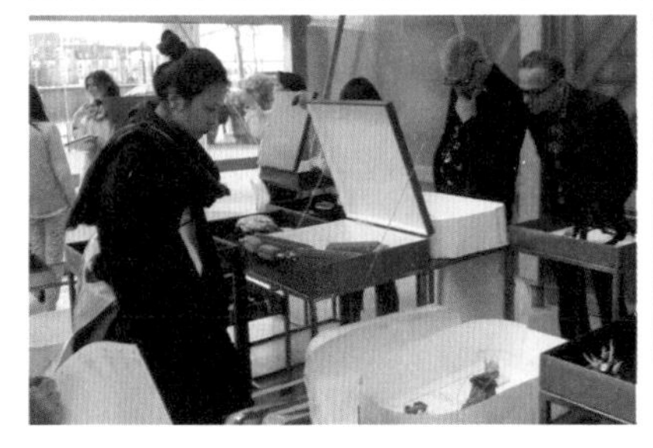

中央美院作为荷兰 Gallery Marzee“全球毕业生邀请展”两所主宾院校之一参展，2016 年

蒋：这么多年，您会不会觉得当代首饰的佩戴者，或者说愿意购买和收藏的人群有发生变化么？比如刚开始应该是艺术家比较多吧？

滕：在这方面我的学生比我做得好多了。全国美展结束后，也有一些台湾地区的画廊主动来要作品的。就我了解的情形，还是艺术家群体和设计师群体认同当代首饰的多。受众也是要培养的。我对商业不是很有兴趣。我的学生在服务社会这方面有许多非常杰出的案例。我很想营建一个场地，让大家能经常看到和接触到当代首饰的方方面面，为此我们正在努力中。

4. 如何当代？如何首饰？

蒋：首饰可以被认为是面对和处理一些相关问题的态度，方式和习惯。视之为物件，则承载了很多的关系，和历史社会文化有各个维度的关联。当代艺术的现象分析中，会讨论关系美学，那么具体到关系二字，您会怎么来理解？

滕：对我个人来说，要谈及关系具体的指向。所有的东西，可能都会考虑到跟周边的关系。单就首饰而言，浅显一点，戴在什么样的一个人身上，造型、气质、服装材质、色泽、周边的环境，关系自在其间。我永远不会孤立地去考虑首饰的选材和语言的运用。

蒋：这么说，您会有一个理想的预设，包括他被佩戴的方式？

滕：不是都这样。我最开始着手研究，做材料和装置作品，给学生上课讲的，也是关系，材料的，审美的，都是关系。

同样一件东西，关系发生变化，呈现的特质就会不同。比如纸浆，肌理比较疏松，如果跟一块玉石或者一块金属板放在一起，和密实的视觉效果并置，就会显得比较粗粝。但很细腻的宣纸纸浆和比较粗糙的报纸纸浆放在一起，同样是纸浆，一个很精细，一个就显得比较粗粝，是粗粝还是精细，要看关系。

我一直在讲关系，从关系延伸出去再去讲别的。处理木料，我会要求避开概念化的处理方式，好好去破坏一下，刨得特平，打磨得特光滑，跟婴儿皮肤一样得细嫩和脆弱，这样的手感是不是可以达到呢？如果在上面凿痕，再经过打磨，再去摸，又是另外一种质感，厚重也不刺手，它是有质感的。

再有别的手段介入，木质又会变。从材质本身的角度去思考关系，人是一定在这诸多的关系之中的。

蒋：那么首饰的问题包括什么呢，首饰的类型，首饰跟人的关联，包括佩戴和材料。我觉得这里面有一个悖论，越来越多地在谈首饰如何当代的时候，我们似乎不再谈如何首饰？那么，您会看到的瓶颈在哪里？

滕：无论是首饰如何当代，还是当代如何首饰，我们对首饰的概念以及它和当下艺术现象关系的思考，我个人感觉是都还欠丰满，都还有欠缺。商业款的首饰给我们带来的单调、不满足，会催生首饰跟我们当代的喜好和需要发生关联。

多一个维度来看首饰的，当代如何首饰，首饰如何当代，我觉得这是两个端点，是特别有意思的一个视角。

当代如何首饰，是从艺术的角度出发，我们一直努力在这个点上投入时间、精力和心思。不脱离首饰的概念会有多少可能，我们有职责去研究。中央美院首饰专业十多年的发展，努力在做，做得好了，会更有能力和更有判断力，有更好的建言去告诉有兴趣和热爱的人，但同时是不是也能够把首饰如何当代推衍得更好呢，我也会有这样的期许。

当代如何首饰和首饰如何当代是相通的，只不过阶段不同，也可能是同一个人的不同阶段。比如我自己，倘若方方面面储备都到位，兴趣盎然，必须要有所言说的时候，我的思考和实践也会着力在当代如何首饰这一段。如何能够做好，每个人兴趣点或兴奋点千差万别的，没有孰高孰低。

蒋：在和中国当代首饰实践者的交流中，每每问到如何来定义当代首饰的时候，大多数的回答都会指涉到材料，那您会认为材料是当代首饰很核心的议题吗？

滕：并非如此单一。材料是元素之一，触点之一。你问我如何首饰和如何当代时，我的脑子里出来一张图，珠宝感极强的一件首饰，也可以很当代。这就在于做它的人，甚至看的人是否储备了观赏的能力。有没有能力去驾驭这样的工艺、材料，而且要对首饰语言有特别的热爱，有责任把它做到极致。这样的两个端点，画一条横线，这之间就有好多切片，每个人都可以找到其中任何一个切入点，展开研究或工作。打个比方，把它作为两个端点来讲，一端是走出去，是首饰如何当代。一个端点是当代如何首饰，做得很好，很“首饰”，一看就是首饰，但不同的视觉呈现给你另一种途径，很当代的珠宝。无论是欧洲，美国还是我们都可能在这个路径中，有的靠近这端，也有的在那端。

欧洲整体大概会靠近首饰如何当代，有这样一种面貌。比如工艺语言上的推进。技术层面并不是说越精致越好，而是说这个技术所用的手段做到了非常好的把控。技术很好，很耐看，还不够，这是人的精神气质决定的。如果严格按照我对当代首饰的定义，是要更多思辨、质疑和批判性。因为今天不能脱离首饰如何当代的问题，你必须生活在今天去做首饰，素养、气质和认知，整合起来，对这个人到底在做什么事情是有决定作用的。

这又谈到教学了，我的用心和投入也在此，给学生一些建议，用心去观察，希望这一段的习得对学生来说是终身受益的训练。今年毕业的一些学生，很真实，也找到了自己的方法方式，但是未来到底怎样，还要看自己如何往下走，要靠个人的判断力和自己的努力。

5. 定位自己

蒋：曾经聊到过，为什么中央美院毕业的学生不一样，这个不一样会从何而来？有人说滕老师是从艺术表达出发，一开始就站在了首饰之外。那您自己会如何定位自己呢？

滕：这个问题不太好答。非要说的话，我想我还是从艺术的角度出发去思考，去做作品，去推进一些专业认知的。为什么？艺术是好多认知的基础，有益于别的专业系统做得更有意思更本质。尤其是经历了多年的教学，一届一届的学生，一个一个不同的学生，我会观察，会去看，会得到一些更清晰的验证。无论是我自己进入首饰这一领域，还是我对学生的观察，我们选择的教学方法和学生的状态，以及学生自己毕业之后的机遇和动力，都验证了艺术表达训练的重要性。

还未开设首饰专业之前，我开设课程是从材料实验的概念出发，自己的兴趣点在于做实验性的艺术、装置艺术，鼓励学生从艺术端点出发去生发构想去建立方法去做作品。如今回看，当年的学生无论是建筑专业还是做平面专业，或者最终选择纯艺术，画画，做装置，他们的思维和工作方式都与当年基于艺术的训练密不可分。首饰专业开设后，很多相关的知识和技术我都会去碰触，精力不够，也还是要尽可能了解现状、潜力和可能。因为在中国，当代首饰的实践和教育的确也还在基础搭建的过程中，如今面目也开始渐渐清晰了。南方比较活跃，上海、杭州、苏州都在教艺术首饰，我还不曾有机缘跟他们单独去聊，但首饰艺术和艺术首饰还是有本质差异：一个落在首饰本身，一个是落到艺术本身，最终诉求是不同的。不同学院有不同的教学定位，这是一个很好的现象。正如这些年我一直在倡导的那样，要借助各自学院的背景资源、地域特色确立各自不同的教学定位。

现实生活中，好多东西我都觉得太粗放，实际操作的人也欠缺专业意识。高标准，务实敬业，这些都是值得珍惜和珍视的。或者说这些都是“首饰”，是人的品质中值得珍惜、珍藏的东西。倘若说“首饰”给人的感觉是闪亮的、宝贵的，那么这些品质都是贵重的，都是稀珍的物品，把这些都看成是“首饰”。在我看来，这是首饰和现实生活的一种关系。

蒋：在整个教学实践中，哪一部分状态是您有意识想去引导学生打开的呢？

滕：这是因人而异的。今年辅导过程中比较有特点的是有一位同学选择了非常晦涩令人不适的课题，我理解这个年龄段有这样的选择实属真实。我不能说因为自身的不适就否定他的选题。但最终还是要帮助他把控到合适的状态和尺度。虽然最后他的结果还是有所欠缺，但对一个本科毕业阶段的学生而言，能够做到这个程度，已经是一个不错的基础了。从中我感受到了他具备某种值得的发掘的潜能，我介绍他去了解意大利盲人歌唱家安德烈·波切利，因为从他的歌声里我曾听到了某种打动我的东西，感受到神圣的升华。我希望该同学有机会了解一下，对他的“圣物”继续前行会有些启示。我相信他的素质和他的能力，或许现阶段他还不能觉悟自己的需求，不一定会从中得到共鸣，但将来有一天如果自己突然觉得不满足了，需要找出口的时候，建议他一定去看一看，听一听，对他会有启示。

蒋：这是一个很有意思的特质，您还会预设到将来他有可能会碰到的关卡。

滕：教学中当然会发现学生与学生的不同，有的做事特别清晰，一是一，二是二，也特别明确，特别简单爽快，非常有意思。有一位同学，理解力极好，给他提示，他能懂，我还蛮欣慰的。他对自己的要求就是工艺要精致和完美，把控得非常好。

这一届学生，能力和投入度都很出色，未来自己能走好是最重要的。还有一位女同学的作品没有太关乎首饰本身，从盆栽盆景的观点延展，能力比较多元。摄影跟作品之间的关系把控的能力都很强，但是想表达的东西太多。她毕业后去英国圣马丁读书，我的建议是不要只局限在学校的专业学习。她很敏感，品位很生僻，有点怪，怪得恰到好处，挺大方，又有点诡异，会让人心生好奇。从当代首饰的时尚角度去切入，比较适合她的特点。

几个能力比较突出的学生在思维方式，工作方式和把控能力上都具备了未来成长的可能。我们在教学课程设置上也兼顾了这些跨界能力的训练，所以才有今天的欣慰。我们会观察每个老师指导学生时真正的作用点在哪里，当然学生也有个人能力的强弱之差。

蒋：比如，教学上帮他们做的准备具体有哪些？

滕：思维的训练和工作方式上的习得。

蒋：换一个角度说，作为创作者，您还是会认为思维方式和工作方式是最核心的？

滕：是。这决定了能否把事做得特别到位，是否具备拓展性，有没有未来。对年轻人潜质的养就，不能急功近利只看当下。人都会有迷茫的时候，告诉他们要自信，未来的选项是敞开的，专业的态度要保持住，甚至还要更努力些。随遇而安也未尝不可。当然，我也不是非常乐观，但我感觉得到现在的他们生存能力都挺强的。我从来不特别强调工艺。因为光有手无心也不成。这也是以前工匠跟艺术家的矛盾，工匠常说的口头禅是：“这个不可能，在我们的传统里，历史上没有人这么做过。”但有创造能力的人要去尝试的恰恰就是“没有人这么做过的不可能。”

蒋：有的工匠也会觉得我愿意去做这样一种尝试，但是很少，这需要突破习惯和舒适度。

滕：人要有实验精神，要勇敢。没有勇气，不可能做。我在早前的材料实验课上就讲，我们是在“破坏”，在破坏的过程中，你才有能力发现它的可能性。大家都在做，对这个木头打、磨、凿，有人就不动脑子，做完了就扔了。有的人尽可能去夸大、强化，寻找一种新的可能性。对人的培养，尽早地去提醒他注意被遗漏的可能。看起来似乎没教什么，实际上他在你的教学过程中逐渐有了意识。

蒋：有一个场景，在进入毕业指导这个阶段，您谈一些问题，他们能懂。那您通常会问他们的问题是什么？

滕：具体指导时，基于什么样的基础做这件作品，这个共识我需要确认。

蒋：比如，什么是共识？

滕：有一个同学，毕业作品做得特别极简，一个六面几何盒体，大大小小不一样，只用了锉这一种工艺。工艺不断重复，营造出一种变化，这是她要做的事情。过程中她做得特零乱。这个时候，有人会觉得这样好看。你会去跟她确认，这会不会影响到你最终要的品质和品位？想要做的基调是什么，是不是非常纯粹的，极简的？通过一种单纯性来体现你的思辨和你的工匠态度？那是否要取舍，甚至有的什么都没有？这要去思考。现场先不用回答我。消化以后再去确认。再拿给我看，再交流。她能听懂我的问话。再来的时候，不算完美，但大的感觉基本都做到了。包括你告诉她你做这个“锉”的动作，肯定要去扬长避短，包括改造工具为你所用。沟通交流中，我知道她理解力和接受力，最后她都实现了，很舒服。这是一种成就感，你抛出去扔出去的问题……

蒋：有回音？

滕：对，有声音了。有的同学呢什么也没懂，得从头讲，一年级，二年级该做什么，这个时候你怎么想。如果说他自己还没有形成专业意识，即便这时候从头领着他做，也只能做一个练习而已。不可能像那些懂了之后的同学，会更勇敢、更大胆地往前面走。这是一种差别。

蒋：还是得有足够的积累，每一步都比较扎实？

滕：我们还有空间意识的训练，建筑，首饰和建筑的关系，首饰在建筑里，在建筑外，摆在盒体里和拿出来，等等，这些具体训练。把人放大缩小，把东西放大缩小，这些我觉得都会刺激学生不会从单一一个角度去思考。在挺多元的刺激过后，毕业创作时，再去提点、指导，捋清楚了才能谈到点睛之笔。基础工作肯定要优先做到。点睛指的是最后的布展环节。但是真正进入四年级，开始也都在做基础。

蒋：道听途说，提到 Ted Noton 把工作室全部清空，所有的工具都清走了，说是，我本来有一个杯子，要锯开，换了平时直接拿工具来锯开，但是因为所有的工具都不在了，我就得重新来面对这个问题，思考新的解决之道。您有工作室吗，您的工作室是什么样子的，您又会怎么来理解 Ted Noton 的这个行为？

滕：你在说的过程中我就在想，他做这件事情的意义。他大概是在讲做事情的方法可以很多，不是只有一种办法才可以去解决你要面对的某一个问题。我个人这些年也处在这么一个状态。早些年我在学校做。自己没有工作室，没有条件，没有精力。天天就在学校。要做创作的时候，更多时候是在学校找一块空地弄一弄。我基本上是零敲碎砸，东西随身带着，零存整取地做，随时做。做完保存好，最后集中到一起，随身携带。这也算是一种工作室状态。我一度有过一个工作室，一个相对独立的创作空间。那时候我经常去，哪怕是什么都不做，在那么一个大的工作室里，面对着自己的作品，图片、实物、绘画，就会思考，静静坐着，待着，幸福地享受着，还写点东西，听音乐，完全是你和自己共处的一种生活状态，围绕着自己总体要做的事情在推进。我并不把它仅仅视作首饰工坊，而是……

位于北京的滕菲工作室一角，2015 年

蒋：一个思考的空间。

滕：对。后来的工作室，楼下是父子俩分庭抗礼，一人一半。我在楼上一个空间。好多重的东西，桌子抬不上去。我席地而坐的状态也挺多的。Ted Noton 这样做，还挺有挑战性的。我也会喜欢这种感觉。他最后怎么完成的，有结果吗？

蒋：不知道，没有问。我也只是觉得他提示出来的问题很有意思。

滕：2010 年的时候，我在巴黎待了几个月，看了很多小巷里的艺术品店，有首饰的。有一个最简单的手捏的一枚戒指，跟我的特别像，非常有意思。我不知道卖得怎么样，至少小店每天都开张的，看的人也很多。感觉这种创作力的土壤是不大一样，怎么怪，怎么不同，你就是你，就可以特别。在中国就不一定了，还没到这个时候，未来可能有一天，中国也可以很到位。

蒋：小店里面的首饰您有买吗？

滕：几乎要买，想着先看一圈再找回来。后来找不回去了。当时感觉怎么像是另一个我在这里出现。简单的金的银的扁片。一看就特别亲切。想着如果我能跟这个人见面聊天，肯定能聊得心意互通。我还真聊了几句。我现在慢慢记起来了，当时有一个看店的。我特好奇这是一个什么样的人做的。好像是妈妈跟女儿共同做的一家店。巴黎的商业也是创造力的一种呈现。一家一家看，每一个都很不一样。而且不会有一种觉得是商品的感觉。我有一双设计师做的手工皮鞋也是在那边买的。你就觉得太好了。每一样东西都充满了创造力，而且也很好用。你不会觉得它能把你同质化了。

“飞花摘叶”国礼系列是我受国家外交部特邀为胡书记及夫人赠送欧美国家几位第一夫人特别设计的首饰。飞花摘叶不足为奇一旦注入了艺术家的情感，她则顿生灵性，变得弥足珍贵。在选材上我以“梅”为主题，源于梅花枝干的遒劲坚韧，透出高洁柔美而不失深邃的品格。我选择异型珍珠的独特与纯银材质上象征诚信的指纹都为述说她的唯一。

“细微而平常”的符号与材质可以紧紧地亲合自然中存在的伟力。这是我对东方文化与审美的共鸣，更是对现代人类生活方式的一次反思。

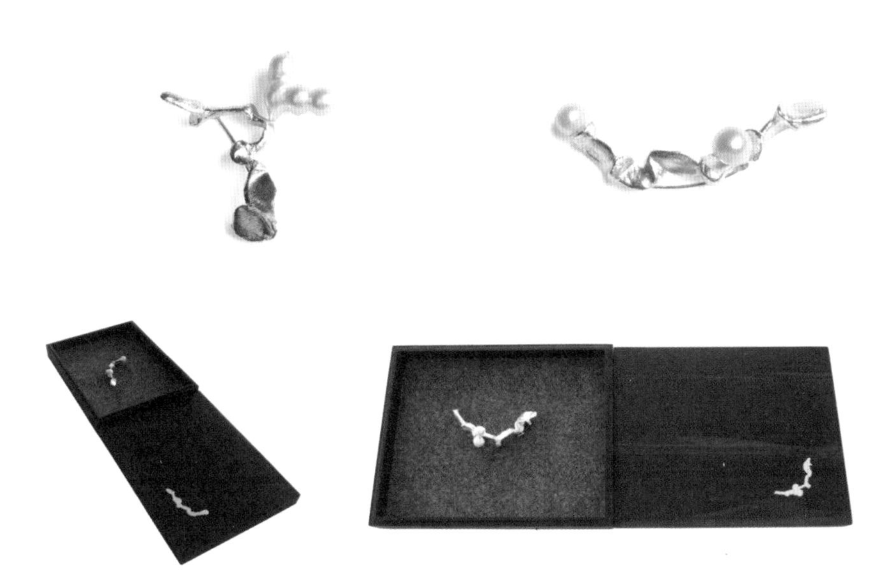

《梅之蕊》2010 年赠予法国前总统希拉克与夫人的系列首饰

飞花摘叶皆有情。飞花、摘叶不足为奇，一旦注入了艺术家的情感，她则顿生灵性，变得弥足珍贵。胸针“梅”的构想源于梅花枝干的遒劲坚韧，她透着高洁、柔美而不失深邃的品质。异型珍珠的独特与纯银材质上象征诚信的指纹都在述说着她的唯一。

蒋：怎么能够在中国看到更多？有时候是因为没有提供足够的选项？

滕：中国有商业。在消费如此“泛滥”的时代，我们也会去关注。曾经有老师，跟我说，你自己做得很好，但是你的学生不能都跟你似的。心手合一做艺术的毕竟是凤毛麟角。很清贫，愿意的就去坚持。既要有首饰如何当代，也要有当代如何首饰。从这个点再去考虑，对我个人而言也还有兴趣的。比如说迪奥的一位女设计师。她在巴黎橘园的睡莲前做了她的首饰展览。她设计的珠宝首饰颜色很浓郁很艳丽很漂亮，也有自己特点和个性。东西很有创造力和冲击力。我当时做飞花摘叶，在尝试将看似很不起眼的平常之物，让它如何变得更有价值，被珍爱。我一直都在尝试如何不坐在象牙之塔里，尝试更多的可能性。另外真正量身定做独一件的概念，也在继续。这都是一种可能性。

我现在有机会接触到一些传统的玉件，很薄很轻盈，体量上可以跟首饰发生关联。对它做再设计的雏形早就做出来了，可是自己一直不确定。几个月过去都没有再往前推进，还是一个落点的问题。我到底要落在首饰的哪个点上，自己总在摇摆，还没有思考成熟，就这么搁置了小半年了，还没有往下做。

你觉得当代首饰这样一个概念，是大家都能理解的概念吗？

蒋：Lisebeth de Besten 梳理过这些相关的定义，比如设计首饰、艺术首饰，还有作者首饰，工作室首饰，等等之后，她还是选择了当代首饰这个概念，有此时此地的意味。在我个人看来，一是我关注和感兴趣的首饰和二战之后的当代艺术几乎是同期的，在时间段上是暗合的；二是当代首饰实践的主题和当代艺术的主题，或者说问题也大多是相关联的，比如科技、新材料、身体，身份认同，等等，无论是作为一种艺术形态或者首饰形态来说，我觉得“当代首饰”的概念都是成立的。

滕：这样的梳理，大概也有助于帮助中国受众慢慢建立一个认知。这么说来当代如何首饰，落点应该还是在首饰，但是首饰到底以什么样貌来呈现，这也可以是开放的。

6. 当代首饰作为一个范畴

蒋：我记得您提到过，当代艺术如果是一棵树的话，首饰可能会被涵盖在里面。选择凸显此时此地的当代作为定语，还是和我们的处境、语境还有历时的脉络有关联的。在您看来，当代首饰，当代首饰艺术家，可能会承载和意味着什么呢？

滕：我们今天谈到的当代如何首饰和首饰如何当代，是我们自己为当代首饰设定了一个范畴。当代首饰作为一个范畴，包含着这两个端点之间提供的一个场域。有认知、有意识、感兴趣的人，这个场域里的事情都可以去做。具体做什么，因人而异，看你能够投入的精力，习得的能力，具备的才情如何。或许，在你人生的进程中原本就暗藏着这么一条让你从一个端点到另个端点的发展路径。每个人的发展轨迹不同，阶段性的、跳跃性的、驻留性的都未尝不可。只要是和这条线索相关联的实践者，都是当代首饰艺术家。

蒋：作为当代首饰的观众来，您会给出什么建议呢？他们应该有怎样的心态，和怎样的观看之道？

滕：这挺重要的。欣赏不同的作品有不同的要求。仅仅是从视觉的审美的角度出发，也要求你具有一定的前情提要，才懂得去选择和判断。每个人的品位是不同的，并非只为区分哪个更高，哪个更低，但是至少在同一个类别，同一个方向，同一个脉络里。你要具备能力去判断好坏。这是有差异的。对受众来说，如果你有尝试了解当代首饰的好奇心和意愿，如果遇到的确非常观念的作品，你首先要对当代艺术有一个了解和认知，要懂得历史发展经历的状况，然后才能够依据发展的脉络，去理解，去吸纳，去学习，去认识。了解，不一定意味着要接受。好比我们买一件衣服，均码的衣服，虽说大家普遍都可以穿，但有的人穿起来是适得其所，有的穿在身上形神脱离。这就要求作为一个载体的你，各种养分都要有所储备，在遇到一个刺激的时候，能够把它和自身的触动化合作用起来，通过这一个触动点让自己的体会得到提升和满足，这将是一种完美的状态和体验。

佩戴当代首饰的人，内在一定会有的共通之处是具有接纳新事物的能力和勇气的，并具有来自于自己独立思考的足够自信。因为佩戴一件当代首饰，对佩戴的载体——这个人，肯定是有挑战的，不是那么轻易就能够习以为常的。

当代艺术也好，当代首饰也罢，都不是单向的，我们如果期冀让它在一个土壤里生长，发芽，一定是对作者，对物件，对观者，对受众都有共同的要求，才能越做越好。为什么我说巴黎一些普通的小店也能创意十足？是因为整体的艺术素养和氛围好。创意可以堂而皇之很正常地作为普通商品在出售，是因为有这样丰富多元足以扶持和供给它成长的土壤。身处其间的感受，是不自觉地就会主动学着去接受。创造性是人非常重要的素养，否则，就谈不上选择。人的天性是喜欢创造，需要创造的，无论是做的人，看的人，还是选择和当代首饰共处的人。令人耳目一新，心意互通的创造力都是中心词。

备注：

本采访首次出版发表于《第三届 TRIPLE PARADE 国际首饰双年展》画册出版物，2016 年，荷兰皇家图书馆。图片版权归属 photos © 滕菲。访谈、整理：滕菲 & 蒋岳红。采访地点：北京中央美术学院首饰专业教室 & 么么咖啡。时间：2016 年 7 月 8 日 & 2016 年 7 月 21 日。

首饰——闪耀夺目

□ **受访者：（丹）Kim Buck**

丹麦著名首饰设计大师

□ **采访者：（挪）Jorunn Veiteberg**

挪威国家艺术基金主席，艺术史学家

采访地点：哥本哈根

（以下采访中 Kim Buck 简称 KB；Jorunn Veiteberg 简称 JV）

国际知名的丹麦首饰艺术家 Kim Buck，曾担任瑞典哥德堡大学艺术学院 HDK 的客座教授。
1990 年起在丹麦哥本哈根成立了自己的设计工作室和一间独立运营的画廊。他的许多作品都在世界顶尖的设计博物馆展出，包括纽约现代艺术博物馆，并在丹麦、瑞典、英国、芬兰、挪威、瑞士等地的画廊举办过个展。金·巴克也参加了很多美术馆和画廊的群展。他的作品被众多博物馆所收藏，包括伦敦维多利亚和阿尔伯特博物馆、奥斯陆装饰与设计博物馆、纽约艺术与设计博物馆、丹麦设计博物馆、丹麦艺术基金协会等。他曾获得多项奖项，如圣洛耶奖、丹麦工艺奖、丹麦艺术基金终身成就奖，并于 2008 年，获得重要的国际奖项。
作为一名首饰艺术家，Kim Buck 不仅仅专注于创造优雅的艺术形式，而且对于当代首饰的理解非常概念性，近年来持续探索着，并不断挑战常规。他认为，首饰本质上不同于其他类型的艺术与设计，因为首饰的佩戴者会深入地参与到具体的首饰作品之中，使该作品成为他们表达自己品味与价值的一种媒介，也正因此，首饰的内在生命力被激活了。经过被佩戴和被使用，他的作品向佩戴者讲述了这样一个观点——把生活过成一件能够装饰自己的首饰。

采访背景：

和 Kim 的第一次结缘不是同他本人，而是与他的一个胸针。那是 1990 年左右，我住在挪威奥斯陆。我的一位女性朋友戴了一条明黄的、电镀铝的圆盘形胸针，十分亮眼。别针被固定在胸针的外面，部分穿过毛衣中间的套头孔。我立即被这种新颖的设计迷住了，它解决了一个长久存在的难题：怎么让衣服紧贴身体？早期留存下来的一些首饰都是利用能扣紧衣料的别针，俗称搭扣。Kim 正是对这种古典样式进行了改良。其效果是显而易见的，该物件既有艺术性又很实用。

我第二次到哥本哈根，去拜访了 Vesterbrogade 183 号。Kim 的工作室设在一栋狭窄的三层楼房内。底楼一层当街，是画廊和商店，楼上则是他的工作室。我买到了另一款银制的搭扣胸针。这次会面成为“敲门砖”，引发了一场旷日持久的关于首饰的对话，其成果之一就是出版了《Kim Buck：思想为王》这本书（哥本哈根，2007）。2016 年 8 月初的一个晴日，基于“第三届 TRIPLE PARADE 国际当代首饰双年展”组委会的邀请，我对他进行了本次专访，该采访的主题：创作者、佩戴者、观看者之间的对话。

JV：您曾在接受一家报纸的采访时说：“我们佩戴一件首饰，感觉是因为我们戴了它，别人才注意到我们。”您希望佩戴您的首饰，它会带来怎样的影响？它有何引人注目之处？

KB: 曾经有一次，一位老太太拿着一枚黄色铝制胸针来到工作室里找我。那胸针与你在奥斯陆看到的类似。她欣喜异常，因为这表示她成了“有胸针的女士”，而不再是“有皱纹的女士”了。这种正面的反馈让我很开心，它们彰显了首饰的社会和文化价值所在。它引人注目——它让人们关注它和佩戴者。

开工作室的乐趣在于，任何时间你都能感知时代趋势和潮流需求。比如早些时候，我设计制作了很多袖扣，运用多种材料和各种组合方式。现在，很多年轻人来工作室找我，又开始对袖扣产生了兴趣。

“Cufflinks”袖口系列设计，Kim Buck

JV：您的很多首饰都与情感或象征意义有关。您认为首饰是我们文化的载体。这种类型的首饰也源于您和客户的交流吗？

KB：是的。如果我没有同购买和佩戴我的首饰的人直接交谈，没有听他们讲述佩戴首饰的感觉以及佩戴的场景，我就设计不出这些“动人”的首饰。举个例子，2007 年的“复制”戒指这个作品就是这样诞生的。有个男人带着他岳母的结婚戒指来工作室。那个戒指传承了几代人，已经磨损了，他想把它重新设计和修复。有趣的是，这枚戒指已经成为家族的幸运符，他们去考试、见牙医、看医生都会戴上这枚护身符。“复制”这件作品，包含了原戒指的模型，是旧戒指和其故事的记忆延续。那么问题来了：它是不是一个复制品，能不能简单地原样复制呢？那些把它看作护身符的人肯定不同意。我需要在原戒指和新复制的戒指之间找到某种的暗含关联，这样的设计才能让他们接受。

Kim Buck，戒指设计《复制》，2007 年

JV：您的很多作品都有隐含意义。您喜欢发问，挑战观者既有的认知概念。您的首饰设计对佩戴者身份有没有限制呢？当您设计首饰的时候，您会考虑对象吗？由谁来佩戴？

KB：我觉得这有点像为无声电影写剧本，在无声电影中，动作和面部表情至关重要。它们必须夸张，才能弥补台词的空缺。如果试图通过首饰表达什么，那么你想要表达的内容也需要夸张一点。大众通常会把首饰看作身体的某种装饰物，当然我不否认首饰具备装饰的功能，但是首饰远远不止这一点，这种刻板印象阻碍了佩戴者思考和感受首饰传递的其他信息。我试图通过个人的设计和风格来尽可能清晰地表达首饰的象征与寓意，但让所有人都能看见首饰的隐含意义并非易事。例如，在我设计的 "Twist and Bent"（扭曲和弯曲）这个系列的项链时，它们是 12 个不同的、扭曲的十字架，整个系列的设计是一个叙事的过程，它解释着一种变化。当然，人们可以看出它代表十字架，而且它们设计制作精美，可以用作吊坠，但很少有人注意到这个十字架不一般，并将它们同扭曲和弯曲的主题联系起来思考。在我看来，这个系列变化着的十字架，就象征着我们如何不停地调适我们的宗教信仰，以找到最契合自己的价值观。

"Twist and Bent"（扭曲和弯曲）1-12，系列作品，项链设计，Kim Buck.

JV：也许很多人只是把“扭曲和弯曲”系列的每一件看作各自单独的作品，而没有意识到它们可以被视为一个系列。您常常制作变化多端的系列作品，它们在展览中大放异彩，但当它们被分开展示的时候，这种系列感就消失了。您如何看待这一点？

KB：但也有作品即使分开仍有系列感。我有一个图章戒指系列，每个戒指上都刻有“团结”字样的一部分。不幸的是，我只卖出其中的一件。我的想法是，它们应该分属五个人，他们由此而建立一种联系。他们将建立一种流动的伙伴关系，每个人都知道他们是这种关系中的一员。但可惜的是观赏者没有发现这一点。

JV：您喜欢在您的设计作品中“故设玄机”，只供您和首饰的佩戴者“隐秘”的分享吗？

KB：是的，我喜欢去制造那种“隐私”的情感。2001 年创作设计的“内心深处”(Deep Within) 戒指系列就是一个很好的案例，从外表看，似乎完全就是一个普通的、光滑的金戒指。但是，戒指内壁却设置了连续的心形浮雕。当佩戴者戴在手指上，只有佩戴者和我（创作者）以及赠送者，仅有的三人，才知道里面的玄机。一种“隐秘的交流”由此产生了。这就是我所说的“隐私”的情感，它是非常个人化的，而不是张扬的或者公开的情感。对佩戴者而言，这一点就成为这件首饰最最独一无二的地方，但普通观者就不会参与其中。对我来说，在配戴者和首饰之间建立特殊关联，这是首饰的表现语言特有的，是设计形式之外的理念，是锦上添花的，对于设计师而言，也是我费尽心思之处，也体现了设计的文化和象征价值。

Kim Buck，“内心深处”(Deep Within)，戒指设计，2001 年

JV：在当代首饰的创作中，会有一些设计师去强调佩戴者对首饰的共创作用。首饰作为独立物体，在被使用佩戴之前被视作不完整的作品，它需要佩戴者去赋予它新的“生命和灵魂”。您的很多作品也证实了这一观点和思路，不是吗？

KB：说的没错。我 2011 年设计的戒指系列“华而不实”(Pompous)，内部是空心的，外部是用纯金打造的。这种金属非常柔软，所以戴久了肯定会有各种各样的凹陷和变形，而且它再也无法变回最初的样子。正因如此，佩戴者对戒指外观产生了影响。佩戴的痕迹打破了金戒指所固有的严肃高调的光环。某种程度上，就是佩戴者的个人佩戴经验改变了原来的首饰。

JV：是不是您除设计之外，制作首饰的经历让您有了这种，关于人与材料之间的相互影响，互相塑造的想法？

KB：当然，我的思想也会跟随我的手的实践去获取灵感并思考，当我在制作首饰的时候，我很愿意去思考并尝试拓宽它的概念。

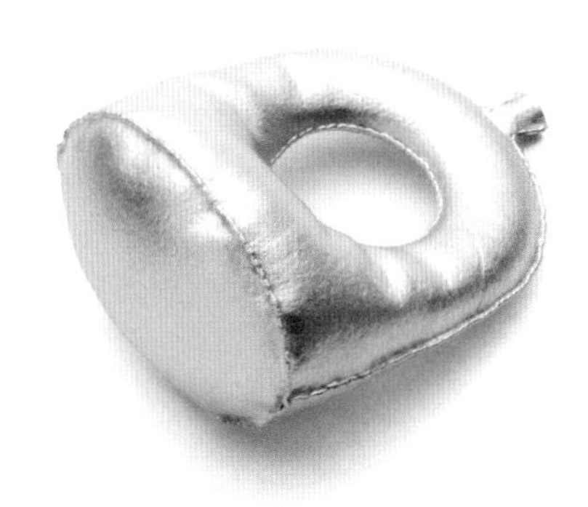

“华而不实”(Pompous) 戒指设计系列，Kim Buck，2011 年

JV：近几年，宗教似乎成了您作品中一个重要的主题， 为什么？

KB: 我感觉到世界范围内宗教力量正卷土重来，近几年在丹麦也是如此。我本人并不是信徒，但在基督教文化中长大，宗教符号和故事对我的影响根深蒂固。我的感受是，人们似乎在利用宗教，给他人贴上错误的铭牌。他们利用宗教信仰去改变外在，获取利益，而非出于对美好的信仰去改变自己的内在。作品“宽恕我们的罪恶”(Forlad Os Vor Synd) 就是呼吁这样的观点，希望观者为自己的行为负责，独立思考，而不是一味地听信他人。

JV:“宽恕我们的罪恶”(Forlad Os Vor Synd) 是一件令人震撼的作品。它是一个木盒，内有一个木制十字架、一把锤子、三个钉子和一个基督雕像。由此，我们可以制作自己的基督受难像。但在这件作品中，您是不是已经超越了首饰的范畴？它不是一件可佩戴的首饰——而更是一件具象征意义的装置艺术作品？

KB：它不仅难以佩戴，可能还让人难以忍受——特别是对于基督的虔诚信仰者而言。但它与首饰是有关的，因为它与象征性的仪式密切相关。而且它指向的是十字架，很多没有基督信仰的人将其作为很酷的首饰佩戴，而没有考虑其特殊的宗教意义，也没有把它与信念或信仰联系起来。我的首饰邀请观者触摸它们、收揽它们、携带它们。“宽恕我们的罪恶”是我以宗教符号为主题的系列作品的最后一件，为其画上了短暂的句号。它是我 2012 年在哥本哈根“金手指艺廊”(Goldfinger Gallery) 所举行的“最新证言”展览中展出的一部分。在此次展览中，“原谅我们的罪恶”(Forlad Os Vor Synd) 被丹麦艺术基金会购得作为它们的永久收藏。其实我创作的涉及宗教主题的早期作品，都是可佩戴的首饰，就像我前面提过的“扭曲和弯曲”系列，是我为 2007 年的“思想为王”展览创作的。在 2005 年的慕尼黑 SHUMUCH 展览上，我展示了作品“信仰、希望和爱”(Faith, Hope and Love)。如果一个人对自己的同伴都没有爱，那信仰和希望也就毫无意义了。这就是圣经所传递的信息，传统的基督教的符号是：以锚象征希望，十字架象征信仰，爱心象征爱。我采用世界上影响最广的三种宗教的符号来代替它们：大卫星（犹太教象征）、新月（穆斯林象征）和十字架（基督教象征）。在公众场合佩戴这款首饰的人可以被视作集犹太教、穆斯林和基督教为一身的人。

“信仰、希望和爱”(Faith, Hope and Love), Kim Buck, 2005

JV：展览的主题和首饰的标题对您会非常重要吗？

KB：是的，没错。我通常会花很多时间思考展览或者作品的标题，有时候标题甚至比内容本身还重要，核心的想法就包含在标题中，它可以引导观众去更好地思考我的作品。2012 年我以“邻居家的树”(Bonsai) 为标题进行了一组创作，很有意思，因为在丹麦有句俗语：“篱笆的另一边，草总是更绿一些。”这与邻里关系有关，邻居间总会相互较量花园的美观。你能拿邻居家的树做什么呢？在这个标题下，我就创作了这样一件作品 (Bonsai, 2012)。我常常歪解名言，或是断章取义，就像在“珍珠与糟粕”“宽恕我们的罪恶”或者“给我们所有的日常面包”里一样。歪解名言警句，能刺激大众，起到一种震撼和颠覆的效果。在这种情况下，标题可作为一个很好的切入点。

“邻居家的树”(Bonsai) 戒指系列，Kim Buck，2012 年

JV：您认为首饰和非首饰之间的界限在那里？

KB：我认为能否佩戴非常重要。如果它们可以佩戴，如“邻居家的树”系列，是由五块桦木制成的戒指，它们的造型就或多或少与首饰明确相关，可以佩戴，但是你无法戴着走。当然，界限总是可以延伸的，但必须始终围绕首饰能做什么，或是首饰领域所公认的某一要素，尽管它不必与材料或大小有关。首饰和其他艺术形式的区别在于首饰与佩戴者的选择关系，首饰一定会和佩戴者，观者或者创作者发生联系，也是更是一种艺术和个人表达价值观念的方式。

备注：

本采访中文版首次出版发表于“第三届TRIPLE PARADE国际当代首饰双年展”出版物，荷兰皇家图书馆，2016年。采访中所有文字和图片版权归属photos © TRIPLE PARADE国际组委会，违者必究。英文翻译：John Irons。

收藏当代艺术首饰的乐趣

□ **受访者：（新）Tuan Lee（李端）**

新加坡当代艺术首饰收藏家

□ **采访者：（英）Poppy Porter**

英国当代首饰协会编辑

（本采访文献采用情景回忆的形式进行）

你也许在某个首饰艺廊的展览或者像伦敦 COLLECT 这样的国际顶级艺博会上见到过她的身影，她是一位身材娇小的新加坡女士，却对首饰收藏（尤其是当代或艺术首饰）有着大胆的品位和极大的热情。她长居于新加坡，但可以为了购买新奇的和让她兴奋的首饰作品而游遍全球，她经常造访英国，并且出现在各大画廊和艺博会现场。她就是新加坡当代艺术首饰收藏家李端。

她边冲咖啡，边跟我聊起刚刚去过的首饰艺廊。我们坐在客厅的沙发上，周围环绕着各种的艺术品，包括亨利·摩尔 (Henry Moore) 在内的各类雕塑、陶器、画作，当然还有很多的艺术首饰。她的收藏兴趣最早是从陶器和画作开始的，然后在 20 世纪 90 年代初，在圣达菲 (Santa Fe) 才开始收藏当代艺术首饰。那时，所游之处必买画作的她，被一幅绘画作品吸引着，她正等待艺廊助理在电话里与原画作者讨价还价，一条景泰蓝质地、绘有蝴蝶、配着珠子的艺术首饰项链引起了她的注意力，她当机立断把它买了下来。

1997 年在参观了刚从伊斯灵顿 (Islington) 搬到伦敦东边克勒肯维尔 (Clerkenwell Green) 的 Lesley Craze 艺廊后，她的艺术收藏之旅从英国开始了。也是开始于对该新艺廊园区的好奇，她正好借参观之机去了那间艺廊开幕的新展览。艺廊的首饰展览上，所见之物，她都十分喜欢，走的时候买了两条日本艺术家的项链。

我与她的对话刚开始，李端就开诚布公地说，在英国收藏艺术首饰的机会太少了，太难寻到了。李端说：“我认为，艺术家们在伦敦无法很好地展示他们的作品，需要更多像欧洲大陆（荷兰、德国等）的专业的首饰艺廊。好的作品没有适合恰当的地方展示，尽管有大量的收藏家和买家。尽管像伦敦这样的大都市，展示和销售当代艺术首饰的地方还是太少了，当然现在有 Lesley Craze，还有 Gallery SO，但是我还是替英国人感到遗憾，因为没有地方展示作品的话，艺术家和作品都无法得到很好的推广，可能是英国的市场还比较狭小吧。”的确，她的观点具有一定的国际视野，对于英国的看法也停留在伦敦，所以给她留下了这样的印象“对于有经验的收藏家来说，在英国很难发掘优秀的当代艺术首饰”。

Tuan Lee 佩戴“火戒”(Ring of Fire) 项圈，Marjorie Schick 1982 年

Tuan Lee 佩戴 Adam Paxon 的设计作品“高潮”(Orgasmoplode) 手镯，2002 年

“高潮”(Orgasmoplode) 手镯，Adam Paxon，2002 年，
该作品也是 Jerwood Prize for Applied arts 奖项的 2007 年冠军

对于像李端这样的藏家，每年的旅行路线几乎相同，但是她知道内容每年都不一样。她会从阿姆斯特丹的 Galerie Ra 艺廊开始，然后飞到伦敦的 Flow Gallery 艺廊、圣达菲的 Patina 艺廊、费城的 Helen Drutt Gallery 艺廊，再到纽约的 Charon Kransen 艺廊，熟知她的各大艺廊都会保留她喜欢的艺术家的首饰作品。支付方式对她来说也很重要，刷卡可以为她积累里程，某种程度上，她的首饰收藏完全是根据个人的喜好而为。

在我们的对话中，最为触动她内心的是首饰的可佩戴性以及艺术家对手工艺的艺术性处理。她说：“我不会买戴不住还得不断修的首饰，我曾经有过一段不好的经历，那是在纽约的一个艺廊买下的一条项圈，挺美的，但是在制作上有三个结构串得不对，总扎我脖子，这让我的佩戴体验感大打折扣，我总不能买了一条艺术首饰的项链就挂在墙上吧？”

便于佩戴也是首要考虑的问题，她无法忍受自己一直在纠结能不能带上它。即是艺术首饰，也一定要方便佩戴，否则就是再喜欢她也不会去买它。因为，作为藏家，购买收藏的乐趣也在于特殊场合去使用它。

Tuan Lee 佩戴 "All you Need is Telstar" 项链，
Porter/Lopez 与 Blue Collar, Carrie Dickens 设计

我问李端，寻找新的首饰作品的时候，是什么样的特质最能吸引她的目光。她回答，越是引人注目、色彩越丰富、艺术表现力越强越好，但是一定要具有佩戴性。从她家中的首饰藏品就能窥见一斑，这当中有着很多当

代最知名的首饰艺术家的首饰孤品，有我最喜欢的艺术家 Peter Chang 和 Adam Paxon，还有 Regina Aradesian。有意思的是，如何安置藏品对她而言是个问题，因为她不断地寻找和购买新作品，家里已有的藏品要不断地给新藏品让位。她也与博物馆有过联络，希望能够捐献一部分作品，让博物馆来吸纳一些藏品，给更多的公众欣赏。例如英格兰北部的 Middleborough Institute of Modern Art (MIMA)、伦敦的维多利亚与阿尔伯特博物馆 (V&A London) 以及一些美国博物馆都有意向接触过。事实上，维多利亚与阿尔伯特博物馆已经吸纳了她一些藏品，如 Adam Paxon 和 Jane Adam 的作品。她由衷希望自己的首饰藏品能够被公立美术馆展出，而不是只是在她家里束之高阁，但是美术馆的藏品通常需要确定该艺术品的艺术价值，并不是她希望捐出的作品都同样具有历史和文化价值。

我们的访谈随后进入到对于未来的一些看法，我问她希望未来收藏什么样的，谁的作品。她透露说暂无计划，但是她说："只要我还在到处游历，我就能碰到新作品，到时候我就把它买下。我曾经爱上了 Marjorie Schick 在 V&A London 展览上的一条名为'火戒'(Ring of Fire) 的项链，我对它一见钟情，最终我在阿姆斯特丹的 Gallery RA 的艺廊主理人 Paul Derrez 的身上看到了它，我毫不犹豫地要求想要试戴一下这条项链，它很适合我。"她一语道出了首饰的另外一个特征，那就是你只要一戴上它，你就知道它适不适合你了，而且佩戴的首饰与没有佩戴上的首饰完全呈现不同的状态，这很神奇。

最后，我问她最喜欢的作品是哪一件，她却回答我："永远是下一件！我总是戴着新买的首饰。"

备注：

本采访中文版首次出版发表于"第三届 TRIPLE PARADE 国际当代首饰双年展"出版物，荷兰皇家图书馆，2016 年。采访中所有文字和图片版权归属照片 © TRIPLE PARADE 国际组委会，违者必究。肖像摄影师托马斯·莱尔·布鲁克 Thomas Lisle Brooker。

当代首饰的三重奏

第一序曲：揭秘荷兰登博斯设计博物馆的当代首饰藏品

□ **受访者：（荷）Fredric Baas**

荷兰登博斯设计博物馆策展人

□ **采访者：（泰）Noon Passama**

泰国知名首饰设计师

Fredric Baas 出生于荷兰北部弗里斯兰省吕伐登市附近的一个小镇。在格罗宁根大学学习艺术与建筑史，并在艺术领域经历了一些实习和自由策展人工作之后，Baas 继续在吕伐登市的 Keramiek 博物馆 Princesshof 工作。从 2009 年到至今，他在登博斯设计博物馆担任设计部策展人，同时他管理着该机构的设计藏品，无论是在其保护和展示方面，还是在政策制定和收购领域。他的主要工作重心就是拓展博物馆内现代和当代设计藏品的收藏外延。

采访的编辑整理文献：

在斯海尔托亨博思市立博物馆（Stedelijk Museum's-Hertogenbosch，2018 年起更名为荷兰登博斯设计博物馆 Design Museum Den Bosch），Baas 主要负责馆内两大主要藏品：家居产品和现当代的首饰。他认为这两者之间有相似性，都具备一定程度的实用和艺术表现之间的平衡性，“当代首饰的地位很大程度上由这种平衡性来决定，它既没有纯粹工业产品设计那样功能主义至上，也没有纯艺术那样形而上学，总的来说，我喜欢那种平衡性带来的美，它与真实的个人生活发生关系”。

作为策展人，Baas 主要负责展品保护和收藏新品的工作。当被问及他的选择标准时，他表示，他首要看重的是一定的艺术表现性、文化品质和技术功能性，“此外，我认为首饰不应致力于成为纯艺术的形式。我认为首饰同纯艺术的形式（绘画、雕塑、音乐舞蹈等）有很多相似之处，但又略有不同。我的意思是，它不仅是精神世界的思考表达，还是对生活和社会的物质反映。所以，首饰或是社会生活的链接，或是个人情感状态的反映，或者它就是为了审美而佩戴的首饰。首饰可以体现人与物之间构成的关系和状态，即首饰作为可佩戴的物体所具备的社会性”。

尽管他认为“反映”的特质是首饰藏品的重要评判标准，Baas 也坦诚地说：“评判的基准当然是相对的，针对单一作品的，但是很多时候我们的收藏还必须适合美术馆的研究线索和展览。例如，在我们过去一个名为‘视觉艺术家创作的首饰’的展览中，我刚才所说标准可能就不适用了，因为展览上的作品是艺术家创作的，但是并不是首饰专业领域的艺术家创作的，他们并不具备首饰语言的掌控能力，创作的首饰也更多像是他们自己视觉艺术作品的‘副产品’”。在被问及荷兰登博斯设计博物馆的首饰藏品种类时，Baas 按照重要性列出了如下几种：重要首饰艺术家的创作、荷兰为主的国际首饰设计、重要设计师和建筑师创作的首饰以及小部分的时尚首饰。尽管设计博物馆拥有非常惊艳的首饰藏品，也有引人入胜的展览，但很多其他的博物馆的首饰藏品也是琳琅满目，例如伦敦 V&A 博物馆等，那登博斯设计博物馆是如何在其中脱颖而出的呢？并做出差异呢？ Baas 说：“我认为艺术首饰非常重要，尽管正如前面提到的，它是有别于纯艺术和纯设计的，某种程度上是自成一派的。就荷兰国内而言，我认为尽管荷兰很多家一流美术馆和博物馆（拥有实用艺术和设计研究的部门）都有现当代的首饰藏品，但我相信，我们拥有最多的荷兰本土大师的作品，例如：Gijs Bakker 和 Ted NOTEN 真样的名家。他们对荷兰首饰的教育和发展，以及对荷兰广泛的设计行业都有举足轻重的影响。这也许是我们略微优于其他美术馆的地方，当然各个博物馆之间也有很多业务交叉的地方，也会根据自身展览需要去相互租借藏品。”

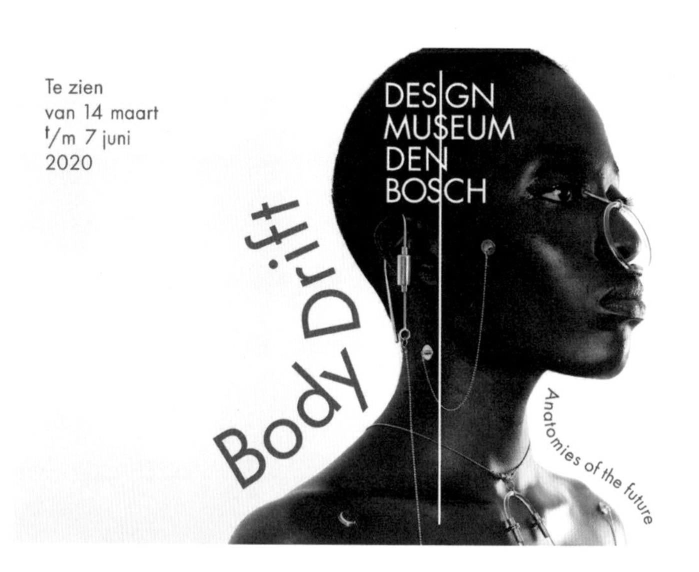

荷兰登博斯设计博物馆展览“Body Drift”© Design Museum Den Bosch，2020 年

许多荷兰博物馆都有自己的首饰藏品，但有争论说首饰不是应该被佩戴的吗？为什么要把他们放在博物馆的展柜中。Baas 也深知首饰的特别价值作用——就是被佩戴。他说：“的确，我觉得首饰就是被佩戴的对象。把它们存放在展柜，就夺走了它们的部分生命，所以我发现首饰展览的策划并非易事。我尽力去思考新颖创新的首饰展览形式，例如 Alexander Blank, Christian Hoedl、Jiro Kamata 和 Stefan Heuser 四位艺术家的一个群展（Rebellen der Liebe / Rebels of Love，2011 年，慕尼黑）就很不错。我最喜欢这个展览的一点是，他们把首饰放在滑板上常用的 U 形池中。这样，一些项链就悬挂在边缘，人们会不由自主地走上前去，但因为 U 形池是倾斜的，人们又拿不到它们。这四位艺术家将动感带到了展示和观看中，营造一种想得到却得不到的感觉，我认为这个策展思路很聪明。”

那对于类似的这种有别于传统展示方案的展览形式，博物馆又能做些什么呢？“我们作为公立研究和文化机构，肯定在创意方案上没有那么多，因此，我们会和不同的设计师合作。我希望博物馆的展览同样是令人难忘和先锋的，但相对画廊的展览而言，我们更有责任必须确保展品安全和保存完好。这样就限制了我对展览和观看方式的发挥。”最后，Baas 希望展品能够得到大众欣赏和赏识，大众也有更多机会接触和感受到当代首饰的艺术魅力。

当谈及美术馆首饰藏品的收购时，Baas 用专业眼光审视每一件作品，他个人对首饰的看法如何？尽管他可以想象自己佩戴博物馆展品中的一些首饰，但 Baas 日常生活中基本只佩戴了一只婚戒和一条银项链，唯独在更换的是胸针，他觉得“自己相对比较传统，还碰及不到时尚尖端。在工作场合，我需要相对严肃，当然也可以搭配一点个人风格。例如，今天我穿了一件夹克，再配上一件很搭的条纹 T 恤衫，还有一只 Ted NOTEN 的胸针首饰，它非常适合我。整体是相对中规中矩的，我希望自己的形象偏风格化却又不失严谨。除了美术馆的藏品外，我对个人所佩戴的首饰的选择也是如此。对我而言，个性是第一位的，个性定义衣着，当然也定义了我的首饰，首饰更像是点睛之笔”。

第二序曲：从我的首饰收藏到荷兰国家博物馆

☐ **受访者：（荷）Marjan Unger**

荷兰著名首饰收藏家，艺术史学家，博士

☐ **采访者：（泰）Noon Passama**

泰国知名首饰设计师

Marjan Unger（1946—2018）以荷兰珠宝首饰史学家和著名的首饰收藏家的身份获得了很强的影响力，同时，她是荷兰 RG 皇家艺术学院桑德伯格研究院 (Sandberg Institute) 的客座教授。作为藏家，Marjan Unger 和她的丈夫在 2010 年，将其收藏的 492 件珠宝首饰捐赠给位于阿姆斯特丹的荷兰国家博物馆 (Rijs Museum)。捐赠的作品包括很多知名现当代首饰设计师创作的作品，以及许多由非主流的不知名艺术家制作的珠宝首饰作品。

采访的编辑整理文献：

Unger 意识到她的首饰藏品种类繁多，将为国家博物馆历史的收藏增色不少，于是决定将许多重要的藏品捐赠给荷兰国家博物馆，“我购买了特定时期的一些首饰，而这段时光是其他人所忽略的。Gijs Bakker 和 Emmy van Leersum 开启了从 20 世纪中叶开始的荷兰的现代首饰设计的发展，毫无疑问，但是没有博物馆拥有 20 世纪初期的荷兰本土的首饰，但那是 20 世纪较长的一段时间。所以，如果我想佩戴而我又可以负担得起，我就会买下它。”这显示了 Unger 对佩戴首饰的重视程度超过了她收集首饰的兴趣。那她究竟从她多年珍藏中，捐赠了哪些首饰呢？“我捐赠了我的大部分荷兰本土的首饰藏品，大部分是历史性的作品，小部分是现当代的，包括一些时尚首饰，还有一些艺术首饰。我很高兴，国家博物馆全部接收了它们。如果我去其他博物馆，他们可能只接收一小部分。大多数的现代艺术博物馆都只会选一些大艺术家的首饰作品，但我的立场是，所有的这些首饰都是有趣的，他们共同构建了一条叙事和文化历史的线索。”

Unger 早年就读于 Kunstnijverheids 学院（现今叫 Gerrit Rietveld Academie，即阿姆斯特丹 GR 皇家艺术学院，也成为格里特里特维尔德学院），主修工业设计，“后来我后悔了：我应该选择纺织或服装设计，但我选了工业设计。这个不太适合我。所以我选修了服装裁剪和样板制作的课程。我想了解物件贴合身体的感觉，身体很奇妙，我也给朋友设计过衣服。我在时装工作室工作期间，在那里我把学校所学知识与我对时尚的热爱完美的结合了起来”。也是从那时开始，Unger 意识到她需要掌握更多的知识，于是她开始研修艺术史和时尚研究，她又发现首饰的存在，恰恰完美地链接了艺术与时尚两个领域。

从艺术史学家的专业知识和首饰爱好者的感受两种角度出发，Unger 说：“首饰可以很有艺术性，但它最好还有强烈的人文内涵。同时，它根本不必是最炫目华丽的。首饰更需要有情感意义，重中之重是它可以构建的社会意义。如果我去参加家庭聚会，我会佩戴与去参加开幕式完全不同的首饰。如果去你姐姐的生日会，而你母亲依然健在，你佩戴了一件曾属于你母亲的首饰，那就非常的合适。但如果你母亲已经去世，你依然佩戴了那件属于你母亲的首饰去参加家族聚会，那就变成了一种纪念。我觉得这才是首饰最重要的品质：与首饰有关联的人，赋予它的一种独特的情感和人文价值。”

显而易见，Unger 对首饰有强烈的个人喜好。她说：“首饰是家族的传承之一，你母亲可能在某个盛会中得到了一件首饰，又或者你自己得到了一件首饰。当某件首饰是家族传承下来的，你就知道它意义非凡，这件首饰就如同一件圣物，它也是独一无二的。首饰也和人们的纪念日或者荣誉密切相关，例如婚礼或者毕业典礼的佩戴等。首饰就是可以这样代代相传，所以我依旧保存着从我母亲甚至我祖母那里传下来的首饰，家族传承融入了首饰，给予它新的生命力。”

Marjan Unger © Current Obsession，2019 年

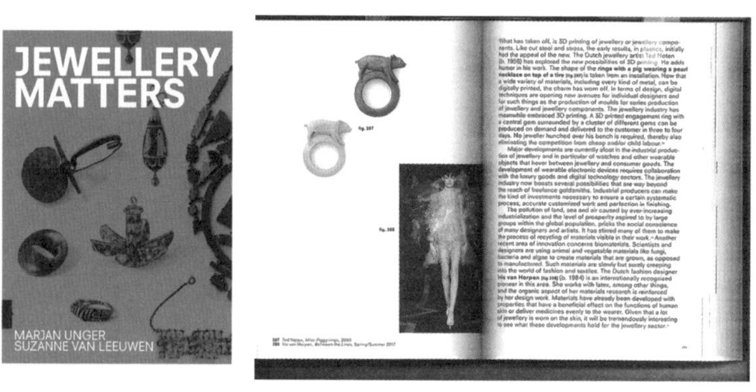

Marjan Unger 专著《Jewellery Matters》nai010 publishers 出版社，2018 年

在 20 世纪 80 年代，作为艺术史毕业的研究生，Unger 进入 "Bijvoorbeeld" 工作，这是一本荷兰著名的设计杂志。“这是我的运气，我也发现我很会写文章，不是很难，我很热衷于这样的工作。”她说，“那段时间，我还和时装学院的人一起，策划组织了阿姆斯特丹市立美术馆的一个大型时装展。”回忆起那段时光，Unger 骄傲地说。特别有趣的是，Unger 对时尚有独到的见解，她指出，“时尚不是你穿什么，时尚更多的是你想要什么。时尚的引人之处在于，你有一柜子的衣服，一柜子的首饰，但你依然觉得不够。专业人士通过时尚的研究，能预知未来的流行趋势，以及整个时尚行业的发展方向，这也是时尚的魅力所在。时尚看似很感性，事实上它却是理性的存在。”

多年以来，Unger 一直在阿姆斯特丹 GR 皇家艺术学院及其研究生院（桑德伯格研究院）任教。 她还在国际首饰大赛中担任评委，她积极投身于该领域的发展，鼓励和培养年轻人。“我就是首饰世界的一分子，我热爱这个领域，因此我总是乐享于全身心的投入。作为藏家，也作为一位老师，我培育的学生不断突破专业的界限，当他们成长为职业艺术家时，我购买和收藏了他们的作品也是在支持和鼓励他们的事业成长。 如果我不买，谁买呢？”正因如此，Unger 购买了很多她认为有趣的艺术家的作品。“首饰的佩戴和收藏肯定极具个人特色的，对我而言，色彩非常重要，我喜欢色彩。”她继续解释她收集各类藏品的依据：“我从不想把自己限制在艺术的首饰领域，所以我的收藏爱好其实也非常广泛，我也买时尚首饰，我还有很多历史首饰，我手头还有一些名贵的高定珠宝首饰。比如，这今天佩戴的这只金手镯来自 20 世纪 60 年代初。它很简约，造型极具时代感，它很适合今天的我，我很开心我买到了它。”

Unger 了解首饰的物质价值以及它超越物质部分的文化和艺术价值，再或者是情感与历史价值。她在诠释一件由 Alexander Friedrich 制作的石头胸针时说：“有时候，作品会带给你奇妙之感。有人说石头无足轻重，但看到石头能做成如此精品，真是令人惊叹！”

那 Unger 是如何第一时间收藏到这些特殊的首饰的呢？“我到处寻找，除了会去参加艺廊的首饰展览外，还会留意周围的生活。我热爱生活，我能挖掘到街上的平常事物的不寻常之处。我对人也非常感兴趣：他们如何生活，做了些什么，如何去相处的，等等。 首饰本身就是我生活的一部分。”

第三序曲：从我的首饰收藏到荷兰国家博物馆

□ **受访者：（荷）Paul Derrez**

荷兰著名首饰艺廊 Galerie RA 创始人和经理人

□ **采访者：（泰）Noon Passama**

泰国知名首饰设计师

采访时间与地点：Fredric Baas，2012 年 10 月 18 日，荷兰 's-Hertogenbosch；Marjan Unger，2012 年 10 月 9 日，荷兰 Bussum；Paul Derrez，2012 年 11 月 19 日，Amsterdam。

Paul Derrez 是 Galerie RA 艺廊的创始人和经理人，Galerie RA（Gallery RA），1976 年创立于阿姆斯特丹，于 2019 年关闭。Gallery RA 是全世界画廊界中第一家专注于现当代首饰的艺术和设计品交易的展览的艺术品中介机构，它享誉全球，曾代理的 40 余位当代首饰艺术家都是国际一线。

采访的编辑整理文献：

Derrez 从年轻起就对首饰很感兴趣，“我的父母有一家首饰店，是我的祖父创办的，但我并没有打算子承父业。所以我去了埃因霍芬设计学院，主修产品包装设计。”在学习期间，Derrez 还选修了舞台表演与设计的课程。“我发现产品设计相当乏味，我更喜欢与人合作或是相关联身体的创作。后来还尝试转学申请去其他几所学校，包括在阿姆斯特丹的电影学院和在乌得勒支的戏剧学院。于是，我在设计学院的第二年，就转学去了乌得勒支的戏剧学院，但我又发现纯粹的戏剧并不适合我，依然未能完成学业。”后来，Derrez 决定将他感兴趣的科目综合起来：设计、人物和人体，“我想创作与物体或产品相关的小型物件，最终，我选择了首饰设计制作的课程，这时我才发现，我绕了一个圈，似乎又回到了在为接手我父母的首饰店而做的准备上。” Derrez 大笑道。

在他研究首饰金属工艺的课程期间，Derrez 参观了当时阿姆斯特丹的 Sieraad 店，这是荷兰第一家卖金属工艺首饰的商店，还称不上是艺术廊的管理经营模式，由 Hans Appenzeller 和 Lous Martin 于 1969 年创立的。“我当时对此很感兴趣，我问他们，能否待在他们的工作室实习，其他时间则去他们的首饰商店助理，他们同意了，那是我迈向首饰艺廊管理并踏入专业首饰行业的第一步。”然而，在 Derrez 做 Sieraad 首饰店学徒的一年中，首饰店总是处于关门状态。“店长 Hans Appenzeller 本人也是一名创作者，他总是想在自己的商店更多地展示自己的作品，但这样做与他作为商店负责人的身份就会有很大的冲突，因为作为负责人，他的主要角色是去营销和推广商店代理的所有设计师的产品。所以，没有多久，Sieraad 首饰店经营不善关闭了。这也造成了很多首饰客户没有机会购买到自己喜欢的特别的首饰了。后来，我在阿姆斯特丹市中心找到了一个艺术工作室的空间，他很大而且两层，一楼当街，位置极佳。于是，开设一间当代首饰的艺廊的念头就这样萌芽了。”Derrez 深知，作为力图推销自己作品的首饰创作者和作为艺廊老板，这两个角色之间的利益冲突关系需要很好的平衡，“当我在 1976 年创办 RA 艺廊时，我就给自己承诺，我绝不会陷入这个两难境地，我的首要任务和身份是做一个当代首饰艺廊的老板，我要把它经营好，其他事情都位列第二或第三位的”。

作为一个国际知名的艺廊老板，Derrez 有清晰的愿景，“我的经营哲学是，成为创作者和观众 / 买家之间的有效的桥梁，成为当代首饰的推广者，不仅推动当代艺术首饰的发展，也让其他艺术门类的人士了解和认识当代首饰的魅力与价值。艺廊需要介绍和经营艺术家的作品，并给出概述和提供客户需要的辅助信息，当然，作为主理人，有一个原则很重要，要专业地了解作品和它的艺术家的创作想法，洞察和引导客户的需求，推荐出乎意料的东西，而不是随大流的”。

荷兰当代艺术首饰经营行业波澜起伏，Derrez 说：“变化太大了，20 世纪 70 年代，荷兰当代首饰发展获得了世界的关注，该领域在当时是非常先锋并具备开拓性的，但是后来变化越来越多元，经营方便究竟是走设计、手工艺还是时尚路线呢？尚不明确。当然，我对所有的创作路线都持开放的态度。”这也反映在艺廊的政策上，“我显然没有在产品设计、手工制作或艺术作品之间设置明确的界限”。毕竟荷兰的当代首饰依然只占世界的一隅，那个年代，当代首饰的出现对整个设计和艺术领域而言都是极其创新和新鲜的。

那么，当代艺术首饰和时尚等其他创意文化领域是否存在着紧密关联呢？“当然，我认为这种不同领域间的协作应从学校教育开始，来自不同领域的毕业生可以组成艺术团队，进行项目合作。例如，为什么首饰专业学生不能与主修时尚和多媒体设计的学生一起合作创作呢？近来我开始注意到，过去的 30 年里，许多高等艺术教育的焦点都集中在如何培养一名独立的艺术家。”他继续说，“但是这种培养专才的局面很难扭转，因为此种态度已成传统，选择首饰系的学生就致力于成为一名独立的首饰艺术家”。Derrez 又补充说，“我并不认为这种趋势本身是错误的，但它是有很大局限性的。一方面，这样的教育全部焦点都聚集在如何创作首饰上，但是思想方法应该是开放且没有具体表现形式的，首饰只是一种形式；另一方面，我觉得有首饰背景的学生与不同领域的交叉创作的作品更加令人惊叹，创作的方法也不应该只有一种，还有很多可能性有待探索”。

因此，Derrez 将这样的尝试和挑战应用到了 RA 艺廊代理的艺术家们，以他们并不习惯的方式协作创作。2011 年，RA 艺廊庆祝成立 35 周年，推出“RA 艺廊 35 年”的主题展览。展览展出了 RA 艺廊代理艺术家们的主题创作作品，主题就是“限量复制”。Derrez 说：“‘限量复制’想法在 20

世纪 70 年代的荷兰设计界非常流行，我想给艺术家们做一个尝试，就给他们发了邀请函。后来，我也发现似乎艺术家们并不热衷于将自己的作品和想法进行限量的复制，他们似乎更加热衷于创作孤品。”他举办该展览的潜在理念是，一项好的设计和艺术品，如果被制成各种版本，同样可以吸引更多的受众。

Galerie RA Amsterdam 位于阿姆斯特丹的 RA 艺廊 (1976—2019)

作为知名艺廊的主理人，为了说明他对“好”作品的理解，Derrez 补充说：“作品的质量不应仅仅基于物质材料的价值、数量、工艺、技术或单纯的创意等单一的要素，而是应该综合考量这些所有的要素。所以，我拒绝以'这是纯金的'或'这件作品是独一无二的'或'这是手工制作的'作为品质和价值的判断标准，这听上去很幼稚，不是吗？当当代的首饰被越来越多的人看作是艺术的表现形式，我旗帜鲜明地反对这样一种观点，因为艺术的表现形式的确可以是首饰，但是首饰不是艺术，首饰也是首饰，首饰有自己多元的表现和存在，我提倡当代首饰创作在确保品质的基础上的多样化。”

Derrez 对作品质量的观点反映在艺廊的作品选择上。他解释说：“一件首饰可以有不同的标准要素来定位，其中一种会凌驾于其他之上。有些作品，设计概念占主导地位；有些作品则是关于造型、结构和颜色，千变万化，令人惊叹；还有一些作品，手工艺术的因素至关重要。然而，如果一件作品只是工艺精良，或者只是色彩丰富、创意惊人，但是其他方面却很糟糕，那它的优点对整件作品而言也变得毫无意义。就如同一件作品就是一句声明，缺乏坚实的支撑或论据，那它就沦为了一句口号。那件作品就是一件劣质首饰。所以，优秀作品在各种因素间的平衡非常重要。”显而易见，在 RA 艺廊，是“金子总会发光”。

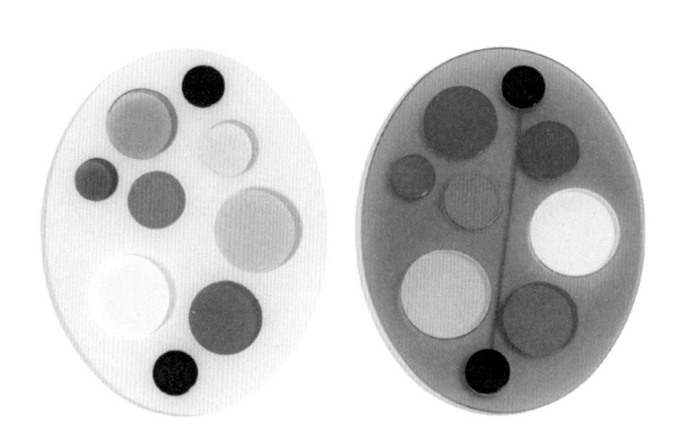

"DOT"（点）胸针，Paul Derrez，2014 年

除去他首饰艺廊经理人的职业关系，Derrez 个人也佩戴和收藏首饰。在他看来，佩戴首饰彰显个性和品位。他解释说：“对自己佩戴的首饰感觉舒服很重要，舒服不仅是佩戴性好，同时能和我的气质与形象发生关系，所以我只选择戴我觉得舒服的首饰。一般生活中，我会选自己设计的作品，因为它们和我关系最密切。”在这一点上，他作为创作者和艺廊老板之间的矛盾就会显现出来了，“一方面，我喜欢展示我自己的作品，但有时我又觉得有点内疚——我的首要角色是艺廊老板，从这方面出发， 我应该佩戴其他艺术家的作品。另外一方面，我对那些不佩戴自己作品的创作者也感到很惊讶，创作者应该爱自己的作品，也应该选择展示和佩戴它们。所以，通过佩戴自己的作品，我试图鼓励其他创作者不要害羞去展示自己的设计。我的理由是：‘当你干劲十足地创作出一件特殊的作品时，你就应当有勇气去佩戴它。如果我做了我热爱的，我会很自豪，也会舒舒服服地戴上它。’”

备注：

第四章
趋势与变化

CHAPTER 4
TRENDS
&
CHANGES

设计艺术展览的全球化发展趋势

□ **（荷）孙捷**

同济大学长聘特聘教授，博士生导师

策展——从目的到性质转变

传统模式中，当代艺术博物馆（美术馆 / 设计博物馆 / 艺术中心）与历史文化博物馆在策展方法与管理，展览方式与态度等都有着巨大的不同，后者展现的则是基于历史时间脉络的物品的展示，而前者不仅是展现了人与物与人类社会发展的关系，还更多是在此基础上构建了一个尝试提出问题和映射问题的场域 [1][2]。因此，尽管都是文化艺术机构，都是展览，但却呈现了截然不同的策展框架 [3]。在历史文化博物馆里，大多是基于馆藏的“永久”展览，然而；在当代艺术和设计领域，“短期”展览形成了保持机构活力与影响力的重要“呼吸”功能，它通常可以为特定的某个主题展览或活动，而非一定要与馆藏发生直接关系 [4]。特别是在当下美术馆与博物馆和日益增长的国际双年展文化的强势发展，再加上高端品牌和某些商业活动对“跨界合作”需求的增强，越来越多的展览内容和形式出现。参观当代美术馆（博物馆 / 艺术馆 / 画廊）的展览，也成为大众生活方式与社交模式的新模式 [5]，于是，当代艺术语境下的“短期”展览的质量成了机构发展重要的筹码。

这是显而易见的，人们越来越关注各种各样的当代展览，因为随着全球化的加速，新的网络信息与科学技术，以及大众与生活方式、艺术品与资本、文化与沟通，还有“体验经济”与跨国文化交流的增加，为了获得公众和专业人士的兴趣 [6][7]，展览的多元角色与文化价值在提升和扩展，需要不同的

---

[1] Martinon, J-P. (2013) *The Curatorial: A Philosophy of Curating*. London: Bloomsbury.

[2] Ferguson, B. Greenberg, R. & Nairne, S. (1996) *Thinking about Exhibitions*. London, Routledge.

[3] Barker, E. ed. (1999) *Contemporary cultures of display*. London, Yale University Press.

[4] Heinich, N. & Pollak, M. (1996) From Museum Curator to Exhibition Auteur: Inventing a singular position. In: Greenberg, R. Ferguson, B. & Nairne, S. *Thinking about Exhibitions*. London, Routledge.

[5] Martinon, J-P. (2013) *The Curatorial: A Philosophy of Curating*. London: Bloomsbury.

[6] Kirshenblatt-Gimblett, B. (1998) *Destination Culture: Tourism, Museums, and Heritage*. London: University of California Press.

[7] Marincola, P. (2002) *Curating Now: Imaginative Practice/Public Responsibility*. Philadelphia, Philadelphia Exhibitions Initiative.

策展人提供多元的展览，并不断努力寻找新的展览形式，新的策展手段、主题研究和活动，促进观众 / 参观者的知识交流和参与，这都证明了当代文化机构与公众或特定群体的关系在不断变化[1][2]。这种变化，体现出了在当代语境中，展览从对馆藏物品和其历史故事展示的关注，开始转变为如何与观者 / 参与者互动的关注，重新思考观众角色。这种关注的转变，要求美术馆和博物馆要更好地考虑到对参观者的研究、跨界的合作模式[3]、数字互动与新的传播模式[4]的尝试。还有一个更为重要的层面，由于外部对展览产出的知识与内容和对美术馆学术研究的需求增加，美术馆工作人员成为展览策展实践执行过程中不可或缺的一部分，在某种程度上改变了展览在文化机构中的角色和地位[5]，从过去仅仅展示已完成的研究成果，变成了一个重要的整合资源的平台和知识创造及生产的场所[6]。

当代艺术策展的实践和研究成为相对独立的意识形态和表现形式，展览不再拘泥于馆藏作品和单一的历史研究。全新的策展动机，使得展览成为新的研究语言或艺术实践，成为一个将策展人（作者、导演），展品（艺术家思想的实践作品）、观众三位一体互动、思考和探索的场域，这为当代策展人提供无限自由和可能的同时，也显现出了非常大的挑战。另一方面，它也严重暴露了传统策展方法和系统已经无法适应当下社会的新愿景和学科发展，这也暗示了传统策展方法和美术馆学正处于一种挑战之中，因为传统的策展人很可能缺乏对现实语境的认知与判断，以及处理复杂任务和对象的手段及能力。正如艺术史学家特里·史密斯[7]在他的专著《对当代策展的思考》(*Thinking Contemporary Curating*) 中的断言的那样。在这个新的时代，除了美术馆和展览的关系与角色发生了改变，策展人更加需要做好“转型的准备”[8]。

---

[1] Bauer, U. M. (1992) *Meta 2 A New Spirit in Curating? Stuttgart*, Künstlerhaus Stuttgart.

[2] Obrist, H. U. (2014) *Ways of Curating Kindle Edition*. Farrar, Straus and Giroux.

[3] Billing, J. & Lind, M. & Nilsson, L. (2007) *Taking the Matter into Common Hands-On Contemporary Art and Collaborative Practices*. London, Black Dog Publishing.

[4] Cook, S. & Graham, B. (2002) *Curating New Media*. Newcastle Upon Tyne, Baltic & University of Newcastle.

[5] Hooper-Greenhill, E. (2004) Changing Values in the Art Museum: Rethinking Communication and Learning, in Museum Studies, ed. *Bettina Messias Carbonell*. Oxford: Blackwell Publishing Ltd.

[6] Gardner, A. & Green, C. (2016) *Biennials, Triennials, and Documenta: The Exhibitions that Created Contemporary Art*. Wiley-Blackwell.

[7] Smith, T. (2012) *Thinking Contemporary Curating, Independent Curators International* (ICI); edition.

[8] MacLeod, S. & Hanks, L. H. & Hale, J. (2012) A. *Museum Making: Narratives, Architectures, Exhibitions*. London: Routledge.

但是，当代展览不仅仅是满足对观众的吸引和维持文化机构在“体验经济”[1]中的增长需要。正如卡罗琳·西娅所言：“当代艺术展览或双年展：一个实验、探索和自由审美的实验室；一个是测试策展人能力和知识的地方；一个整合知识与知识生产的场所。当他们在自己的社会和他人中为艺术表达、知识批判和人文关怀谈判时，他们受到不断演变的未来的确定性和不确定性的挑战。”不可否认的是，当代展览也是研究和知识产出的场所，当代策展的过程也可以成为学术研究的手段[2]。

这里涉及了关于策展研究的两个理念与模式：一种是基于文献和具体作品或人作为研究的对象，策展作为方法和手段以验证知识。学术的产出除了论文外，展览也可以作为知识产出的一个部分，这并不难理解，大多数的显性知识的科学研究都是这种模式；另一种，是基于设计展览策划实践，其最主要的形式就是展览本身，不仅被视为一种研究的验证形式[3]，还被视为一个开展研究的场所和一个进行已有研究的场所[4][5]。研究不仅在展览实现之前，而且在整个展览实现过程中完成。这也被认为是传递知识的科学手段，如作品的选择方法，策展管理与组织的结构，造景美学的概念解读、空间设计的结构、展览展示的建筑模型和文献性的记录、抑或是主观感性的实验等，这些都是一个有学术研究属性的策展模式的组成部分，也是其内容产出的一个手段。当然，前者——策展的学术研究 (Curation and Research)，后者——策展研究（也可以理解为基于策展实践的研究，以策展为导向的研究）(Curatorial Research, also understood as: Exhibition Practice-based Research, Exhibition Practice-led Research) 之间的关系并不难理解，也并不新鲜，两种研究虽然有着内在的联系，但是在方法上也存在着一种分裂的角色，这种“分裂的角色”从根本上是两种知识产出的模式：即科学意义上的学术研究和学科专业意义上的实践研究，事实上，这两种模式总是在冲突和互补之间转化的，而非对立或无关的。一方面，策展作为一种科学的学术研究形式被认知，同时，展览策划的行为又被视为画廊、博物馆、

[1] Pine II, B. J. & Gilmore, J.H. (1999) *The Experience Economy: Work is Theatre and Every Business a Stage*. Boston: Harvard Business Press.

[2] Drabble, B. & Richter, D. (2008) *Curating Critique*. Frankfurt, Revolver Verlag.

[3] Thomas, C. (2002) *The Edge of Everything: Reflections on Curatorial Practice*. Banff, The Banff Centre Press.

[4] Herle, A. (2013) *Exhibitions as Research: Displaying the Techniques That Make Bodies Visible*. Museum Worlds 5.

[5] Bjerregaard, P. (2019) Exhibitions as Research: An Introduction, in *Exhibitions as Research: Experimental Methods in Museums*. London and New York: Routledge.

双年展和其他文化机构展览形式中的一种研究的实践。针对策展研究而言，什么是具体的研究对象，什么构成研究的问题，以及何种模式与方法开展研究，就成为区别两种知识产出的研究模式的手段。

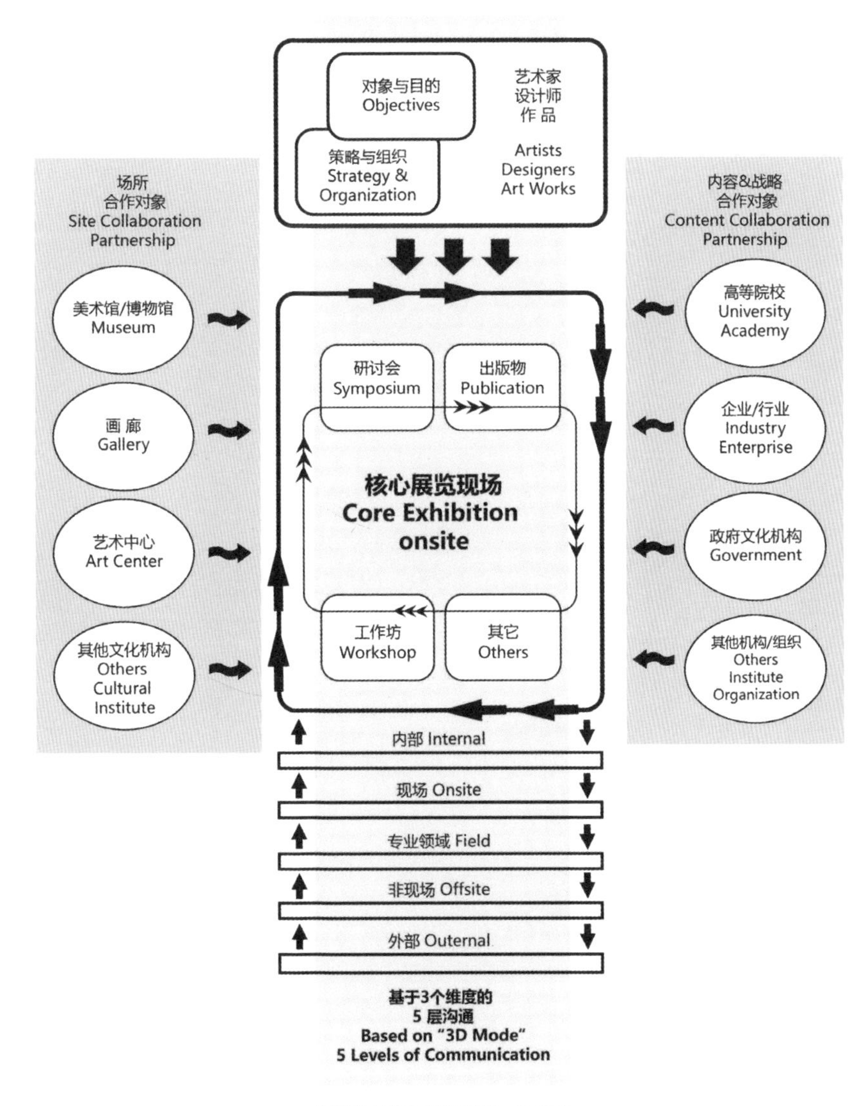

当代策展的阶段与过程，孙捷著

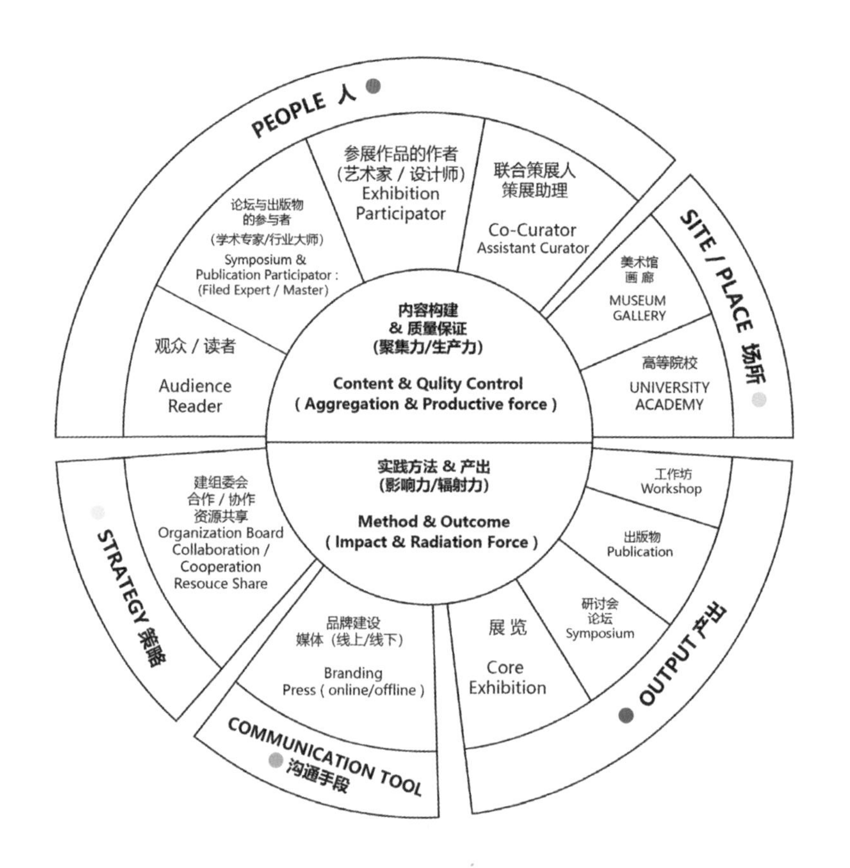

当代策展的内容与结构，孙捷著

策展研究与学术价值

批判性的当代策展研究[1]是一个新兴的国际研究方向，属于博物馆学和艺术研究的广泛领域[2]。职业的独立艺术策展人出现是在 20 世纪 60 年代开始，直到 80 年代，高等学院开始培养基于不同学科专业领域和职业需求的策展人，如：设计策展（平面与产品），建筑策展，摄影策展，时尚策展（服装），以时尚和首饰为主题的当代策展的发展也不到二十年。 当代策展研究多基于美术馆学和人类学的方法论，主要探讨展览本身作为一种“艺术实践的表达形式”的研究价值，既展览的制作者作为作者，而往往忽略了一个当代的展览是由多个层面的知识经历半年至两年（甚至更久）的策划所完成

[1] Thomas, N. (2010) The Museum as Method, *Museum Anthropology* 33, no. 1.

[2] Obrist, H.U. (2008) *Curating: A Brief History*. Zurich: JRP, Ringier.

的，这里存在着三个阶段（层面）。第一个阶段是基于展览对外发生前，这个阶段如同“地基”包含了大量的策划与组织工作；确定展览的目的并开展的策略研究，可行性探讨，主题与内容，艺术家与作品，预算的可能性，沟通的层级等，第二个阶段，展览期间，它通常是展览策划的完成阶段，同时也是展览的开始，在这个层面，随着基于展览和主题的研讨会的发生，出版物的出版，工作坊和系列讲座的组织和发生，策展人在这个阶段通过其策划的展览、研讨会、工作坊 / 讲座、出版物与观众、听众 / 同行学者、公众进行多角度的沟通交流，以实现对知识的验证和传播；第三个阶段，展览结束，策展人对展览的定位总结与报告的梳理。三个阶段实现了一个当代策展的逻辑关系，从研究角度而言，这三个阶段也构建了三次话语，层层递进，对研究的内容和主题的不同维度探讨之外，还发生了五次不同层面的沟通（内部的沟通、现场的沟通、专业与学科领域的沟通、非现场的沟通、外部的沟通），以对研究进行验证和传播。

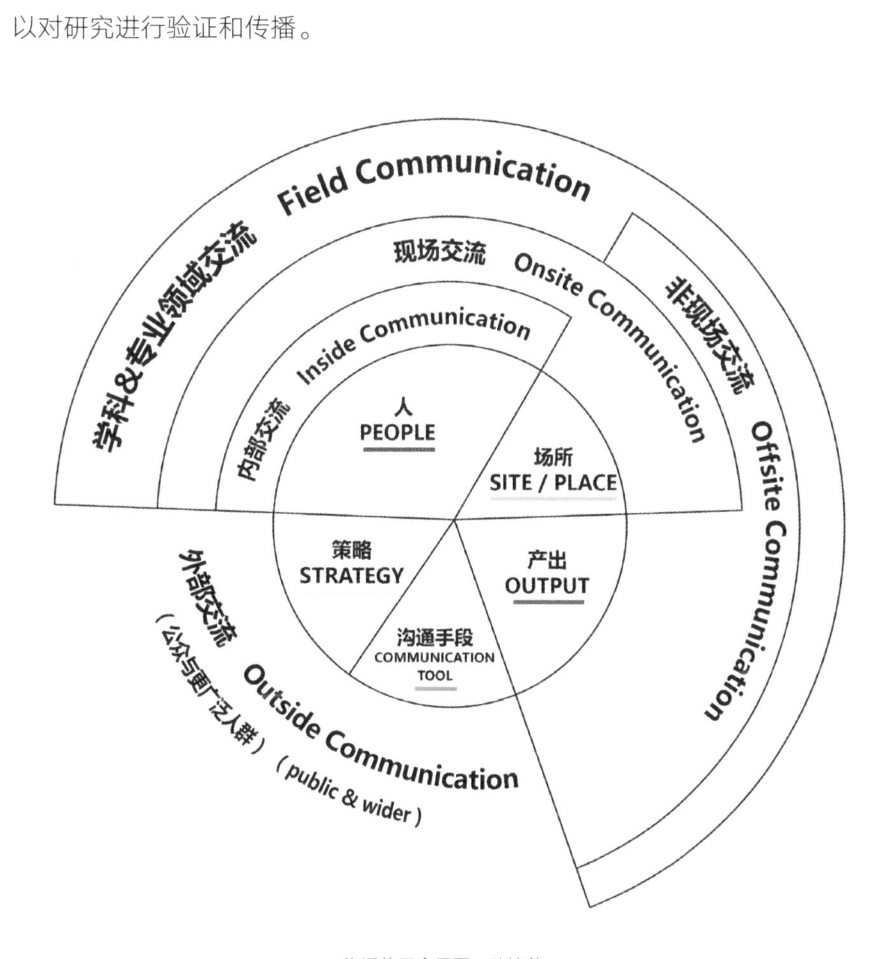

沟通的五个层面，孙捷著

策划当代策展人的出现一直都处于一种比较抽象的存在：挑选艺术家和作品，并以明确的主题或概念或叙事来进行展览的策划与组织[1]。什么是当代首饰策展研究的模式和方法？策展研究又是如何作为新知识的生产方式？第一个维度，策展人作为作者，通过我的展览策划实践的策略与方法，来分析当代策展不仅仅反映和传播已有的知识，同样能够作为新知识的生产方式和研究手段；第二个维度，策展人作为制作人，以当代艺术策展的体系为指导，如何结合时尚和首饰专业领域的特殊性，通过一个系统的策略与框架，探讨策展的管理模式与实践框架。研究探讨了对策展人角色的框架与策展研究的方法，当代策展人不仅仅作为一个制作人扮演了展览的策划人和管理者等角色，更重要的还包括是当代策展人作为作者，两者相辅相成，共同构建了策展人角色的价值以及其产出的品质。从知识生产的角度来看，一个展览的策划，实际上是由策展人引导的，由参与者：艺术家（作品的作者）、机构及其公众的联合活动所构成的。

备注：

本文基于发表于“时尚奢侈品设计之灵——当代首饰与时尚”，同济大学出版社（2021）。原文名：当代艺术设计策展的研究方法与策略——以 TRIPLE PARADE 国际当代首饰双年展为例，作者为原作者，文章进行了重新编辑。

[1] Ventzislavov, R. (2014) Idle Arts: Reconsidering the Curator, *Journal of Aesthetics and Art Criticism* 72, no. 1. Valerie, S. (2015) Museum Quality: The Rise of the Fashion Exhibition. Published online.

世界知名美术馆（拥有现 / 当代首饰馆藏）与重要学术价值展览

□ **（荷）孙捷**

同济大学长聘特聘教授，博士生导师

全世界有超过五十家有着重要影响力的国家级博物馆、当代美术馆、设计博物馆，构建有当代和现代首饰作品收藏品，并不间断进行相关策展和学术活动，这些美术馆包括了英国伦敦 V&A 维多利亚 & 阿尔伯特艺术馆、纽约艺术与设计博物馆 MAD、荷兰国立博物馆 Rijks Museum、阿姆斯特丹市立现代美术馆 Stedelijk Museum、慕尼黑设计博物馆、丹麦设计博物馆等。这些顶级的文化机构对当代和现代首饰的藏品，大多开始于 20 世纪中前期，后现代思潮及理论影响下的艺术和设计，在观念和创作形式上都发生了前所未有的多元发展，首饰成为很多艺术家及设计师表现得形式和内容语言。近十年全球范围内在当代首饰领域的活跃度更是空前得高涨，高校学术活动的举办，艺廊的增加，设计周展览的呈现等，以及顶级文化机构对当代首饰作品的收藏，正是确定了这些作品在其社会发展过程中，所具备的重要的艺术价值，人文价值及历史，反映着社会趋势和时尚文化的变化。当代首饰的展览和收藏现当代首饰的美术馆在这个生态中也产生着非常关键作品，它成为链接和教育职业艺术家与市场、与美术馆、与私人收藏家之间极其关键的桥梁。

下面的附表部分我按照五大洲和国家作为线索，为读者提供出全球核心的拥有当代首饰收藏的美术馆，以及具备学术价值的重要展览，我也相信这个列表将为设计师、高校和研究人员有很大的帮助。

附录：世界知名美术馆（拥有现/当代首饰永久馆藏）

欧洲：

英国伦敦维多利亚 & 阿尔伯特艺术馆
Victoria and Albert Museum V & A, London

英国国立苏格兰博物馆
National Museums Scotland, Edinburgh

英国米德尔斯堡艺术研究院
MIMA, Middlesbrough Institute of Modern Art, Middlesbrough

荷兰国立博物馆
Rijks Museum, Amsterdam

荷兰阿姆斯特丹市立现代美术馆
Stedelijk Museum, Amterdam

荷兰设计博物馆
Design Museum Den Bosch,'s-Hertogenbosch

荷兰 CODA 当代美术馆
CODA Museum, Apeldoorn

荷兰阿奈姆美术馆
MMKA Museum Arnhem (Museum Voor Moderne Kunst), Arnhem

荷兰乌特勒支中央美术馆
Centraal Museum, Utrecht

德国慕尼黑设计博物馆
Die Neue Sammlung-The Design Museum, Munich

德国普尔茨海姆首饰博物馆
Schmuck Museum, Pforzheim

德国汉堡艺术与手工艺博物馆
Museum für Kunst und Gewerbe, MKG-Hamburg

德国哈瑙金属工艺博物馆
Deutsche Goldschmiedehaus, Hanau

德国莱比锡应用艺术博物馆
GRASSI Museum of Applied Arts Leipzig, Leipzig

丹麦皇家科灵博物馆
Royal Koldinghuis, Kolding

丹麦哥本哈根设计博物馆
Design Museum Denmark, Copenhagen

爱沙尼亚实用艺术与设计博物馆
Estonian Applied Art and Design Museum, Estonia

芬兰赫尔辛基设计博物馆
Designmuseo-Design Museum, Helsinki

法国巴黎装饰艺术博物馆
Musée des Arts Décoratifs, Paris

瑞典斯德哥尔摩国立美术馆
Nationalmuseum, Stockholm

瑞典哥德堡设计与手工艺博物馆
Röhsska Museum, Gothenburg

瑞士洛桑当代设计与应用艺术馆
Musée de design et d'arts appliqués contemporains (MUDAC), Lausanne

挪威奥斯陆国立艺术、建筑与设计博物馆
National Museum of Art Architecture and Design, Nasjonalmuseet, Oslo

美洲：

美国纽约艺术与设计博物馆
Muscum of Art and Design (MAD), New York

美国休斯敦美术馆
The Museum of Fine Arts, Houston

美国波士顿美术馆
Museum of Fine Arts, Boston

美国史密森尼美国艺术博物馆
Smithsonian American Art Museum and Renwick Gallery, Washington DC

美国威斯康星拉辛艺术博物馆
Racine Art Museum, Wisconsin

加拿大蒙特利尔美术馆
Montreal Museum of Fine Arts, MMFA, Montreal

大洋洲：

澳大利亚国立美术馆
National Gallery of Australia, Canberra

澳大利亚维多利亚州国立美术馆
National Gallery of Victoria (NGV), Melbourne

澳大利亚悉尼动力博物馆
Powerhouse Museum, Sydney

非洲：暂无

亚洲：暂无

※ 中国故宫博物院（仅收藏历史性古董珠宝首饰，无现 / 当代首饰）

※ 中国深圳珠宝博物馆（仅收藏工艺美术类近代珠宝首饰，无现 / 当代首饰）

※ 韩国首尔珠宝博物馆（仅收藏历史性古董珠宝首饰，无现 / 当代首饰）

附录：重要国际展览（首饰专业年展/双年展）

第一类 展览+奖项等活动

德国慕尼黑 SHCMUCK 当代首饰年展 (SHCMUCK Munich)

定位为文化+学术+商业型，类别为首饰。核心艺术展览SHCMUCK每年举办，主要的卫星展览还包括TALENTE 展览（优秀毕业生展），FRAME展会（国际画廊展览），作为慕尼黑国际手工艺博览会Handwerksmesse的一个重要部分，德国慕尼黑为固定主场举办地点，同期在慕尼黑城市内各大美术馆和画廊会策划超过百余场次的当代首饰展览和活动。

官方网站：www.ihm-handwerk-design.com/schmuck/

TRIPLE PARADE 国际当代首饰双年展 (TRAPLE PARADE Biennial)

定位为学术+文化型，类别为首饰。每一届由“TRIPLE PARADE国际组委会”（注册于荷兰阿姆斯特丹）授权不同的国家城市与机构进行主办与承办，至今举办了四届（至2018年），曾主办和承办的城市有荷兰阿姆斯特丹、比利时安特卫普、芬兰库奥皮奥市、北京、天津、上海、深圳。

官方网站：www.tripleparade.org

杭州当代国际首饰与金属艺术三年展 (Hangzhou Contemporary International Jewelry and Metal Art Triennia)

类别为首饰与金属工艺造物，定位为学术+文化型。组委会常设于中国美术学院，并由中国美术学院作为主办单位，至今举办了三届（至2022年），曾主办和承办的城市有杭州，巡回展包括德国慕尼黑，波兰莱格尼察，比利时蒙斯，荷兰阿珀尔多伦。

官方网站：cm.caa.edu.cn/zhanlan/201901/362.html

北京国际首饰双年展 (Beijing International Jewelry Art Biennial)

类别为首饰，定位为学术型。组委会常设于北京服装学院，每一届基于核心展览会展开高峰论坛、首饰走秀等活动，至今举办了五届（至2021年），主场在北京。

官方网站：www.futuredesign.cn

塔林实用艺术三年展 (Tallinn Applied Art Triennial)

类别为实用艺术，包含首饰与其他不同类别，定位为文化型。组委会由爱沙尼亚实用艺术与设计博物馆组建，是博物馆的国际性常规展览项目，至今举办了八届（至 2021 年）。

官方网站：www.trtr.ee

KORU 国际当代首饰大展 (KORU International contemporary jewellery exhibition)

类别为首饰，定位为文化型。组委会由芬兰独立艺术家构成，聘请不同学者作为展览的评审，展览举办的地点多为芬兰国内的不同城市，至今举办了七届（至 2022 年）。

官方网站：www.koru7.fi

第二类 奖项 + 展览等活动

欧洲实用艺术奖 (EUROPEAN PRIZE FOR APPLIED ARTS)

类别为实用艺术，包含首饰与其他不同类别；定位为文化型。每两年举办一次欧洲实用艺术奖的颁布，申报人入选后，获得参加展览的机会，展览上角逐出获奖人选并获得奖金。主办单位为比利时蒙斯市 Mons 与欧洲世界手工艺协会 World Crafts Council Europe (wcc-europe)。

官方网站：wcc-europe.org

罗意威基金会手工艺奖 (LOEWE FOUNDATION Craft Prize)

类别为实用艺术，包含首饰与其他不同类别；定位为文化型。由西班牙罗意威基金会举办，每年举办一次，全球范围内申请评审。获奖者除了获得奖金外，还有特设置的文化艺术展览（包括西班牙本土和国外地区巡回展）。至今已经举办五届（2022 年）。

官方网站：craftprize.loewe.com

西班牙 Enjoia't 国际当代首饰奖 (Enjoia't Awards)

类别为首饰，定位为文化型。由西班牙巴塞罗那建筑 / 艺术与设计协会 A-FAD 主办，每年在巴塞罗那进行评奖，获奖者将获得第二年在西班牙的个人展览一次。至今已经举办 26 届（2022 年）。

官方网站：www.fad.cat/a-fad/en/awards/4778/premis-enjoiat

波兰国际首饰大赛
(International Jewellery Competition Gallery of Art in Legnica)

类别为首饰，定位为文化型。大赛每年在波兰莱格尼察市艺术馆举办，为命题类的主题创作奖，获奖者受邀参加展览，作品必须在材质上涉及白银。至今已经举办 30 届（2022）。

官方网站：silver.legnica.eu/en/

第三类 展会 + 展览等活动

荷兰阿姆斯特丹 SIERAAD 国际艺术首饰展会 (Sieraad Art Fair)

类别为首饰，定位为商业型。由展会独立机构主办，每年冬季在荷兰首都阿姆斯特丹举办为期 3—5 天的首饰与珠宝艺术展会，艺术家和设计师或者展商以租赁展位的方式参加展会。至今已经举办 19 届（2022 年）。

官方网站：www.sieraadartfair.com

西班牙巴塞罗那 JOYA (Joya Barcelona)

类别为首饰，定位为商业型。由展会独立机构主办，每年秋季在巴塞罗那不定点举办，大部分展位为商业租赁型展位，也会有部分特邀艺术家或者设计师的文化展览共同呈现，展会期间还设置了奖项。至今举办了 13 届（至 2021 年）。

官方网站：joyabarcelona.com

英国伦敦 COLLECT 当代手工艺与设计展会
(COLLECT-International Art Fair for Contemporary Craft and Design)

类别为实用艺术，定位为商业型。每年由英国手工艺协会主办，是国际最有影响力的高端当代手工艺术与设计展会，仅针对国际知名画廊和商业机构开放申请，附带特邀艺术家的个人展览。

官方网站：www.craftscouncil.org.uk/collect-art-fair

更多短期的展览活动信息可以登录国际首饰在线查看 klimt02.net

附录：全球高等院校（珠宝及首饰专业 / 方向）

重要的美术馆和博物馆通过自身的学术体系对有历史和人文价值的艺术作品进行永久性的收藏，各类现当代首饰展览和双年展也在全球各主流城市的设计周和设计节上频繁出现，例如米兰三年展、纽约设计周、设计上海、Design Miami、慕尼黑 SHCMUCK 等，无论美术馆还是展览，都是文化艺术的收藏与展示交流平台。在整个现当代珠宝与首饰的艺术设计的生态圈中，还有一个很重要的部分就是高等设计教育的机构，这些教育机构决定了艺术家和设计师的未来职业取向并影响着整个行业的未来发展。高等院校又有职业技术性和研究型高校的区别，设计本身就是一个交叉学科，这也反映在了首饰的设计教育培养方式上，但是由于他们有着各自不同的历史发展文脉和学科背景，主要分为四类：基于设计学时尚研究与创新、基于珠宝玉石与相关产品设计、基于艺术学和设计学、基于手工艺术和材料创新。各高校的培养模式和教育中有着非常不同的这四个类别的倾向，有的是混合类型，有的是很清晰的某一类，这种教育多元差异化的出现本身是好事。本附录特别梳理出了世界范围内（截至 2022 年）拥有珠宝和首饰设计专业 / 方向（授予艺术学、设计学、文学、哲学、宝石学学位）的高等院校，在此仅列举各高校名称和培养层次类别，但不做高校背景和培养方向的分类。

（以下高校基于城市，排名不分先后）

亚洲

中国：

中央美术学院 / 设计学院（北京），本科 / 硕士 / 博士

清华大学 / 美术学院（北京），本科 / 硕士 / 博士

北京服装学院 / 服饰艺术与工程学院（北京），本科 / 硕士

北方工业大学 / 艺术与设计学院（北京），本科 / 硕士

中国地质大学 / 珠宝学院（北京），本科 / 硕士

北京联合大学 / 艺术学院（北京），本科

同济大学 / 设计创意学院（上海），本科 / 硕士 / 博士

上海大学 / 上海美术学院（上海），本科 / 硕士

上海视觉艺术学院（上海）（民），本科

上海建桥学院 / 珠宝学院（上海）（民），本科

广州美术学院 / 工业设计学院（广州）, 本科

广东工业大学 / 艺术与设计学院（广州）, 本科

华南师范大学 / 美术学院（广州），本科

广州城市理工学院 / 珠宝学院（广州），本科

深圳技术大学 / 创意设计学院（深圳）, 本科

中国美术学院 / 手工艺术学院（杭州），本科 / 硕士 / 博士

杭州师范大学 / 美术学院（杭州），本科

浙江理工大学 / 艺术与设计学院（杭州），本科

同济大学浙江学院 / 珠宝系（嘉兴）（民），本科

山东艺术学院 / 设计学院（济南），本科

山东工艺美术学院 / 现代手工艺学院（济南），本科

青岛农业大学 / 艺术学院（青岛），本科

云南艺术学院 / 设计学院（昆明），本科

昆明理工大学 / 珠宝系（昆明），本科

滇西应用技术大学 / 珠宝学院（腾冲），本科

陕西国际商贸学院（西安）（民），本科

西安美术学院（西安），本科

中国地质大学（武汉）/ 珠宝学院（武汉），本科 / 硕士 / 博士

武汉设计工程学院 / 时尚设计学院（武汉），本科

湖北美术学院（武汉），本科

南京艺术学院 / 工业设计学院（南京），本科 / 硕士

金陵科技学院（南京），本科

四川美术学院 / 手工艺术学院（重庆），本科

成都理工大学（成都），本科

天津美术学院 / 设计艺术学院（天津），本科 / 硕士

新疆艺术学院（乌鲁木齐），本科

鲁迅美术学院 / 大连校区（大连），本科

吉林艺术学院 / 设计学院（长春），本科

桂林理工大学 / 珠宝学院 (桂林)，本科

香港理工大学 / 设计学院（香港），本科

香港知专设计学院（香港），本科

台湾艺术大学 / 工艺美术系（新北市），本科 / 硕士

台湾清华大学 / 艺术与设计所（新竹市），本科 / 硕士

台湾辅仁大学 / 应用艺术系（新北市），本科 / 硕士

台湾台南艺术大学 / 材质创作系（台南市），本科 / 硕士

台湾大叶大学 / 造型艺术系（彰化县），本科 / 硕士

韩国 & 日本：

韩国国民大学 (Kookmin University)，本科 / 硕士

韩国首尔大学 (Seoul National University)，本科 / 硕士

韩国弘益大学 (Hongik University)，本科 / 硕士

东京艺术大学 (Tokyo University of the Arts)，本科 / 硕士 / 博士

欧洲

英国伦敦皇家艺术学院 (Royal College of Art)，本科 / 硕士 / 博士

英国伦敦艺术大学 / 中央圣马丁学院
(Central Saint Martins College of Art and Design)，本科 / 硕士

英国伦敦艺术大学 / 伦敦时装学院
(London College of Fashion)，本科 / 硕士

英国伦敦创意艺术大学
(University for the Creative Arts)，本科 / 硕士 / 博士

英国伦敦卡斯艺术、建筑与设计学院
(The CASS)，本科 / 硕士

英国伯明翰城市大学 / 珠宝学院
(Birmingham City University)，本科 / 硕士 / 博士

英国爱丁堡大学 / 艺术学院
(University of Edinburgh)，本科 / 硕士 / 博士

英国拉夫堡大学 / 艺术设计学院
(Loughborough University)，本科 / 硕士 / 博士

英国格拉斯哥艺术学院
(The Glasgow School of Art)，本科 / 硕士

爱尔兰国立艺术设计学院
(National College of Art and Design)，本科 / 硕士 / 博士

瑞典国立艺术与设计大学 (Konstfack)，本科 / 硕士 / 博士

瑞典哥德堡大学艺术学院
(University of Gothenburg, HDK)，本科 / 硕士 / 博士

挪威奥斯陆国立艺术学院
(Kunsthøgskoleni Oslo)，本科 / 硕士

荷兰里特维尔学术学院
(Gerrit Rietveld Academie, 阿姆斯特丹 G.R 皇家艺术学院)，本科

荷兰马斯特里赫特艺术学院
(Maastricht Academy of Fine Arts & Design)，本科 / 硕士

比利时安特卫普皇家艺术学院
(Royal Academy of Fine Arts Antwerp)，本科 / 硕士

比利时安特卫普圣卢卡斯艺术学院
(Sint Lucas School of Arts Antwerp)，本科 / 硕士

比利时哈瑟尔特艺术学院
(PXL-MAD School of Arts, Hasselt)，本科 / 硕士

比利时哈瑟尔特艺术学院 MASieraad 项目
（哈瑟尔特，阿姆斯特丹），硕士

德国慕尼黑造型艺术学院
(Akademie der Bildenden Künste München)，本科 / 硕士

德国特里尔应用科学大学
(Trier University of Applied Sciences)，本科 / 硕士

德国普福尔茨海姆大学 / 设计学院
(Pforzheim University School of Design)，本科 / 硕士

德国杜塞尔多夫彼得贝伦斯艺术学院 (Peter Behrens School of Arts, University of Applied Sciences Düsseldorf)，本科 / 硕士

瑞士日内瓦艺术大学
(University of Art and Design, HEAD-Genève)，本科 / 硕士

瑞士卢塞恩艺术与设计学院
(Lucerne School of Art and Design)，本科

爱沙尼亚艺术学院 (Estonian Academy of Arts)，本科 / 硕士

意大利欧纳菲珠宝设计学院
(Le Arti Orafe Jewelry School & Academy)，本科 / 硕士

意大利阿基米亚首饰设计学院
(Alchimia Contemporary Jewellery School)，本科 / 硕士

意大利米兰 IED 设计学院 (Istituto Europeo di Design)，本科

美洲

美国罗德岛设计学院
(Rhode Island School of Design)，本科 / 硕士

美国旧金山艺术大学
(Academy of Art University)，本科 / 硕士

美国加州艺术学院
(California College of the Arts)，本科

美国印第安纳大学
(Indiana University Bloomington)，本科 / 硕士

美国克兰布鲁克艺术学院
(Cranbrook Academy of Art)，本科

美国纽约州立大学新帕尔兹分校
(New Paltz, State University of New York)，本科 / 硕士

美国西密歇根大学艺术学院
(Western Michigan University - Frostic School of Art)，本科

美国圣地亚哥州立大学
(San Diego State University)，本科 / 硕士

美国罗切斯特理工大学
(Rochester Institute of Technology)，本科 / 硕士

大洋洲

澳大利亚皇家墨尔本理工大学
(RMIT, Royal Melbourne Institute of Technology)，本科 / 硕士

澳大利亚国立大学
(Australian National University)，本科 / 硕士 / 博士

澳大利亚莫纳什大学
(Monash University)，本科 / 硕士 / 博士

澳大利亚格里菲斯大学大学昆士兰艺术学院
(Queensland College of Art, Griffith University)，本科 / 硕士

非洲

南非斯泰伦博斯大学 (Stellenbosch University)，本科 / 硕士

致谢

《现当代首饰设计的全球视角》的出版发行，我要特别感谢本书文献的每一位贡献者，他们是中央美术学院滕菲教授、蒋岳红副教授、张凡副教授、刘骁老师、北京服装学院的胡俊副教授、同济大学设计创意学院的郁新安副教授、赵世笺老师、中国地质大学（武汉）珠宝学院任开老师以及 Glenn Adamson（美）、Liesbeth den Besten（荷）、Liesbet Bussche（比）、Chiara Scarpitti（意）、Gussie van der Merwe（南非）、Matthias Becher(德)、Ezra Satok-WOLMAN(加)、Gwynne Rukenbrod SMITH(美)、Jorunn Veiteberg（挪）、Kim Buck（丹）、Poppy Porter（英）、Tuan Lee（新）、Noon Passama（泰）、Fredric Baas（荷）、Marjan Unger（荷）、Paul Derrez（荷）。除此，借此机会，还要感谢后台曾经参与“TRIPLE PARADE 首饰双年展国际组委会”并作出杰出贡献的 Machtelt Schelling（荷）女士（2014年/策展人）、刘钢先生（2014年/执行总监）、张凡女士（2014年，2015年/总编辑，2016年/总编辑）、朱丹燚女士（2016年/项目主管）、董慧萍女士（2016年/北京展顾问）、曹丹女士（2018年/艺术总监）、祝青女士（2018年/公关总监）、陈冬阳女士（2018年/项目总监）。最后，还要感谢组委会的现任执行总监庄冬冬先生，他也是本书的主编之一。

《现当代首饰设计的全球视角》作为一本设计类和艺术类的中文文献著作，我希望它能够为中国读者呈现有品质思考的全球现代与当代珠宝首饰创作的多样性，同时在当代艺术、时尚、设计、新手工艺术领域，构建起富有创造性和启发性的对话。

孙捷

同济大学长聘特聘教授，博士生导师

国家海外高层次特聘专家

TRIPLE PARADE 首饰双年展国际组委会主席

关于本书著作者

孙捷（荷兰）

国家海外高层次特聘专家；同济大学长聘特聘教授，博士生导师；中国地质大学（武汉）珠宝学院兼职教授，博士生导师。同济大学艺术与设计学术委员会委员，艺术专业学位教育指导委员会副主任；教育部人事司人才评审专家；英国皇家艺术学会会士；兼任广州海外高层人才艺术设计研究院名誉院长，青岛S×V大赞当代美术馆名誉馆长，中国侨联上海青总会理事。

专注于设计学时尚研究、策划和实践，活跃于高层次亚欧间文化与艺术的交流。曾获得荷兰国家创意产业基金（荷兰文化部），丹麦国家创新与研究基金（丹麦文化 / 科技部）；荷兰文化部曾授予他“优秀文化艺术人才”荣誉头衔；出版发行“奢侈品设计之灵——当代时尚与首饰”（中 / 英版全球发行）等著作，他也是连续四届“TRIPLE PARADE 当代首饰双年展”国际组委会主席。曾受邀参加超七十余次国际重要艺术展览与设计盛会，三十余次重要的国际会议论坛发言与主题演讲，包括世界设计博物馆论坛（维也纳），中荷文化传媒论坛（阿姆斯特丹），中法文化论坛（里昂）等。设计实践作品曾获得多项国际奖项，并永久馆藏于美国休斯敦美术馆、丹麦皇家科灵博物馆、西班牙巴塞罗那设计博物馆等六座一流国际博物馆。社会创新方面，主张通过秉承“大时尚设计”驱动的创新，整合文化、生活、艺术、美学、商业、技术等要素，实现设计的当代性和人性化体验以及可持续发展的区域高品质消费与产业升级。

庄冬冬

天津美术学院副教授，硕士生导师；中国工艺美术协会金属艺术专业委员会委员，首饰设计专业与首饰创新实验室主任。曾荣获天津市“131”创新工程高层人才称号，是国际首饰设计高校联盟、中国首饰设计教育联盟会员。曾担任首届全国技能大赛和世界技能大赛等行业赛的天津区总裁判长，以及多项珠宝首饰设计比赛的评委；他同样也是美国 Chrome Hearts/ 克罗心与瑞士高级珠宝 BERNINA 等欧美品牌的设计项目顾问；兼任深圳市金银珠宝创意产业协会和天津市宝玉石流通行业协会的设计顾问，连续三届“TRIPLE PARADE 当代首饰双年展”国际组委会执行总监。编著有首饰设计领域唯一的“十三五”部委级规划教材《首饰设计》丛书，个人艺术实践作品曾展览于澳大利亚、芬兰、比利时以及中国台湾等多个国家和地区。